工业机器人应用技术（ABB）

主　　编：张金红　李建朝

副主编：张　茜　孔令钊　段志群　齐素慈

参　　编：乔振民　杨静芬　黄文静　陈从容

　　　　　王桂洋　刘爽爽　韩　伟

主　　审：王菲菲　张淑艳

北京理工大学出版社
BEIJING INSTITUTE OF TECHNOLOGY PRESS

内 容 简 介

本书是新形态一体化教材，是基于首批"十四五"职业教育国家规划教材《ABB 工业机器人编程》（活页式教材）建设成果，以及 2 门省级在线精品开放课"工业机器人应用技术"和"工业机器人编程"成果基础上补充修订完成的职业本科教材。

本书以 ABB IRB120 机器人为载体，结合 RobotStudio 6.08.01 软件开发的机器人虚拟仿真工作站，开发了工业机器人基本操作、建立 ABB 机器人虚拟工作站、单工件搬运任务实现、I/O 信号的定义与监控、多工件搬运任务实现、示教器人机对话实现、异常工况处理任务实现、离线轨迹编程任务实现、多任务处理程序、机器人与 PLC 的 Sockt 通信任务实现等 10 个学习任务。每个任务按照学习难度逐级递增，以教学做一体化理念进行教学任务及内容设计。任务工单和任务实施记录及验收单单独成册，方便发布教学任务，完成学习效果反馈。

本书配有虚拟工作站、微课、动画等视频类数字资源，方便学生扫码学习。同时配有全部任务的 PPT、教学设计、测试题等电子资源，具体下载和获取方式请联系本书策划编辑。

本书适合作为装备制造类职业本科相关专业的教学用书，也可作为不同类型学校装备制造类高职专科相关专业教学选用。同时可作为学生开展工程创新实践活动以及装备制造类相关工程技术人员的培训用书和参考资料。

图书在版编目（CIP）数据

工业机器人应用技术：ABB／张金红，李建朝主编.
北京：北京理工大学出版社，2024.5
ISBN 978 - 7 - 5763 - 4067 - 9

Ⅰ．①工… Ⅱ．①张… ②李… Ⅲ．①工业机器人 -
高等职业教育 - 教材 Ⅳ．①TP242.2

中国国家版本馆 CIP 数据核字（2024）第 106417 号

责任编辑：陈莉华		文案编辑：陈莉华	
责任校对：周瑞红		责任印制：施胜娟	

出版发行 ／ 北京理工大学出版社有限责任公司
社　　址 ／ 北京市丰台区四合庄路 6 号
邮　　编 ／ 100070
电　　话 ／ （010）68914026（教材售后服务热线）
　　　　　　（010）68944437（课件资源服务热线）
网　　址 ／ http：//www.bitpress.com.cn

版印次 ／ 2024 年 5 月第 1 版第 1 次印刷
印　　刷 ／ 三河市天利华印刷装订有限公司
开　　本 ／ 787 mm × 1092 mm　1/16
印　　张 ／ 21
字　　数 ／ 478 千字
定　　价 ／ 89.00 元

图书出现印装质量问题，请拨打售后服务热线，负责调换

前 言

"工业机器人应用技术"课程是自动化技术与应用、机械电子工程技术、智能控制技术等自动化类专业的专业核心课程，是自动控制工程技术人员等职业岗位能力要求的课程，是现代生产单元数字化改造等全国职业技能大赛及工业机器人应用编程等 1 + X 职业技能等级证书的重要支撑课程，是开展典型工作任务的实践性课程。本课程依据职业本科自动化技术与应用等自动化类相关专业教学标准和职业岗位技能要求，与企业现场应用专家共同提炼典型工作任务，按照学习难度逐级递增、以教学做一体化理念进行教学任务及内容设计。

本书每个任务配有虚拟工作站，有演示、能实践。为了让学习者获得更好的学习体验，本书每个任务都提供了任务工单、任务实施记录及验收单、任务分解导图、知识准备（跟我学）、任务实施向导（跟我做）、任务拓展等丰富的学习资源。任务工单和任务实施记录及验收单描述了任务功能实现的具体要求，并单独成册，方便发布教学任务，完成学习效果反馈。知识准备是完成任务所用相关知识点的详细讲解，任务实施向导是手把手带大家动手实践，这样既能学又能做。在学和做的过程中落实立德树人根本任务，提升学习者严谨认真、遵章守则、精益求精的职业素养和创新精神。正如党的二十大报告中指出的："引导学习者怀抱梦想又脚踏实地，敢想敢为又善作善成，立志做有理想、敢担当、能吃苦、肯奋斗的新时代好青年。"

本书配套数字资源是在省级精品在线开放课程"工业机器人应用技术"和"工业机器人编程"建设成果基础上修订补充的，并在学银在线开放课程平台上线运行（https://www.xueyinonline.com/detail/245038740）。

建议利用本书提供的数字化资源采用线上线下混合式教学方法，采用"虚拟仿真 + 真机实操"的教学手段。首先利用知识准备和任务实施向导的微课视频在虚拟工作站完成仿真操作与实践，解决由于机器人操作生疏而产生碰撞等安全隐患，同时也解决了设备的台套数制约。仿真调试无误后，再真机验证，提高真机设备的利用效率及操作的安全性。学习者通过利用丰富的产教融合教学资源，勤学苦练，为推动制造业高端化、智能化、绿色化发展做出贡献。

　　本书是新形态一体化教材，所有配套数字化教学资源和虚拟工作站文件等均可在北京理工大学出版社网站下载。本书作为装备制造类职业本科相关专业的教学用书，可供不同类型高职院校装备制造类相关专业选用，也可作为开展工程创新实践活动的指导用书，以及制造类工程技术人员的培训用书和参考资料。

　　本书由张金红、李建朝担任主编，张茜、孔令钊、段志群、齐素慈担任副主编，王菲菲、张淑艳主审。乔振民、杨静芬、黄文静、陈从容、王桂洋、刘爽爽、韩伟也参与了编写。

　　因作者水平有限，书中难免有疏漏之处，恳请读者批评指正。

编　者

目录

任务 1

工业机器人基本操作

工业机器人
基本操作

职业技能等级证书要求

工业机器人应用编程职业技能等级证书（初级）		
工作领域	工作任务	技能要求
1. 工业机器人参数设置	1.1 工业机器人运行参数设置	1.1.1 能够通过示教器或控制柜设定工业机器人手动、自动等运行模式。
		1.1.2 能够根据工作任务要求用示教器设定运行速度。
		1.1.3 能够根据操作手册设定语言界面、系统时间、用户权限等环境参数。
2. 工业机器人操作	2.1 工业机器人手动操作	2.1.1 能够根据安全规程，正确启动、停止工业机器人，安全操作工业机器人。
		2.1.2 能够及时判断外部危险情况，操作紧急停止按钮等安全装置。
		2.1.4 能够根据工作任务要求使用示教器对工业机器人进行单轴、线性、重定位等操作。
	2.3 工业机器人系统备份与恢复	2.3.1 能够根据用户要求对工业机器人系统程序、参数等数据进行备份。
		2.3.2 能够根据用户要求对工业机器人系统程序、参数等数据进行恢复。
工业机器人集成应用职业技能等级证书（初级）		
工作领域	工作任务	技能要求
3. 工业机器人系统程序开发	3.1 工业机器人参数设置与手动操作	3.1.1 能操作运用示教器各个功能键并配置示教器参数。
		3.1.2 能查看示教器常用信息和事件日志，确认工业机器人当前状态。
		3.1.3 能根据安全操作要求，使用示教器对工业机器人进行手动运动操作并调整工业机器人的位置点。

任务引入

随着机器人技术的发展，工业机器人已成为制造业的重要组成部分。机器人显著地提高了生产效率，改善了产品质量，对改善劳动条件和产品的快速更新换代起着十分重要的作用，加快了实现工业生产机械化和自动化的步伐。对初学者来说，手动操作机器人是学习工业机器人的基础。本任务主要学习机器人示教器基本环境设置、机器人开关机操作，机器人单轴运动、线性运动、重定位运动、更新转数计数器和机器人系统的备份与恢复。

任务分解导图

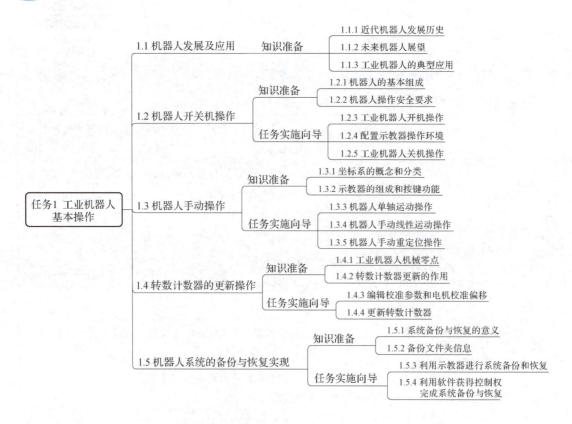

1.1 机器人发展及应用

知识准备

1.1.1 近代机器人发展历史

机器人的发展历史可以追溯到数千年前，大致可以分为早期、近代、未来机器人发展三个阶段，早在古希腊时期，人们就开始尝试创造能够像人一样移动的机械装置。

1920 年，捷克斯洛伐克剧作家卡雷尔·凯培克在他的科幻情节剧《罗萨姆的万能机器人》中，第一次提出了"机器人"（Robot）这个名词，被当成了机器人一词的起源。在捷克语中，Robot 这个词是指一个服役的奴隶。如图 1-1 所示为卡雷尔·凯培克与罗萨姆的万能机器人。

图 1-1 卡雷尔·凯培克与罗萨姆的万能机器人

20 世纪初期，机器人这个词已经活跃在各个国家中，由于人们对机器人不了解，以至于都是含有几分不安地期待着它的诞生。他们并不知道即将发明出来的机器人对人们的生活会产生什么样的影响，也不知道把创造出的机器人是看作"宠儿"还是"怪物"。

美国著名科学幻想小说家阿西莫夫于 1950 年在他的小说《我，机器人》中，首先使用了机器人学（Robotics）这个词来描述与机器人有关的科学，并提出了著名的"机器人三原则"：

（1）机器人必须不危害人类，也不允许眼看人将受害而袖手旁观；

（2）机器人必须绝对服从于人类，除非这种服从有害于人类；

（3）机器人必须保护自身不受伤害，除非为了保护人类或者是人类命令它做出牺牲。

这三条守则，给机器人社会赋予了新的伦理性，并使机器人概念通俗化，更易于为人类社会所接受。至今，它仍为机器人研究人员、设计制造厂家和用户，提供了十分有意义的指导方针。

1. 20 世纪 50 年代机器人的发展

1958 年，被誉为"工业机器人之父"的约瑟夫·恩格尔伯格（Joseph F. Engel Berger）创建了世界上第一个机器人公司——Unimation（Universal Automation）公司，并参与设计了第一台 Unimate 机器人（见图 1-2）。这是一台用于压铸的五轴液压驱动机器人，手臂的控制由一台计算机完成。它采用了分离式固体数控元件，并装有存储信息的磁鼓，能够记忆完成 180 个工作步骤。与此同时，另一家美国公司——AMF 公司也开始研制工业机器人，即 Versatran（Versatile Transfer）机器人，它主要用于机器之间的物料运输，采用液压驱动。该机器人的手臂可以绕底座回转，沿垂直方向升降，也可以沿半径方向伸缩。一般认为 Unimate 和 Versatran 机器人是世界上最早的工业机器人。

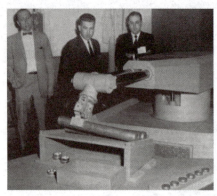

图1-2 首台机器人"Unimate"

　　1959年，世界上第一台工业机器人诞生，由美国发明家乔治·德沃尔和物理学家约瑟夫·恩格尔柏格成立的一家名为Unimation的公司发明制造。这台工业机器人为球坐标的Unimate型机器人，它采用电液伺服驱动，用磁鼓存储信息，可完成近200种示教在线动作。这台机器人被命名为Unimate（尤尼梅特），意思是"万能自动"，如图1-3所示。

图1-3 世界上第一台工业机器人

　　2. 20世纪60年代和70年代机器人的发展

　　20世纪60年代和70年代是机器人发展最快、最好的时期，这期间的各项研究发明有效地推动了机器人技术的发展和推广。

　　虽然，编程机器人是一种新颖而有效的制造工具，但到了20世纪60年代，利用传感器反馈大大增强机器人柔性的趋势就已经很明显了。20世纪60年代早期，H. A. 厄恩斯特于1962年介绍了带有触觉传感器的计算机控制机械手的研制情况。这种称为MH-1的装置能"感觉"到块状材料，能用此感觉信息控制机械手，把块状材料堆起来，无须操作员帮助。这种工作是机器人在合理的非结构性环境中具有自适应特性的一例。机械手系统是六自由度ANL Model-8型操作机，由一台TX-O计算机通过接口装置进行控制。此研究项目后来成为MAC计划（MAC计划为MIT的Man-Machine Communication项目）的一部分，在机械手上又增加了电视摄像机，开始进行机器感觉研究。与此同时，汤姆威克和博奈也于1962年研制出一种装有压力传感器的手爪样机，可检测物体，并向电机输入反馈信号，启动一种或两种抓取方式。一旦手爪接触到物体，与物体大小和质量成比例的信息就通过这些压力敏感元件传输到计算机。1963 年，美国机械铸造公司推出了 Versatran 机器人商品，同年初，还研制了多种操作机手臂，如 Roehampton 型和 Edinburgh 型手臂。

这时，其他国家（特别是日本）也开始认识到工业机器人的潜力。早在 1968 年，日本川崎重工业公司与 Unimation 公司谈判，购买了其机器人专利。1969 年，机器人出现了不同寻常的新发展，通用电气公司为美国陆军研制了一种试验性步行车。同年，研制出了"波士顿"机械手，次年又研制出了"斯坦福"机械手，如图 1 - 4 所示。"斯坦福"机械手装有摄像机和计算机控制器。将这些机械手用作机器人的操作机，一些重大的机器人研究工作就开始了。对"斯坦福"机械手所做的一项试验是根据各种策略自动地堆放块状材料。在当时对于自动机器人来说，这是一项非常复杂的工作。1974 年 Cincinnati Milacron 公司推出了第一台计算机控制的工业机器人，定名为"The Tomorrow Tool"。它能举起重达 45.36 kg 的物体，并能跟踪装配线上的各种移动物体。

在 20 世纪 70 年代，大量的研究工作把重点放在使用外部传感器来改善机械手的操作。1973 年博尔斯和保罗在"斯坦福"机械手使用视觉和力反馈，表演了与 PDP - 10 计算机相连，由计算机控制的"斯坦福"机械手装配自动水泵。几乎同时，IBM 公司的威尔和格罗斯曼在 1975 年研制了一个带有触觉和力觉传感器的计算机控制的机械手，用于完成 20 个零件的打字机机械装配工作。

1973 年，第一台机电驱动的 6 轴机器人面世。德国库卡公司（KUKA）将其使用的 Unimate 机器人研发改造成其第一台产业机器人，命名为 Famulus，这是世界上第一台机电驱动的 6 轴机器人，如图 1 - 5 所示。

图 1 - 4　"斯坦福"机械手

1974 年，第一台小型计算机控制的工业机器人走向市场。1974 年，美国辛辛那提米拉克龙（Cincinnati Milacron）公司的理查德·霍恩（Richard Hohn）开发出第一台由小型计算机控制的工业机器人，命名为 T3，即"The Tomorrow Tool"。这是世界上第一次机器人和小型计算机的携手合作。1974 年，瑞典通用电机公司（ASEA，ABB 公司的前身）开发出世界上第一台全电力驱动、由微处理器控制的工业机器人 IRB6，如图 1 - 6 所示。IRB6 主要应用于工件的取放和物料的搬运，首台 IRB6 运行于瑞典南部的一家小型机械工程公司。IRB6 采用仿人化设计，其手臂动作模仿人类的手臂，载重 6 kg 载荷，5 轴。IRB6 的 S1 控制器是第一个使用英特尔 8 位微处理器，内存容量为 16 KB。控制器有 16 个数字 I/O 接口，通过 16 个按键编程，并具有 4 位数的 LED 显示屏。

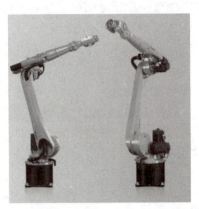

图1-5　世界上第一台机电驱动的6轴机器人　　　　图1-6　IRB6机器人

1978年，日本山梨大学（University of Yamanashi）的牧野洋（Hiroshi Makino）发明了选择顺应性装配机器手臂（Selective Compliance Assembly Robot Arm, SCARA），如图1-7所示。SCARA机器人具有4个轴和4个运动自由度（包括X、Y、Z轴方向的平动自由度和绕Z轴的转动自由度）。SCARA系统在X、Y方向上具有顺从性，而在Z轴方向具有良好的刚度，此特性特别适合装配工作。SCARA的另一个特点是其串接的两杆结构，类似人的手臂，可以伸进有限空间中作业然后收回，适用于搬动和取放物件，如集成电路板等。

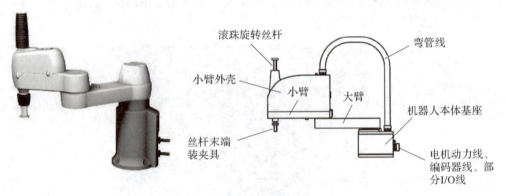

图1-7　SCARA机器人

1979年Unimation公司推出了PUMA系列工业机器人，全电动驱动、关节式结构、多CPU二级微机控制、采用VAL专用语言，可配置视觉、触觉的力觉感受器，是一种技术较为先进的机器人，如图1-8所示。整个70年代，出现了更多的机器人商品，并在工业生产中逐步推广应用。随着计算机科学技术、控制技术和人工智能的发展，机器人的研究开发，无论是就水平还是规模而言都得到迅速发展。据统计，到1980年全世界约有2万余台机器人在工业中应用。

3. 20世纪80年代以后机器人的发展

进入20世纪80年代，机器人生产继续保持20世纪70年代后期的发展势头。到20世纪80年代中期，机器人制造业成为发展最快和最好的经济部门之一。机器人在汽车、电子等行业中大量使用，机器人的研发水平和实用规模都得到迅速发展。1985年前后，FANUC和GMF公司又先后推出交流伺服驱动的工业机器人产品。

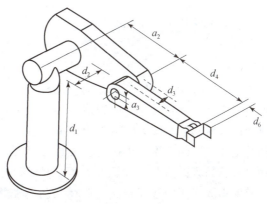

图 1-8　PUMA 系列工业机器人

直至 20 世纪 80 年代后期，由于传统机器人用户应用工业机器人已经饱和，从而造成工业机器人产品积压，不少机器人厂家倒闭或被兼并，使国际机器人学研究和机器人产业出现不景气。

20 世纪 90 年代初，机器人产业出现复苏和继续发展迹象，世界机器人数量逐年增加，增长率也较高，1998 年丹麦乐高公司推出了机器人套件，让机器人的制造变得像搭积木一样相对简单又能任意拼装，从而使机器人开始走入个人世界。

机器人以较好的发展势头进入 21 世纪。2002 年，丹麦 iRobot 公司推出了吸尘器机器人 Roomba，它能避开障碍，自动设计行进路线，还能在电量不足时，自动驶向充电座，这是目前世界上销量最大、最商业化的家用机器人。人性化、重型化、智能化已经成为未来机器人产业的主要发展趋势。美国研制了一种名为"大狗"的新型机器人，与以往各种机器人不同的是，"大狗"并不依靠轮子行进，而是通过其身下的四条"铁腿"行进，这种机器人具有高机动能力，如图 1-9 所示。

（a）　　　　　　　　　　　　　　（b）

图 1-9　吸尘器机器人和"大狗"机器人

（a）吸尘器机器人；（b）"大狗"机器人

"2011 年可以说是工业机器人发展 50 多年以来最成功的一年，自从 1961 年第一台工业机器人安装运行至今全世界共售出 230 多万台工业机器人，而且工业机器人将迎来更美好的未来。"2012 年 5 月 23 日，国际机器人联合会（International Federation of Robotics，IFR）主席 Shinsuke Sakakibara 博士在德国慕尼黑的自动化展览会上发表如上声明。

1.1.2 未来机器人展望

在制造业领域，由于多数工业产品的寿命逐渐缩短，品种需求增多，促使产品的生产从传统的单一品种大批量生产逐步向多品种小批量柔性生产过渡。有各种加工装备、机器人、物料传送装置和自动化仓库组成的柔性制造系统，以及由计算机统一调度的更大规模的集成制造系统将逐步成为制造工业的主要生产手段之一。

随着工业生产的发展，工业机器人数量得到快速增长，对机器人的工作能力也提出了更高的要求，特别是需要各种具有不同程度智能的机器人和特种机器人。这些智能机器人，有的能够模拟人类用两条腿走路，可在凹凸不平的地面上行走移动；有的具有视觉和触觉功能，能够进行独立操作、自动装配和产品检验；有的具有自主控制和决策能力。这些智能机器人，不仅应用了各种反馈传感器，还运用了人工智能中各种学习、推理和决策技术，以及许多最新的智能技术，如临场感技术、虚拟现实技术、多真体技术、人工神经网络技术、遗传算法和遗传编程、放声技术、多传感器集成和融合技术以及纳米技术等。智能机器人将是未来机器人技术发展的方向。

1.1.3 工业机器人的典型应用

历史上出现的第一台工业机器人，主要用于通用汽车的材料处理工作。随着机器人技术的不断进步与发展，它们可以做的工作也变得多样化起来，如喷涂、码垛、搬运、冲压、上下料、包装、焊接、装配等；应用领域也拓展到了各行各业，如钢铁冶金、化工医药等。

（一）机器人在汽车生产线中的应用

在汽车制造中，工业机器人的应用非常广泛。它们可以被用来加工和生产各种汽车零部件，例如车身、发动机、轮胎、刹车等。

1. 车体焊接

在汽车制造中，焊接是一个非常重要的工艺。车体焊接，可用到点焊、拖焊、弧焊等多种焊接方式。工业机器人可以多台同时执行非常高精度的焊接任务，如图 1 – 10 所示，从而大大提高了焊接质量和效率，降低了生产成本和人力成本。

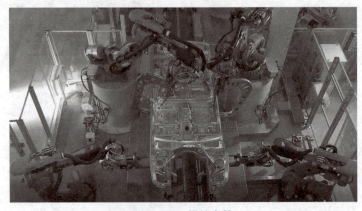

图 1 – 10　焊接车体

2. 汽车涂装

涂装是另一个汽车制造中的重要工艺。工业机器人可以用来执行各种涂装任务，例如底漆、面漆和清漆的喷涂，如图 1–11 所示。工业机器人可以在涂装过程中实现高精度控制，可完成高效、均匀的喷涂作业，从而大大提高涂装质量和效率。

图 1–11　汽车涂装

3. 零件组装

组装是汽车制造中非常重要的一步。工业机器人可以用来执行各种组装任务，例如轮胎组装、发动机组装、座椅组装等，如图 1–12 所示。工业机器人可以在组装过程中实现高精度控制，从而大大提高组装质量和效率。

图 1–12　汽车零件组装

（二）机器人在钢铁冶金行业中的应用

钢铁冶炼工作，往往在高温、高粉尘、高劳动强度的场合进行，将工业机器人应用在冶金领域，不仅避免了高温、高粉尘以及高强度劳动对人体的伤害，而且由于机器人更持久更精确的工作，为企业节约了人工成本，提高了生产控制的准确性和安全性，也提高了产品质量和生产效率。

1. 机器人自动喷号

机器人自动喷号，用于对铸坯进行生产信息化管理，实现对产品的追踪溯源。机器人自动喷号彻底代替了传统人工喷号模式，不仅提高了喷号工作的安全性，降低了人工劳动强度，而且提高了工作效率和精度，提升了工业生产的质量和效益。机器人自动喷号现场应用如图 1－13 所示。

图 1－13　机器人自动喷号现场应用

2. 机器人自动拆装水口

钢包长水口的拆装、清洗及更换是中间包浇钢区域的主要操作之一，人工操作工劳动强度大，工作环境恶劣。机器人自动拆装水口定位套装快速准确，保证了钢包密封性，避免了钢水与外界空气的接触，防止了钢水的二次氧化，确保了浇铸质量。在浇铸完成后，机器人还能自动完成长水口的拆装清洗工作。机器人拆装水口现场应用如图 1－14 所示。

图 1－14　机器人拆装水口现场应用

3. 机器人自动测温取样

浇铸生产中中间包的测温取样操作是个高危作业，人工测温取样操作需要操作人员佩戴好隔热手套和隔热面具，需要手动拆除和安装测温探头和取样装置，手动将取样枪插入钢水，每炉测温均需要 5～6 次，操作人员劳动强度大，并且在人工取样测温时容易发生钢水喷溅、飞溅，烫伤、烧伤操作人员时有发生。采用机器人自动测温取样不仅可以降低企业的人工成本和操作风险，并且能够确保温度测量结果的准确性。机器人自动测温取样现场应用如图 1－15 所示。

图 1 – 15　机器人自动测温取样现场应用

（三）机器人在生物医药中的应用

1. 手术机器人

随着技术的发展，手术机器人已经从最初的辅助医生手术为主要功能的半自动化阶段，发展到现在的能够完成术中定位、切断、穿刺、止血、缝合等操作的全自动化阶段。使用工业机械手配合手术医生手术，不仅提升了手术的精准度和效率，也大大降低了手术中的风险，使得手术更加安全和有效。手术机器人应用场景如图 1 – 16 所示。

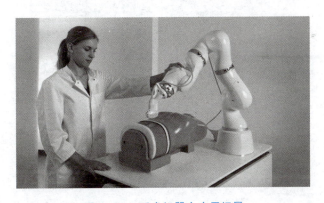

图 1 – 16　手术机器人应用场景

2. 自动配药机器人

自动配药机器人是一种能够自动执行配药过程的设备，它能够根据医生的处方，精确地将药品进行混合然后装入药瓶中。这种设备的应用可以极大地提高配药的准确性和效率。

例如，安徽省肿瘤医院静脉药物配置中心自动配药机器人可自动接收处方，在密闭负压环境下，机器人通过机械臂自动完成药物的溶解、抽吸和加药等配置，自动完成医疗废弃物处理。为患者提供的药物剂量更精确，也更安全，而且药品可以追溯到调配过程任意一个流程，可有效规避人工因操作不规范、疲劳等因素带来的配药问题。自动配药机器人应用如图 1 – 17 所示。

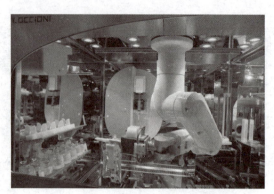

图 1-17　自动配药机器人应用场景

3. 智能化实验室

工业机器人也被用于药品研究实验室，通过引入能与人并肩工作的工业机器人设备，提高实验人员的操作速度，并且机器人能够承担重复性的任务，还可 7×24 小时不间断工作，帮助加快实验进程，打造智能化实验室。例如，晶泰智造引入 GoFa 协作机器人打造的多功能柔性化实验室工作站包括制备站、稀释过滤站、反应站、UPLC 测试站、手套箱、卫星仓及自主移动小车，使药品研发迈向更快速、更高效的新平台。工业机器人在智能化实验室中的应用如图 1-18 所示。

图 1-18　工业机器人在智能化实验室中的应用

1.2　机器人开关机操作

知 识 准 备

1.2.1　机器人的基本组成

工业机器人通常由执行机构、驱动系统、控制系统和传感系统四部分组成。

跟我学：工业机器人
的基本组成

（一）执行机构

执行机构是机器人赖以完成工作任务的实体，通常由一系列连杆、关节或其他形式的运动副组成，也可以理解成执行机构是工业机器人的机械结构部分。从功能的角度来看，执行机构包括手部、腕部、臂部、末端执行器等，如图 1-19 所示。

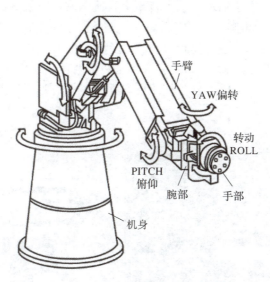

图 1-19　工业机器人结构示意图

（二）驱动系统

工业机器人的驱动系统是向执行系统各部件提供动力的装置，包括驱动器和传动机构两部分，它们通常与执行机构连成一体。驱动器通常有电动、液压、气动装置以及将它们结合起来应用的综合系统。常用的传动机构有谐波传动、螺旋传动、链传动、带传动以及各种齿轮传动等。

1. 气动驱动

气动驱动系统通常由气缸、气阀、气罐和空压机等组成，以压缩空气来驱动执行机构进行工作，具有速度快、系统结构简单、维修方便、价格低等特点。适于在中、小负荷的机器人中采用。但因难于实现伺服控制，因此多用于程序控制的机械人中，如在上、下料和冲压机器人中应用较多。机器人的气动驱动应用如图 1-20 所示。

2. 液压驱动

由于液压技术是一种比较成熟的技术，它具有动力大、力（或力矩）与惯量比大、快速响应高、易于实现直接驱动等特点，适于在承载能力大、惯量大以及在防爆环境中工作的这些机器人

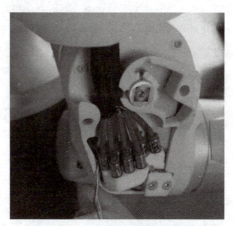

图 1-20　机器人的气动驱动应用

中应用。但液压系统需进行能量转换（电能转换成液压能），速度控制在多数情况下采用节流调速，效率比电动驱动系统低。液压系统的液体泄漏会对环境产生污染，工作噪声也较高。因这些弱点，近年来，在负荷为 100 kg 以下的机器人中往往被电动系统所取代。机器人的液压驱动应用如图 1-21 所示。

3. 电力驱动

电力驱动是利用电动机产生的力或力矩直接或经过减速机构驱动机器人，以获得所需的位置、速度和加速度。由于低惯量、大转矩交直流伺服电机及其配套的伺服驱动器（交流变频器、直流脉冲宽度调制器）的广泛采用，这类驱动系统在机器人中被大量选用。这类系统不需能量转换，使用方便，控制灵活。大多数电机后面需安装精密的传动机构。直流有刷电机不能直接用于要求防爆的环境中，成本也较上两种驱动系统的高。但因这类驱动系统优点比较突出，因此在机器人中被广泛选用。机器人的电力驱动示意图如图 1 - 22 所示。

图 1 - 21　机器人的液压驱动应用　　　　图 1 - 22　机器人的电力驱动示意图

（三）控制系统

控制系统是机器人的重要组成部分，用于对运动的基本控制以完成特定的工作任务，其基本功能有在线示教、与外围设备联系、坐标设置、人机接口功能、传感器接口功能、位置伺服功能、故障诊断安全保护功能等。各种功能具体体现在：在线示教包括示教器和导引示教两种；与外围设备联系有输入和输出接口、通信接口、网络接口、同步接口；坐标设置有关节、绝对、工具、用户自定义四种坐标系设置；人机接口有示教器、操作面板、显示屏；传感器接口功能有位置检测、视觉、触觉、力觉等；位置伺服功能有机器人多轴联动、运动控制、速度和加速度控制、动态补偿等；故障诊断安全保护功能，即运行时系统状态监视、故障状态下的安全保护和故障自诊断。如图 1 - 23 所示为工业机器人控制器。

机器人控制器作为工业机器人最为核心的零部件之一，对机器人的性能起着决定性的影响，主要控制机器人在工作空间中的运动位置、姿态和轨迹、操作顺序及动作的时间等。机器人的控制器相当于人类的大脑，主要包括两个部分——控制柜和示教器，其中控制柜包含多个 PLC 控制模块，用于控制机器人的运动，控制柜的系统结构和内部电路板；示教器用于编程和发送控制命令给控制柜以命令机器人运动。

1. 机器人控制柜

机器人控制柜一般由主电源、计算机供电单元、计算机控制模块、输入和输出板（I/O板）、用户连接端口、示教器接线端接口、各轴计算机板、各轴伺服电机的驱动单元等组成，如图 1 - 24 所示。一个工业机器人控制系统最多包含 36 个驱动单元，一个驱动模块最多包含 9 个驱动单元，可处理 6 个内部轴和 2 个普通轴或者附加轴，机器人控制柜内的标

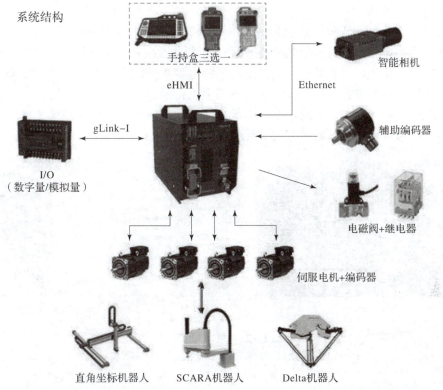

系统结构

手持盒三选一

eHMI

智能相机

Ethernet

gLink-I

I/O
（数字量/模拟量）

辅助编码器

电磁阀+继电器

伺服电机+编码器

直角坐标机器人　　SCARA机器人　　Delta机器人

图 1-23　工业机器人控制器

准硬件主要有控制模块，其主要包含控制操纵器动作的主要计算机、RAPID 的执行和信号处理。驱动模块包含电子设备的模块，可为操纵器的电机供电，驱动模块最多可以包含 9 个驱动单元，每个单元控制一个操纵器关节，标准工业机器人有 6 个轴，6 个关节，因此工业机器人操纵器通常使用一个驱动模块。

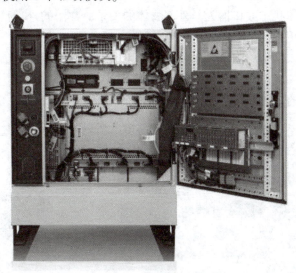

图 1-24　机器人控制柜

2. 机器人示教器

示教器又叫示教编程器，是机器人控制系统的核心部件，是进行机器人的手动操纵、程序编写、参数配置以及监控用的手持装置，主要由触摸屏、控制杆、专用的硬件按钮和紧急停止开关等组成。示教器是一个用来注册和存储机械运动或处理记忆的设备，由电子系统或计算机系统组成，控制者在操作时只需要手持示教器，通过按键将信号传送到控制柜的存储器中，实现对机器人的控制。示教器的操作面板由各种操作按键、状态指示灯构成，只完成基本功能操作，如图1-25所示。

（a）   （b）

图1-25　机器人示教器

（a）示教器的整体结构；（b）示教器的控制面板

（四）传感系统

传感系统是机器人的重要组成部分，机器人的传感系统包括视觉系统、听觉系统、触觉系统、嗅觉系统以及味觉系统等。这些传感系统由一些对图像、光线、声音、压力、气味、味道敏感的交换器即传感器组成。按其采集信息的位置，一般可分为内部和外部两类传感器。内部传感器是完成机器人运动控制所必需的传感器，如位置传感器、速度传感器等，用于采集机器人内部信息，是构成机器人不可缺少的基本元件。外部传感器检测机器人所处环境、外部物体状态或机器人与外部物体的关系。常用的外部传感器有力觉传感器、触觉传感器、接近觉传感器、视觉传感器等。

传统的工业机器人仅采用内部传感器，用于对机器人的运动、位置及姿态进行精确控制。使用外部传感器，使得机器人对外部环境具有一定程度的适应能力，从而表现出一定程度的智能。机器人的传感系统如图1-26所示。

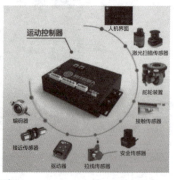

图1-26　机器人的传感系统

1.2.2　机器人操作安全要求

1. 在线示教安全操作

（1）禁止用力摇晃机械臂及在机械臂上悬挂重物。

（2）示教时请勿戴手套。穿戴和使用规定的工作服、安全鞋、安全帽、保护用具等。

（3）未经许可不能擅自进入机器人所及的区域。调试人员进入机器人工作区域时，需要随身携带示教器，以防他人误操作。

（4）示教前，需仔细确认示教器的安全保护装置是否能够正确工作，如"急停"按钮、安全开关等。"急停"按钮一般在控制柜、示教器、操作台醒目位置，为红色，如图1-27所示。

"急停"按钮

图1-27　"急停"按钮示意图

（5）在手动操作机器人时要采用较低的倍率速度以增加对机器人的控制机会。

（6）在按下示教器上的轴操作键之前要考虑到机器人的运动趋势。

（7）要预先考虑好避让机器人的运动轨迹，并确认该路径不受干涉。

（8）在察觉到有危险时，立即按下"急停"按钮，停止机器人运转。

2. 再现和自动运行安全操作

（1）机器人处于自动模式时，严禁进入机器人本体动作范围内。

（2）在运行作业程序前，须知道机器人根据所编程序将要执行的全部任务。

（3）使用由其他系统编制的作业程序时，要先跟踪一遍确认动作，之后再使用该程序。

（4）须知道所有会控制机器人移动的开关、传感器和控制信号的位置和状态。

（5）必须知道机器人控制器和外围控制设备上的"急停"按钮的位置，准备在紧急情况下按下这些按钮。

（6）永远不要认为机器人没有移动，其程序就已经完成，此时机器人很可能是在等待让它继续移动的输入信号。

3. 安全守则

（1）万一发生火灾，请使用二氧化碳灭火器。

（2）"急停"按钮（E-Stop）不允许被短接。

（3）在任何情况下，不要使用机器人原始启动盘，要用复制盘。

（4）机器人停机时，夹具上不应置物，必须空机。

（5）机器人在发生意外或运行不正常等情况下，均可使用"急停"按钮，停止运行。

（6）因为机器人在自动状态下，即使运行速度非常低，其动量仍很大，所以在进行编程、测试及维修等工作时，必须将机器人置于手动模式。

（7）气路系统中的压力可达0.6 MPa，任何相关检修时都要切断气源。

（8）在手动模式下调试机器人，如果不需要移动机器人时，必须及时释放使能器（Enable Device）。

（9）在得到停电通知时，要预先关断机器人的主电源及气源。

（10）突然停电后，要赶在来电之前预先关闭机器人的主电源开关，并及时取下夹具上的工件。

（11）维修人员必须保管好机器人钥匙，严禁非授权人员在手动模式下进入机器人软件系统，随意翻阅或修改程序及参数。

（12）严格执行生产现场6S管理规定和安全制度。

（13）严格按照机器人的标准化操作流程进行操作，严禁违规操作。

4. 现场作业产生的废弃物处理

（1）现场服务产生的危险固体废弃物包括：废工业电池、废电路板、废润滑油、废油脂、黏油废棉丝或抹布、废油桶、损坏的零件、包装材料等。

（2）现场作业产生的废弃物处理方法：

①现场服务产生的损坏零件由公司现场服务人员或客户修复后再使用。

②废包装材料，建议客户交回收公司回收再利用。

③现场服务产生的废工业电池和废电路板，由公司现场服务人员带回后交还供应商，或由客户保管，在购买新电池时作为交换物。

④废润滑油、废润滑脂、废油桶、黏油废棉丝和抹布等，分类收集后交给专业公司处理。

任务实施向导

1.2.3 工业机器人开机操作

工业机器人开机步骤如下：

（1）确认控制柜和示教器上的"急停"按钮已经拍下；

（2）打开平台电源开关；

（3）打开工业机器人控制柜上的电源开关；

（4）松开"急停"按钮；

（5）等待触摸屏上电。

以工业机器人应用编程实训台为例，具体操作步骤如表1-1所示。

表1-1 工业机器人开机操作步骤

操作步骤	操作说明	示意图
1	确认控制柜和示教器上的"急停"按钮已经拍下；打开触摸屏上的旋钮。	

续表

操作步骤	操作说明	示意图
2	找到控制柜左下角开关，顺时针旋转，使红色旋钮向下，即打开控制柜开关。	
3	释放控制柜、示教器、触摸屏上的全部"急停"按钮。	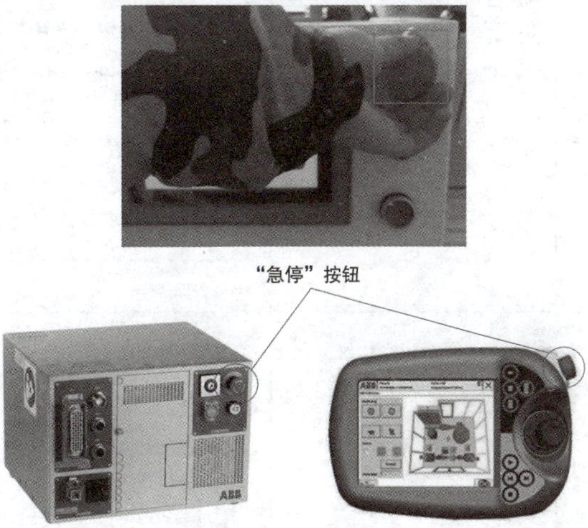
4	等待示教器开机，出现如右图所示界面。	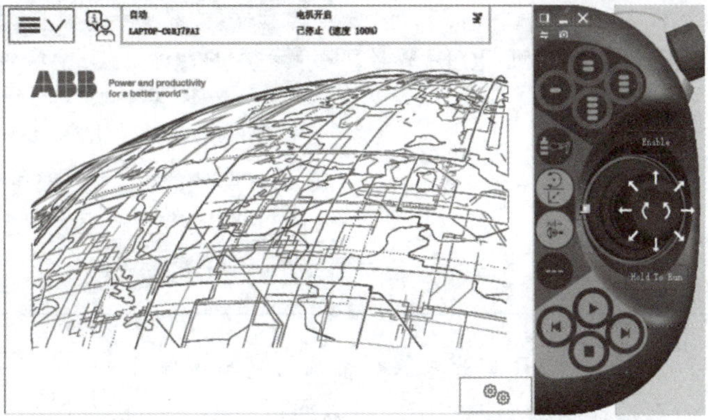

跟我做：配置示教器
操作环境

1.2.4　配置示教器操作环境

1. 设定示教器的显示语言

示教器显示语言设置操作步骤如表 1-2 所示。

表 1-2　示教器显示语言设置操作步骤

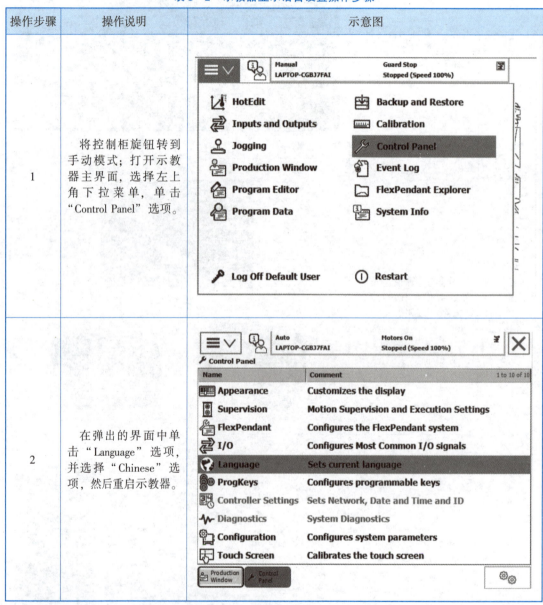

操作步骤	操作说明	示意图
1	将控制柜旋钮转到手动模式；打开示教器主界面，选择左上角下拉菜单，单击"Control Panel"选项。	
2	在弹出的界面中单击"Language"选项，并选择"Chinese"选项，然后重启示教器。	

2. 查看 ABB 工业机器人常用信息与事件日志

在操作机器人过程中，可以通过机器人的状态栏显示机器人相关信息，如机器人的状态（手动、全速手动和自动）、机器人的系统信息、机器人电动机状态、程序运行状态及当前机器人或外轴的使用状态。具体操作步骤如表 1-3 所示。

表1-3 机器人常用信息与事件日志查看

操作步骤	操作说明	示意图
1	机器人常用信息和事件日志的查询有两种方式，单击主菜单下的"事件日志"按钮，或在窗口上方状态栏，均可以操作查看机器人的事件日志。	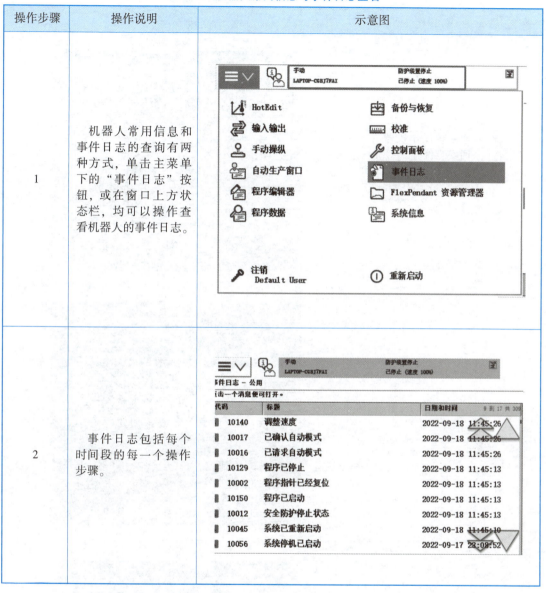
2	事件日志包括每个时间段的每一个操作步骤。	

1.2.5 工业机器人关机操作

工业机器人关机步骤如下：
（1）手动操作机器人返回 home 点；
（2）按下控制柜（触摸屏）的"急停"按钮；
（3）将示教器放到指定位置；
（4）关闭电源开关；
（5）关闭实训台电源。
以工业机器人应用编程实训台为例，具体操作步骤如表1-4所示。

表1-4　机器人关机操作

操作步骤	操作说明	示意图
1	手动操作机器人返回安全位置（即 home 点，1、2、3、4、6 轴为 0°，5 轴为 90°）。	
2	按下示教器上的"急停"按钮。	
3	将示教器放到指定位置。	

续表

操作步骤	操作说明	示意图
4	逆时针旋转控制柜电源开关，使红色旋钮水平向右，即关闭控制柜电源。	
5	逆时针旋转触摸屏右下角电源旋钮，关闭实训台电源。	

1.3　机器人手动操作

知 识 准 备

1.3.1　坐标系的概念和分类

跟我学：工业机器人
的手动操作

　　工业机器人的运动实质就是根据不同作业内容和轨迹要求，在各种坐标系下的运动。为了精确地描述各个连杆或物体之间的位置和姿态关系，首先定义一个固定的坐标系，并以它作为参考坐标系，所有静止或运动的物体就可以统一在同一个参考坐标系中进行比较和标定。该坐标系一般被称为世界坐标系或大地坐标系抑或地球坐标系。基于此，共同的坐标系描述机器人自身及其周围物体，是机器人在三维空间中工作的基础。通常，对每个物体或连杆都定义一个本体坐标系，又称局部坐标系，每个物体与附着在该物体上的本体坐标系是相对静止的，即其相对位置和姿态是固定的。

工业机器人的坐标系主要分为关节坐标系、大地坐标系、基坐标系、工件（用户）坐标系、工具坐标系等。其中，大地坐标系、基坐标系和工件（用户）坐标系都属于直角坐标系，如图 1-28 所示。

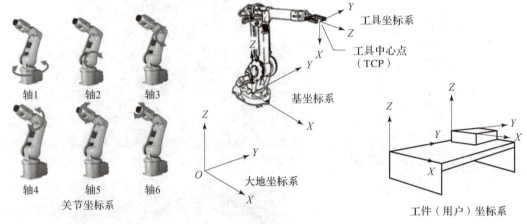

图 1-28　工业机器人坐标系

1. 关节坐标系

关节坐标系是设定在机器人关节中的坐标系。关节坐标系中机器人的位置和姿态，以各关节底座侧的关节坐标系为基准而确定。在关节坐标系下，机器人可以进行单轴运动。

2. 大地坐标系

大地坐标系是被固定在空间上的标准直角坐标系，其被固定在由机器人事先确定的位置。用户坐标系是基于该坐标系而设定的。它用于位置数据的示教和执行。

3. 基坐标系

在机器人基座中有相应的零点，在正常配置的机器人系统中，当操作人员正向面对机器人并在基坐标系下进行手动操作时，操纵杆向前和向后使机器人沿 X 轴移动；操纵杆向两侧使机器人沿 Y 轴移动；旋转操纵杆使机器人沿 Z 轴移动。

4. 工件（用户）坐标系

工件坐标系对应工件，是用户对每个作业空间进行定义的直角坐标系。它用于位置寄存器的示教和执行、位置补偿指令的执行等。在没有定义的时候，将由世界坐标系来替代该坐标系。

5. 工具坐标系

工具坐标系，是用来定义工具中心点（TCP）的位置和工具姿态的坐标系。工具坐标系必须事先进行设定。在没有定义的时候，将由默认工具坐标系来替代该坐标系。

1.3.2　示教器的组成和按键功能

示教器是一种手持式操作装置，用于执行与操作机器人系统有关的任务。如运行程序、手动操纵机器人移动、修改机器人程序等，也可用于备份与恢复、配置机器人、查看机器人信息等。示教器可在恶劣的工业环境下持续运行，其触摸屏易于清洁，且防水、防油、防溅湿。

下面我们就以 ABB 工业机器人的示教器为例，学习示教器的硬件组成和按键功能。

示教器主要由液晶屏幕和操作按键组成，如图 1-29 所示。它是机器人的人机交互接口，机器人的所有操作基本上都是通过它来完成的。示教器实质上就是一个专用的智能终端，主要通过串口通信的方式与控制系统相连，再将控制信号输出给工业机器人本体，完成控制。

显示屏主要分为 4 个显示区：

（1）菜单显示区：显示操作屏主菜单和子菜单。

（2）通用显示区：在通用显示区，可对作业程序、特性文件、各种设定进行显示和编辑。

（3）状态显示区：显示系统当前状态，如动作坐标系、机器人移动速度等。显示的信息根据控制柜的模式（示教或再现）不同而改变。

（4）人机对话显示区：在机器人示教或自动运行过程中，显示功能图标以及系统错误信息等。

具体硬件功能如图 1-30 和表 1-5 所示。

跟我学：机器人的示教器

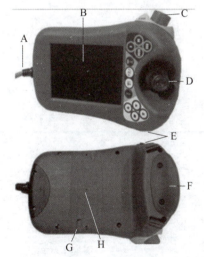

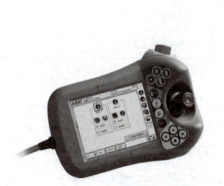

图 1-29　ABB 工业机器人示教器　　　　图 1-30　示教器硬件图

表 1-5　示教器硬件功能说明

标号	部件名称	说明
A	连接器	与机器人控制柜连接
B	触摸屏	机器人程序的显示和状态的显示
C	"急停"按钮	紧急情况时拍下，使机器人停止
D	操纵杆（摇杆）	控制机器人的各种运动，如单轴运动、线性运动等

续表

标号	部件名称	说明
E	USB 接口	数据备份与恢复用 USB 接口，可插 U 盘/移动硬盘等存储设备
F	使能按钮	给机器人的各伺服电机使能上电
G	触摸笔	与触摸屏配合使用
H	重置按钮	将示教器重置为出厂状态

另外，ABB 机器人示教器显示屏的右侧还有几组功能按键，如图 1−31 和表 1−6 所示。

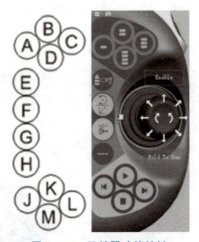

图 1−31　示教器功能按键

表 1−6　示教器功能按键说明

标号	说明
A~D	预设按键，可以根据实际需求设定按键功能
E	选择机械单元（用于多机器人控制）
F	切换运动模式，实现机器人重定位或者线性运动
G	切换运动模式，实现机器人的单轴运动，轴 1~3 或轴 4~6
H	切换增量（增益）控制模式，开启或者关闭机器人增量运动
J	后退按键，使程序逆向运动，运行到上一条指令
K	启动按键，使机器人正向连续运行整个程序
L	前进按键，使程序正向单步运行程序，按一次，执行一条指令
M	暂停按钮，使机器人暂停运行程序

示教作业时必须按照规定的手持方式进行示教。具体的手持规定如图 1−32 所示。左手手持，四指穿过张紧带，手指放置于使能按钮，掌心与大拇指握紧示教器。使能按钮分

为两挡，在手动状态下第一挡按下去时机器人将处于电机开启状态。只有在按下使能按钮并保持在电机开启的状态时才可以对机器人进行手动操作和程序调试。第二挡按下时机器人会处于防护停止状态。操作机器人示教器时，左手手指需持续按住使能按钮不放。

图 1-32　示教器的手持方式

任 务 实 施 向 导

1.3.3　机器人单轴运动操作

机器人的单轴运动指的是通过摇杆控制机器人每个单独轴正向和反向运动。手动操作步骤如表1-7所示。

表 1-7　机器人单轴运动操作

运动方式	操作步骤	操作说明	示意图
单轴运动	1	打开示教器菜单栏"手动操纵"界面，进入"动作模式"界面，选择"轴1-3"运动选项。	
	2	此时，工业机器人摇杆向右为1轴正方向，向下为2轴正方向，顺时针旋转为3轴正方向。操纵摇杆，改变机器人1~3轴的位姿。	

运动方式	操作步骤	操作说明	示意图
单轴运动	3	打开示教器菜单栏"手动操纵"界面，进入"动作模式"界面，选择"轴 4 - 6"运动选项。	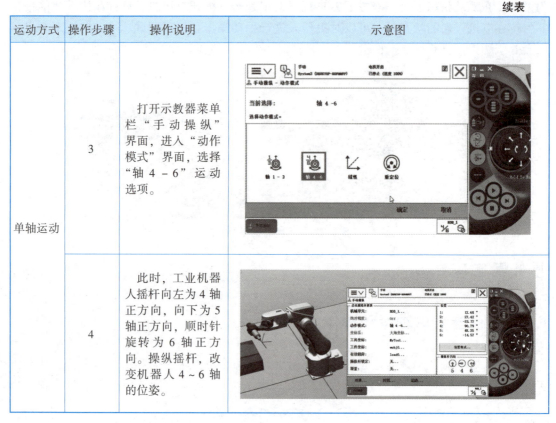
	4	此时，工业机器人摇杆向左为 4 轴正方向，向下为 5 轴正方向，顺时针旋转为 6 轴正方向。操纵摇杆，改变机器人 4～6 轴的位姿。	

1.3.4 机器人手动线性运动操作

通常，选择从点移动到点时，机器人的运行轨迹为直线，所以称为直线运动，也称为线性运动。其特点是工业机器人的焊枪、胶枪（或工件）等姿态不变，仅末端执行器的位置发生变化。手动线性运动操作步骤如表 1 - 8 所示。

表 1 - 8 机器人手动线性运动操作

运动方式	操作步骤	操作说明	示意图
线性运动	1	打开示教器菜单栏"手动操纵"界面，将控制柜旋钮切换至"手动"模式。	

运动方式	操作步骤	操作说明	示意图
线性运动	2	打开示教器菜单栏"手动操纵"界面，进入"动作模式"界面，选择"线性"选项。	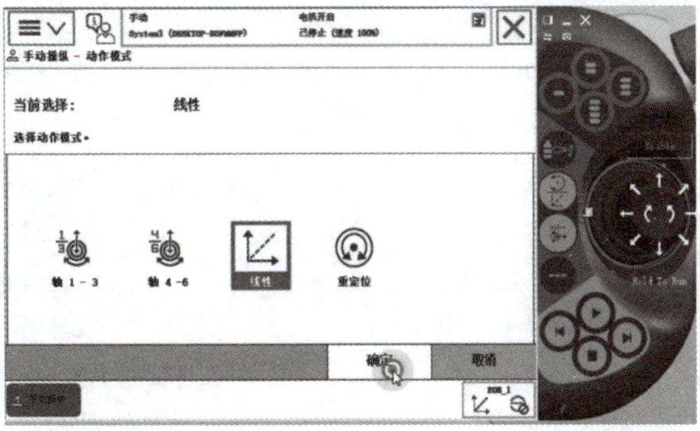
	3	打开"坐标系"选项卡，选择"大地坐标系"（或其他直角坐标系）。	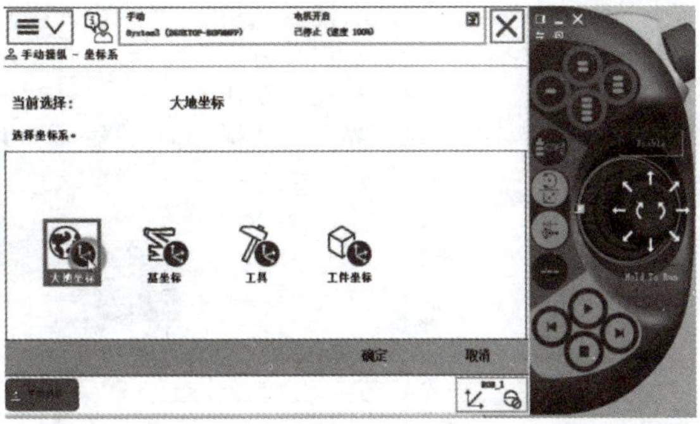
	4	此时，工业机器人摇杆向下为 X 轴正方向，向右为 Y 轴正方向，逆时针旋转为 Z 轴正方向，此刻焊接机器人末端执行器位于工件原点。	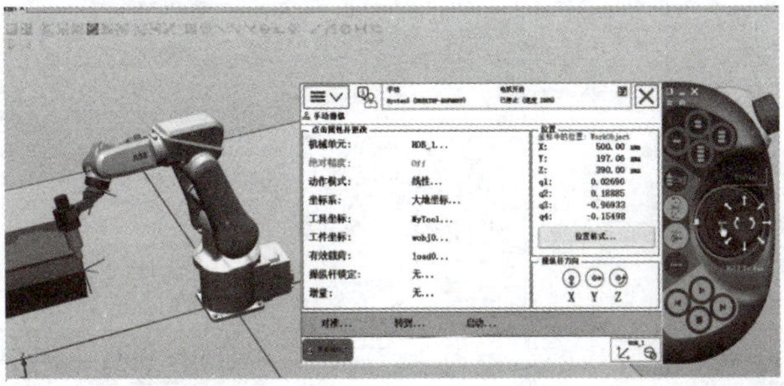
	5	操纵机器人摇杆，使其沿直线运动至如右图所示焊缝终点。	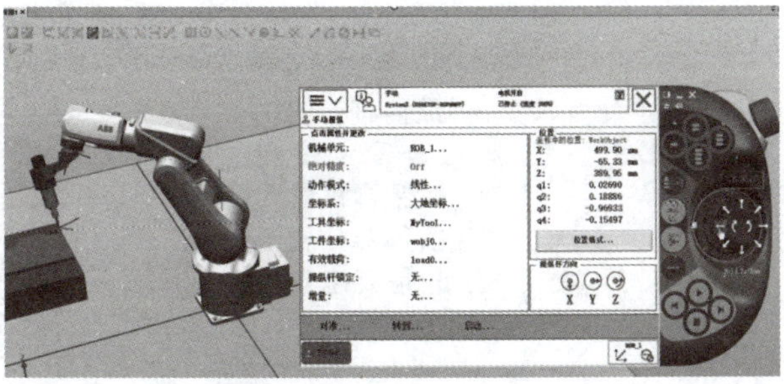

1.3.5　机器人手动重定位操作

重定位运动是指机器人末端执行器的位置保持不变，姿态发生变化的运动方式。手动重定位操作步骤如表1-9所示。

表1-9　机器人手动重定位操作步骤

运动方式	操作步骤	操作说明	示意图
重定位运动	1	打开示教器菜单栏"手动操纵"界面，进入"动作模式"界面，选择"重定位"选项。	
	2	选择适合当前末端执行器的"工具坐标系"。	
	3	操纵摇杆，使机器人做重定位运动，即保持机器人末端执行器位置不变，只是姿态发生改变。	

1.4　转数计数器的更新操作

知 识 准 备

1.4.1　工业机器人机械零点

工业机器人在出厂时，对各关节轴的机械零点进行了设置，对应机器人本体上 6 个关节轴同步标记，该零点作为各关节轴运动的基准。工业机器人会记住零点信息，即机器人各轴处于机械零点时各轴电机编码器对应的读数，其中包括转数数据和单圈转角数据。零点信息数据存储在本体串行测量板上，数据需要供电才能保存，掉电后数据会丢失。

1.4.2　转数计数器更新的作用

在机器人出厂时，机械零点数据和零点信息是准确的。但是在使用时，因误删零点信息、转数计数器断电、拆机维修或断电时机器人关节轴受外力引起移位等原因，均可能导致零点失效，从而丢失运动基准。

针对以上问题，我们需要对机器人的转数计数器进行更新操作。即将机器人关节轴运动至机械零点（把机器人各关节轴上的同步标记对齐），并在示教器上进行转数数据校准更新操作。

具体而言，在遇到以下情况时，需要进行转数计数器更新操作：

（1）系统报警提示"10036 转数计数器更新"；
（2）转数计数器发生故障，修复后；
（3）转数计数器与测量板之间断开过后；
（4）断电状态下，机器人关节轴发生移位；
（5）更换伺服电机转数计数器电池后。

任 务 实 施 向 导

1.4.3　编辑校准参数和电机校准偏移

通过手动操纵使机器人各关节轴运动到机械零点刻度位置。为便于操作，可以按以下顺序操作各关节轴回零：4—5—6—1—2—3。具体操作步骤如表 1 - 10 所示。

表 1-10　编辑校准参数和电机校准偏移操作步骤

操作步骤	操作说明	示意图
1	在手动操纵菜单中，动作模式选择"轴4-6"，将4、5、6关节轴运动到机械零点的刻度位置。	
2	在手动操纵菜单中，动作模式选择"轴1-3"，将1、2、3关节轴运动到机械零点的刻度位置。	
3	单击左上角主菜单，然后单击"校准"选项。	
4	单击"ROB_1"选项卡。	

续表

操作步骤	操作说明	示意图
5	在"校准参数"选项卡下，选择"编辑电机校准偏移"选项。	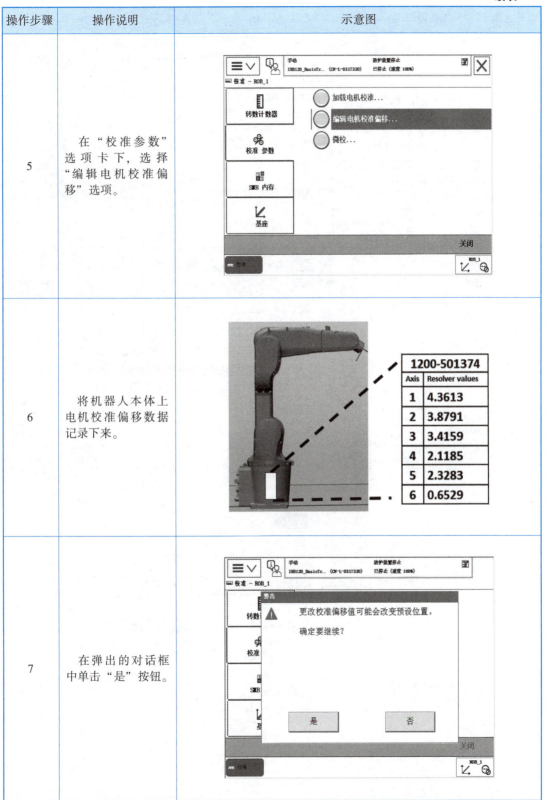
6	将机器人本体上电机校准偏移数据记录下来。	
7	在弹出的对话框中单击"是"按钮。	

操作步骤	操作说明	示意图
8	输入刚才从机器人本体记录的电机校准偏移数据，然后单击"确定"按钮。（如果示教器中显示的数值与机器人本体上的标签数值一致，则无须修改，直接单击"取消"按钮退出）。	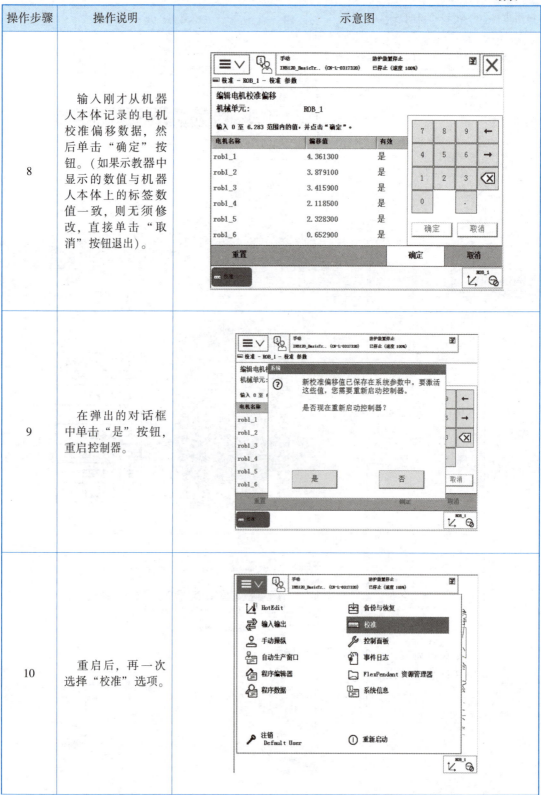
9	在弹出的对话框中单击"是"按钮，重启控制器。	
10	重启后，再一次选择"校准"选项。	

续表

操作步骤	操作说明	示意图
11	单击"ROB_1"选项卡。	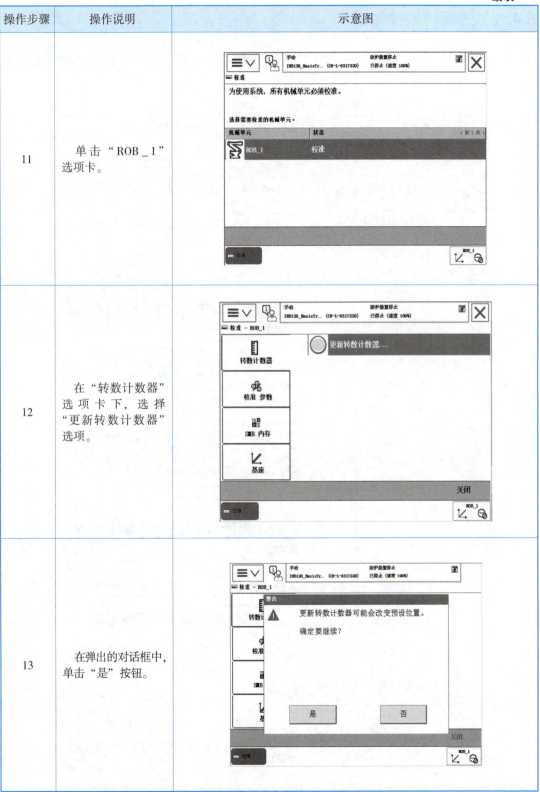
12	在"转数计数器"选项卡下，选择"更新转数计数器"选项。	
13	在弹出的对话框中，单击"是"按钮。	

1.4.4 更新转数计数器

如果机器人由于安装位置的关系，无法6个轴同时到达机械零点刻度位置时，则可以逐一对关节轴进行转数计数器更新，具体操作步骤如表1-11所示。

表1-11 更新转数计数器操作步骤

操作步骤	操作说明	示意图
1	确认更新转数计数器后出现如右图所示界面，单击"确定"按钮。	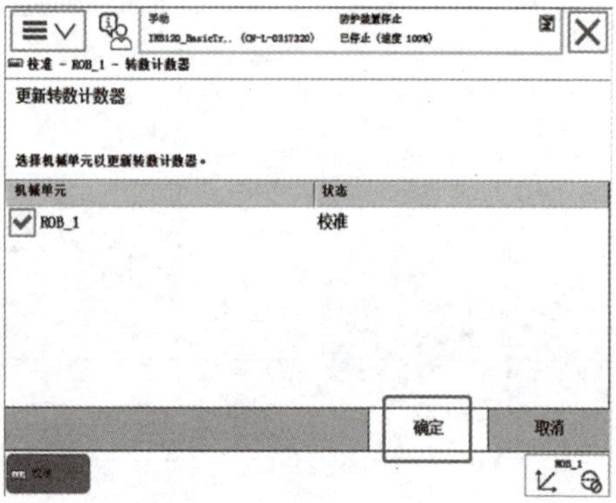
2	单击"全选"按钮，然后单击"更新"按钮。	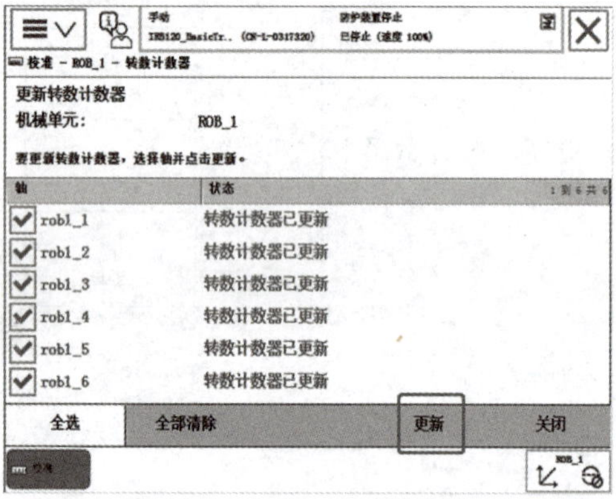
3	在弹出的对话框中单击"更新"按钮，完成校准更新转数计数器任务。	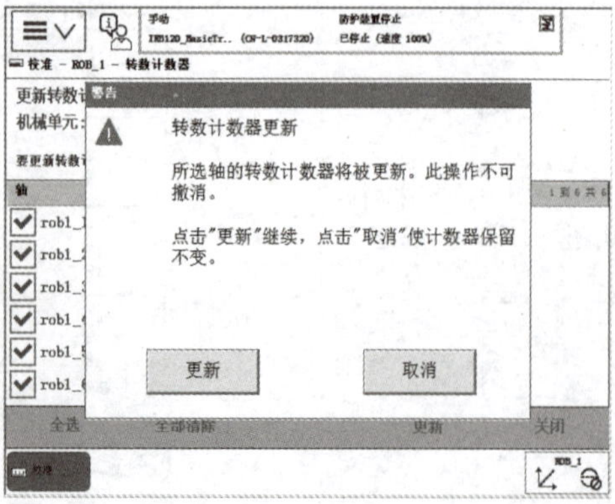

1.5　机器人系统的备份与恢复实现

知识准备

1.5.1　系统备份与恢复的意义

在使用计算机的过程中，我们可能会遇到系统崩溃，如果做好了系统的备份，我们就可以快速恢复系统，防止重要文件丢失。与此类似，定期对机器人的数据进行备份，是保证 ABB 机器人正常工作的良好习惯。

跟我学：机器人系统的备份与恢复

ABB 机器人数据备份的对象是所有正在系统内存运行的 RAPID 程序和系统参数。当机器人系统出现错乱或者重新安装新系统以后，可以通过备份快速地把机器人恢复到备份时的状态。

1.5.2　备份文件夹信息

在通过软件（RobotStudio）获得控制权的方法完成系统备份与恢复的方式中，文件会存储在计算机中，备份文件存储在 RAPID 文件夹下，I/O 配置文件存储在 SYSPAR 文件夹下，如图 1－33 所示。

名称	修改日期
BACKINFO	2020/4/23 11:16
HOME	2020/4/23 11:16
RAPID	2020/4/23 11:16
SYSPAR	2020/4/23 11:16
system.xml	2020/4/23 10:42

图 1－33　系统备份文件夹

具体每个文件夹的作用如表 1－12。

表 1－12　系统默认备份文件夹

文件夹	描述
BACKINFO	包含要从媒体库中重新创建系统软件和选项所需要的信息
HOME	包含系统主目录中的内容复制
RAPID	系统程序存储器中的每个任务创建了一个子文件夹。每个任务子文件夹包含有单独的程序模块文件夹和系统模块文件夹
SYSPAR	包含系统配置文件

任务实施向导

跟我做：机器人系统
备份与恢复

1.5.3 利用示教器进行系统备份和恢复

利用示教器进行系统备份和恢复的操作步骤如表 1−13 所示。

表 1−13 利用示教器进行系统备份和恢复操作步骤

操作步骤	操作说明	示意图
1	打开示教器主界面，选择左上角下拉菜单，单击"备份与恢复"选项。	手动 LAPTOP-C6RJ7PAI　防护装置停止 己停止（速度 100%） HotEdit　备份与恢复 输入输出　校准 手动操纵　控制面板 自动生产窗口　事件日志 程序编辑器　FlexPendant 资源管理器 程序数据　系统信息 注销 Default User　重新启动
2	在弹出的界面单击"备份当前系统"选项。	手动 LAPTOP-C6RJ7PAI　防护装置停止 己停止（速度 100%） 备份与恢复 备份当前系统…　　恢复系统…
3	单击"备份路径"后的"…"按钮，选择合适的备份路径，然后单击"备份"按钮，完成系统备份。	备份当前系统 所有模块和系统参数均将存储于备份文件夹中。 选择其它文件夹或按受默认文件夹，然后按一下"备份"。 备份文件夹： System4_Backup_20220918　ABC… 备份路径： C:/Users/XIXI/Documents/RobotStudio/Systems/BACKUP/　… 备份将被创建在： C:/Users/XIXI/Documents/RobotStudio/Systems/BACKUP/System4_Backup_20220918/ 高级…　　备份　取消

续表

操作步骤	操作说明	示意图
4	恢复系统与备份类似，进入步骤 2 中界面，选择"恢复系统"选项，单击"备份文件夹"后的"…"按钮，选择之前备份的系统，然后单击"恢复"按钮。	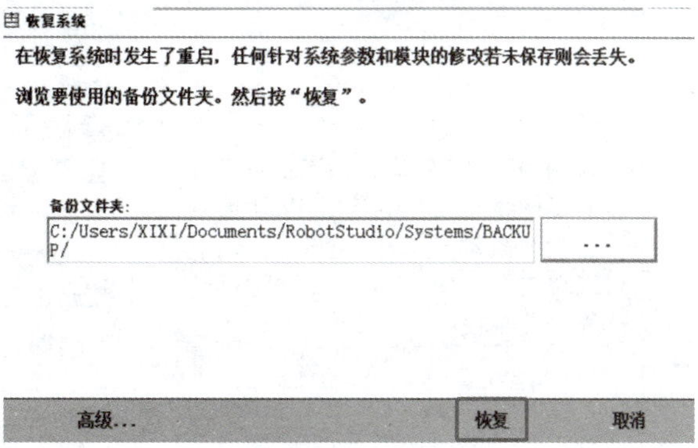

1.5.4 利用软件获得控制权完成系统备份与恢复

利用 ABB 机器人编程软件 RobotStudio 获得机器人的控制权，完成系统的备份和恢复操作，其具体步骤如表 1-14 所示。

表 1-14 利用软件获得控制权完成系统备份和恢复操作步骤

操作步骤	操作说明	示意图
1	在 RobotStudio 中建立一个空工作站。	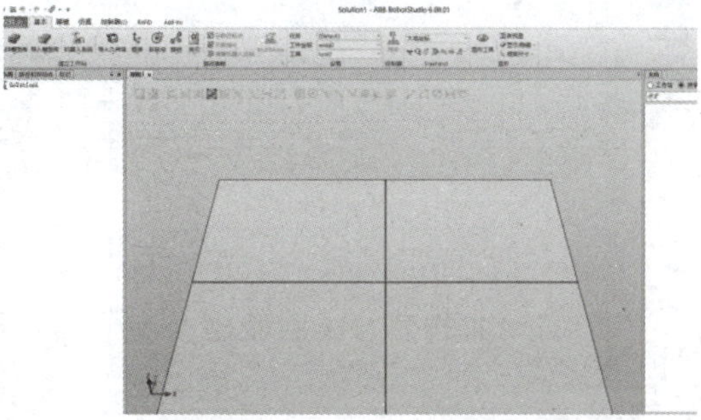
2	在"控制器"功能选项卡下单击"添加控制器"图标按钮，添加机器人控制器，从而获得对机器人控制权。 注意，在建立连接之前，一定将机器人控制器运行状态设置为"手动"。	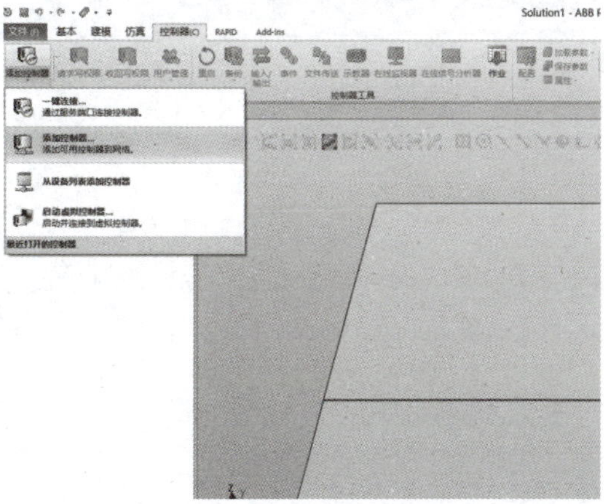

续表

操作步骤	操作说明	示意图
3	将电脑与控制器的"Service"口通过网线连接，电脑的 IP 地址设置为"自动获取 IP 地址"，则可以单击"一键连接"获取对机器人的控制权。	
4	单击"添加控制器"图标按钮，可以在弹出的对话框中选择想要连接的控制器，然后单击"确定"按钮（注：我们这里用虚拟控制器模拟真实控制器的连接）。	
5	此时工作站与控制器建立了连接。	
6	单击"请求写权限"选项。	

续表

操作步骤	操作说明	示意图
7	出现等待远程示教器确认授权的对话框。	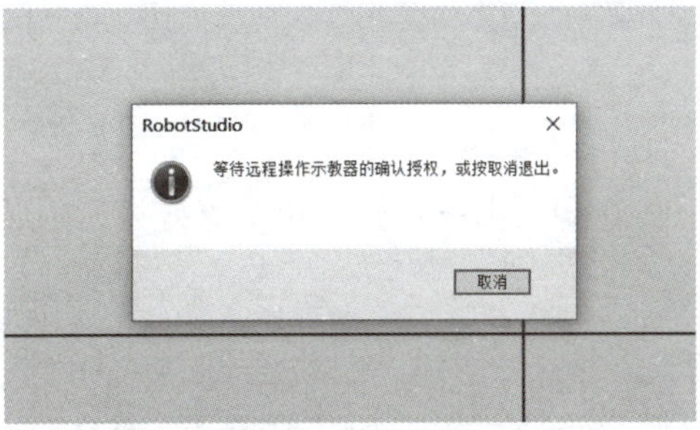
8	在需要备份的机器人系统示教器中，我们可以看到如右图所示的请求授权的对话框，单击"同意"按钮。	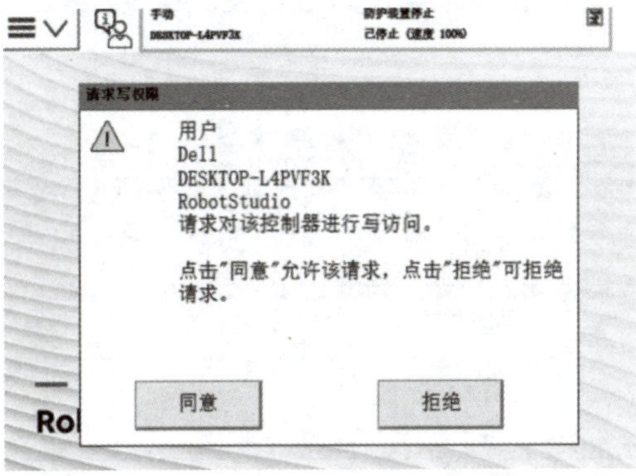
9	回到空工作站的界面中，即可对现场的控制系统进行备份。单击"备份"→"创建备份"选项。	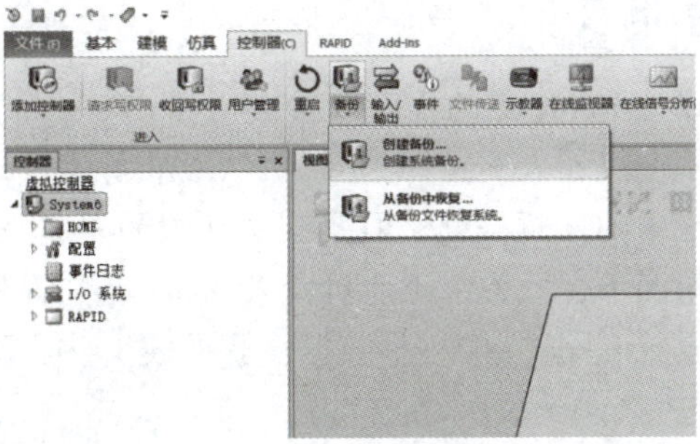
10	在弹出的对话框中修改备份的名称以及备份的位置，然后单击"确定"按钮，备份完毕。	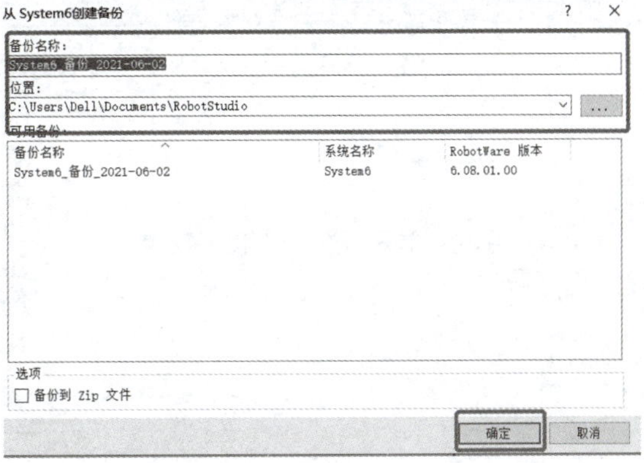

续表

操作步骤	操作说明	示意图
11	在空工作站中，单击"从备份中恢复"选项。	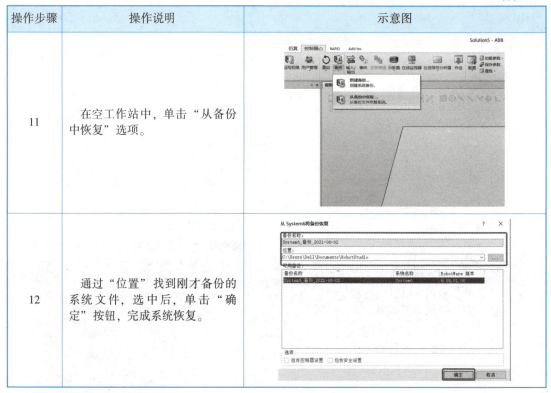
12	通过"位置"找到刚才备份的系统文件，选中后，单击"确定"按钮，完成系统恢复。	

任务拓展

设置 home 点的程序数据

工业机器人 home 点是指机器人准备运行时所处的安全位置。原位可以设置到机器人运行范围中的任意一点，但要注意所设置的原位必须要保证机器人与夹具和工件没有干涉。一般情况下，六关节工业机器人 home 点位置为：1、2、3、4、6 轴为 0°，5 轴为 90°。

设置 home 点的程序数据步骤如表 1 – 15 所示。

表 1 – 15　设置 home 点的程序数据操作步骤

操作步骤	操作说明	示意图
1	在主菜单界面选择"程序数据"选项。	

操作步骤	操作说明	示意图
2	单击右下角"视图"图标按钮，选择"全部数据类型"选项。	
3	选择"jointtarget"数据，单击右下方"显示数据"按钮。	
4	单击"新建"按钮。	

续表

操作步骤	操作说明	示意图
5	单击"名称"后方的"…"按钮，修改程序数据名称为"home1"。	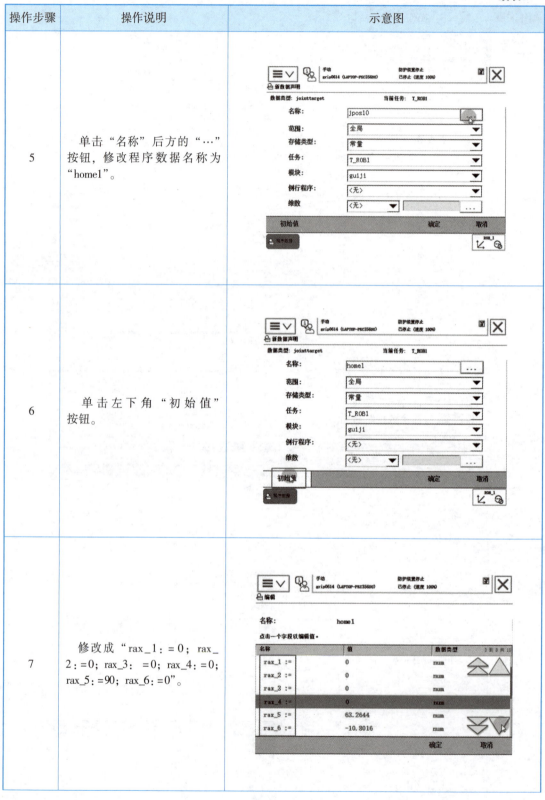
6	单击左下角"初始值"按钮。	
7	修改成"rax_1：=0；rax_2：=0；rax_3：=0；rax_4：=0；rax_5：=90；rax_6：=0"。	

续表

操作步骤	操作说明	示意图
8	修改完成后,单击"确定"按钮。	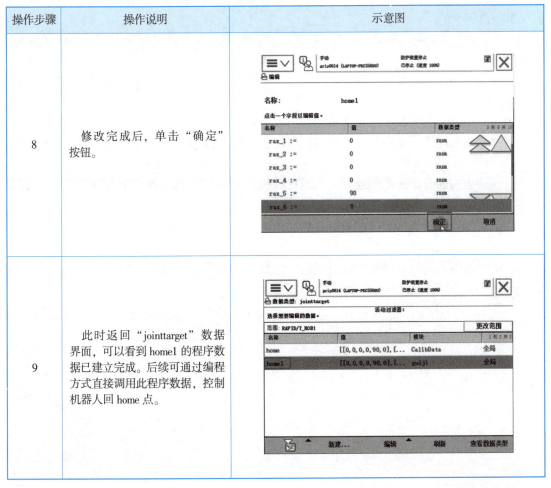
9	此时返回"jointtarget"数据界面,可以看到home1的程序数据已建立完成。后续可通过编程方式直接调用此程序数据,控制机器人回home点。	

知识测试

一、单选题

1. 工件坐标系是针对工件所在平面,用户自定义的作业空间,它属于( )坐标系的一种。

A. 关节   B. 工具   C. 大地   D. 直角

知识测试参考答案

2. 对工业机器人进行作业编程,主要内容包含( )。

①运动轨迹;②作业条件;③作业顺序;④插补方式。

A. ①②   B. ①②③④   C. ①②③   D. ①③

3. 机器人工具坐标系的标定是指将工具中心点〔也叫作( )点〕的位姿告诉机器人,指出它与末端关节坐标系的关系。

A. TCD   B. TCP   C. TCC   D. TCF

4. 常见奇异点发生的位置有( )。

①腕关节;②肩关节;③底座;④肘关节。

A. ①②④   B. ①②   C. ①③   D. ①②③④

5. 为提高用户手动控制机器人的便捷性，目前绝大多数工业机器人系统中提供的四大典型坐标系指的是（　　）。

①关节坐标系；②机械接口坐标系；③工具坐标系；④工件坐标系；⑤工作台坐标系；⑥基坐标系。

A. ①②③④　　　　B. ①②⑤⑥　　　　C. ①③⑤⑥　　　　D. ①③④⑥

二、判断题

1. 工业机器人在工作时，工作范围内可以站人。　　　　　　　　　　　　　（　　）

2. 机器人的线性运动指的是，通过摇杆控制机器人每个单独轴的正向和反向运动。

（　　）

3. 执行机构通常由一系列连杆、关节或其他形式的运动副组成，也可以理解为它是工业机器人的机械结构部分。　　　　　　　　　　　　　　　　　　　　　　（　　）

4. 工业机器人的传感器按照采集信息的位置不同，可分为内部和外部两类传感器。

（　　）

5. 由于机器人转数数据是固定不变的，因此并不会因为误删零点信息、转数计数器断电、拆机维修等原因造成零点失效。　　　　　　　　　　　　　　　　　　　（　　）

任务 2

建立 ABB 机器人虚拟工作站

建立 ABB 机器人
虚拟工作站

职业技能等级证书要求

工业机器人应用编程职业技能等级证书（中级）		
工作领域	工作任务	技能要求
3　离线编程	3.1　仿真环境搭建	3.1.1　能够创建基础工作站。
工业机器人集成应用职业技能等级证书（中级）		
工作领域	工作任务	技能要求
3　工业机器人系统调试与优化	3.1　工作站虚拟仿真	3.1.1　能使用离线编程软件，搭建虚拟工作站并进行模型定位与校准。

任务引入

RobotStudio
软件介绍

　　工业机器人应用技术是工业机器人应用编程、工业机器人操作与运维、工业机器人集成应用等四个相关 1 + X 职业技能等级证书的核心支撑课程。工业机器人应用技术是一门实践性非常强的应用技术，需要大量编程训练获得编程调试技能。但工业机器人本体价格昂贵，少则十几万元，甚至几十万元，使得每个人都对真实机器人进行学习成为奢望。再加上如果初学者不熟悉机器人编程，直接真机操作危险性太大。即便对于基本编程熟练的学习者，真实机器人的控制系统除基本功能选项包外，更多应用功能选项包都需要额外付费购买，因此对于复杂功能编程的学习也很难在真实机器人中得到满足。但是，ABB 提供了一款学习机器人编程的软件 RobotStudio，它提供了和真实示教器几乎完全一样的虚拟示教器 Flexpendant 满足初学者编程练习，也提供了各种免费的功能选项包供高级编程爱好者生成系统使用。同时还提供了多种 Smart 组件供机器人系统集成工程师进行系统仿真调试、工作流程验证以及工作节拍优化等。因此 RobotStudio 是学习 ABB 机器人编程的必备神器，我们在 RobotStudio 虚拟工作站中进行编程练习与调试，在真机中进行验证，这样虚实结合，必定事半功倍。因此无论是机器人学习的"菜鸟"还是机器人应用的"大神"，只要使用 ABB 机器人，首先就需下载并安装此软件。

任务分解导图

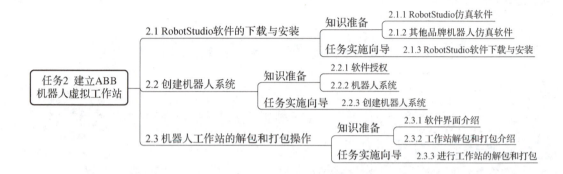

2.1　RobotStudio 软件的下载与安装

知 识 准 备

2.1.1　RobotStudio 仿真软件

ABB RobotStudio 是瑞士 ABB 公司的一款非常强大的机器人仿真软件，工业机器人仿真是指通过计算机对实际的机器人系统进行模拟的技术。机器人系统仿真可以通过单机或多台机器人组成的工作站或生产线完成。通过系统仿真，可以在制造单机与生产线之前模拟出实物，缩短生产工期，以避免不必要的返工。

真实示教器展示和
虚拟示教器展示

RobotStudio 是建立在 ABB Virtual Controller 上的。在软件中导入机器人模型，建立基本的机器人系统后，初学者就可以打开虚拟示教器进行工业机器人的基础操作。其虚拟示教器与真机示教器基本一致，如图 2-1 所示，极大地方便了初学者学习。

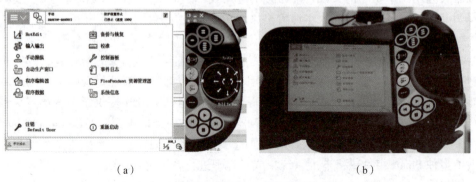

（a）　　　　　　　　　　　　　　　　（b）

图 2-1　虚拟示教器和真实示教器对比图
（a）虚拟示教器；（b）真实示教器

对于有一定应用基础的机器人使用者，可以在 RobotStudio 中增加新的应用功能选项包，如焊接、喷涂等功能，来开发新的机器人程序。如果配合使用软件中的 Smart 组件，就可以在办公室个人电脑中轻易地模拟现场生产过程，无须花巨资购买昂贵的设备；就可以明确地让客户和主管了解开发和组织生产过程的情况，它可以在电脑中生成一个虚拟的机器人，帮助用户进行离线编程，就像电脑有个真实的机器人一样，可以帮助提高生产率，降低购买与实施机器人解决方案的总成本，因此该软件不仅用于学校、教育培训机构教学，还常用于实际工业生产。RobotStudio 软件界面如图 2 - 2 所示。

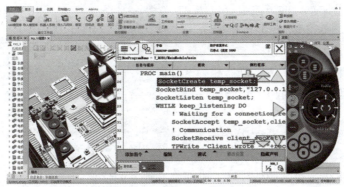

图 2 - 2　RobotStudio 软件界面

2.1.2　其他品牌机器人仿真软件

由于工业机器人离线编程与仿真软件是工业机器人应用与研究不可缺少的工具，常用的其他品牌机器人仿真软件有 PQArt（原 RobotArt）、RobotMaster、发那科的 RoboGuide、安川的 Motosim、库卡的 Simpro 等。

1. PQArt

PQArt 是北京华航唯实机器人科技股份有限公司推出的一款国产离线编程与仿真软件，该软件可以根据几何模型的信息生成机器人运动轨迹，之后进行轨迹仿真、路径优化、后置代码等，同时集碰撞检测、场景渲染、动画输出于一体，可快速生成效果逼真的模拟动画。PQArt 一站式解决方案使其使用简单，学习起来比较容易上手。官网可以下载软件，并免费试用。RobotArt 的软件界面如图 2 - 3 所示。

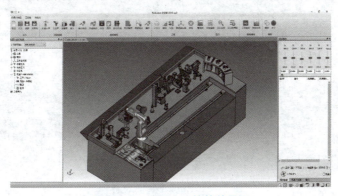

图 2 - 3　RobotArt 的软件界面

技术特点及优势：支持多种格式的三维 CAD 模型，可导入扩展名为 step、igs、stl、prt（UG）、prt（ProE）、CATPart、sldpart 等格式；支持多种品牌工业机器人离线编程操作，如 ABB、KUKA、FANUC、Yaskawa、Staubli、KEBA 系列、新时达、广数等；自动识别与搜索 CAD 模型的点、线、面信息生成轨迹；轨迹与 CAD 模型特征关联，模型移动或变形时，轨迹自动变化；一键优化轨迹与几何级别的碰撞检测；支持多种工艺包，如切割、焊接、喷涂、去毛刺、数控加工；支持将整个工作站仿真动画发布到网页、手机端。

2. RobotMaster

RobotMaster 是加拿大的离线编程与仿真软件，几乎支持商场上绝大多数机器人品牌，如 KUKA、ABB、FANUC、Staubli 等，软件提供了可视化的交互式仿真机器编程环境，支持离线编程、仿真模拟、代码生成等操作，并且可以自动优化机器人的动作。RobotMaster 离线编程软件界面如图 2 - 4 所示。

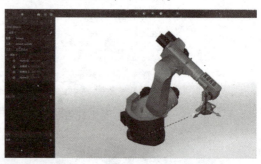

图 2 - 4　RobotMaster 软件界面

技术特点及优势：按照产品数模生成程序，独家的优化功能，运动学规划和碰撞检测非常精确，支持复合外部轴组合系统。

3. RobotDK

离线仿真软件 RobotDK 是一个多平台多功能的机器人离线仿真软件，RobotDK 支持 ABB、KUKA、FANUC、安川、柯马、汇博、埃夫特等多种品牌机器人的离线仿真。RobotDK 离线仿真软件根据几何数模的拓扑信息生成机器人的运动轨迹，实现轨迹仿真、路径规划，同时集碰撞检测、生成相应品牌的离线程序、Python 功能、机器人运动学建模、场景渲染、动画输出于一体。可以让使用者迅速掌握机器人的基础操作、机器人编程、机器人运动学建模等知识。RobotDK 软件界面如图 2-5 所示。

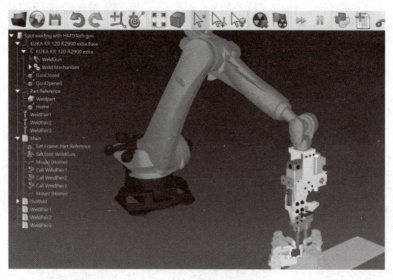

图 2 - 5　RobotDK 软件界面

任 务 实 施 向 导

2.1.3　RobotStudio 软件下载与安装

1. 软件下载

RobotStudio 软件可以从 ABB 官网下载，具体操作步骤如表 2-1 所示。

表 2-1　RobotStudio 软件下载操作步骤

操作步骤	操作说明	示意图
1	在浏览器中输入网址：www. robotstudio. com。	
2	按下 "Ctrl" + "Enter" 键，链接界面如右图所示。默认为英文，全球网站。	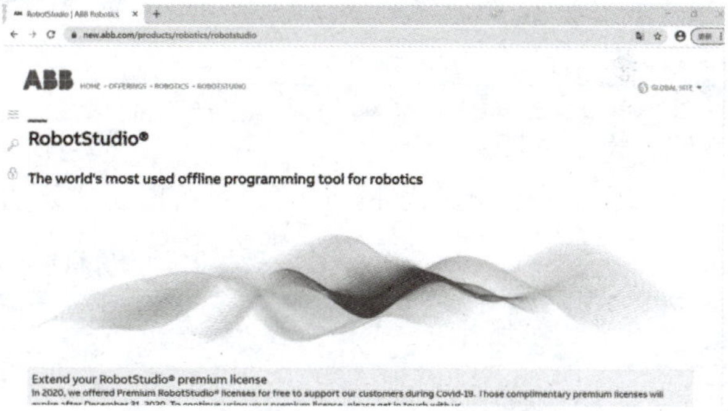
3	下拉网页，找到 "Downloads" 链接，单击后下载。	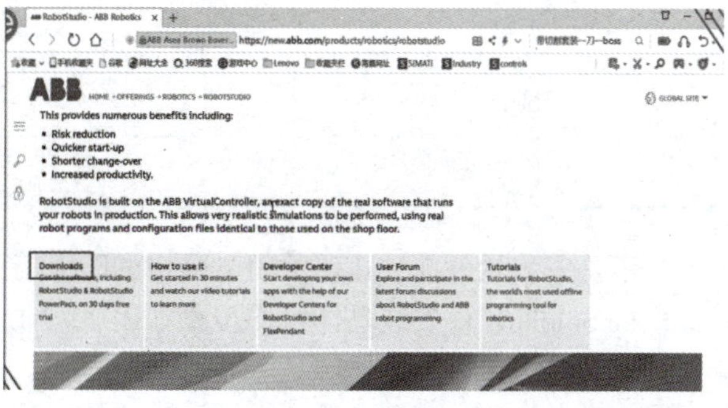

续表

操作步骤	操作说明	示意图
4	跳转到下载界面，下拉网页找到"Download RobotStudio"下载链接。	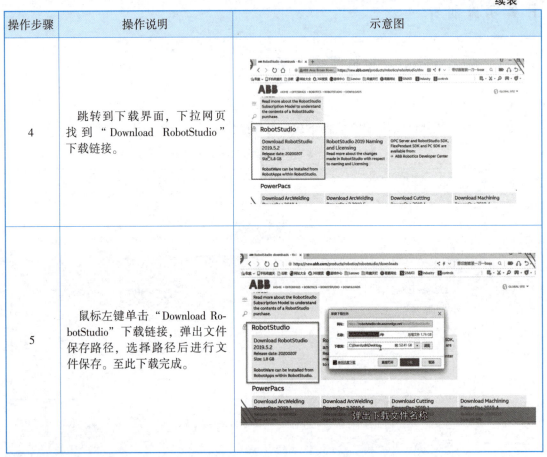
5	鼠标左键单击"Download RobotStudio"下载链接，弹出文件保存路径，选择路径后进行文件保存。至此下载完成。	

2. 软件安装

安装 RobotStudio 软件，计算机系统配置建议如表 2－2 所示。

表 2－2 计算机系统配置建议

硬件	要求
硬盘	空闲 20 GB 以上
CPU	i7 或以上
内存	8 GB 或以上
显卡	独立显卡
操作系统	Windows 7 或以上

提示：安装软件前，建议关闭电脑中的防火墙。

RobotStudio 软件安装具体操作步骤如表 2－3 所示。

表2-3 RobotStudio 软件安装操作步骤

操作步骤	操作说明	示意图 （注意：下面所有操作以 RobotStudio_6.08.01）
1	将下载的 RobotStudio 安装包解压，在解压后的文件夹中找到如右图所示的安装启动程序 setup. exe，左键双击开始安装。	 RobotStudio_6.08.01 RobotStudio_6.08.01 setup
2	语言选择"中文（简体）"，然后单击"确定"按钮。	
3	按安装向导单击"下一步"按钮，出现"许可协议"对话框时，选中"我接受该许可证协议中的条款（A）"单选按钮，之后单击"下一步"按钮，在弹出的对话框中单击"接受"按钮。	
4	单击"更改"按钮后可以在弹出的对话框中修改程序的安装路径。 提示：建议选择默认安装路径。建议安装路径中不要出现中文字符。	

续表

操作步骤	操作说明	示意图 （注意：下面所有操作以 RobotStudio_6.08.01）
5	选中"完整安装（O）"单选按钮后单击"下一步"按钮，之后单击"安装"按钮，等待程序安装。	
6	程序安装完成后，单击"完成"按钮。	
7	桌面出现程序图标。对于 64 位的电脑，我们一般选择下面 64 位的图标启动，32 位的电脑选择上面 32 位的图标启动。	

2.2 创建机器人系统

知识链接

2.2.1 软件授权

在第一次正确安装 RobotStudio 以后，软件提供 30 天的全功能高级

在仿真软件中
生成工业机器人
基本系统

版免费试用。30 天以后，如果还未进行授权操作，则只能使用基本版的功能。打开软件后授权信息如图 2-6 所示。

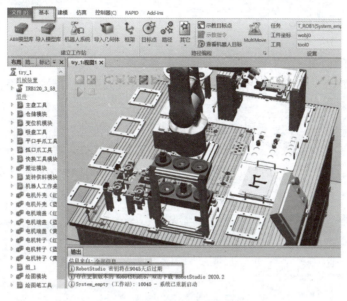

图 2-6 软件授权信息

基本版软件提供基本的 RobotStudio 功能，如配置、编程、运行虚拟控制器；通过以太网对实际控制器进行编程、配置和监控等在线操作。

高级版提供 RobotStudio 所有的离线编程功能和多机器人的仿真功能。高级版中包含基本版中的所有功能。高级版必须进行激活。

针对学校，有学校版的 RobotStudio 软件用于教学。

2.2.2 机器人系统

机器人如同个人电脑，若要使用，必须有系统支持，机器人只有安装了系统，才具备电气特性，才能进行运动操作及编程等。同时机器人的应用软件也如同我们个人电脑，有了系统软件的支持之后，才能安装各种应用软件，供我们使用。

ABB 机器人 IRC5 控制器的系统软件为 RobotWare，在 RobotWare 系列中有不同的产品类别。其中 RobotWare - OS 是机器人的操作系统，RobotWare - OS 为基础机器人编程和运行提供了所有必要的功能。RobotWare 还提供了一些选件，这些选件产品是在 RobotWare - OS 上运行的选件。它们是为需要动作控制、通信、系统工程或应用等附加功能的机器人用户准备的。RobotWare 还提供了一些生产应用选件，如点焊、弧焊和喷涂等的特定生产应用的扩展包，它们主要是为了提升生产成果和简化应用的安装与编程而设计的。此外 RobotWare Add - ins 选件是自包含包，可扩展机器人系统的功能。ABB Robotics 的部分软件产品是以 Add - ins 的形式发布的，比如导轨运动 IRBT、定位器 IRBP 和独立控制器等。

任务实施向导

2.2.3　创建机器人系统

机器人系统的创建方式有三种。分别为：

（1）"从布局…"创建：根据已经创建好的机器人及外围布局进行系统创建，常在布局完工作站后进行系统创建。

（2）"新建系统…"创建：可以自定义选项进行系统创建。

（3）"已有系统…"创建：添加已有的备份系统到工作站。

新建工作站，并用"从布局…"方式创建机器人系统的操作步骤如表 2-4 所示。

表 2-4　用"从布局…"方式创建机器人系统的操作步骤

操作步骤	操作说明	示意图
1	打开 RobotStudio 软件后，选中"文件"选项卡，单击"新建"→"空工作站"，然后单击"创建"按钮创建一个新的空工作站。	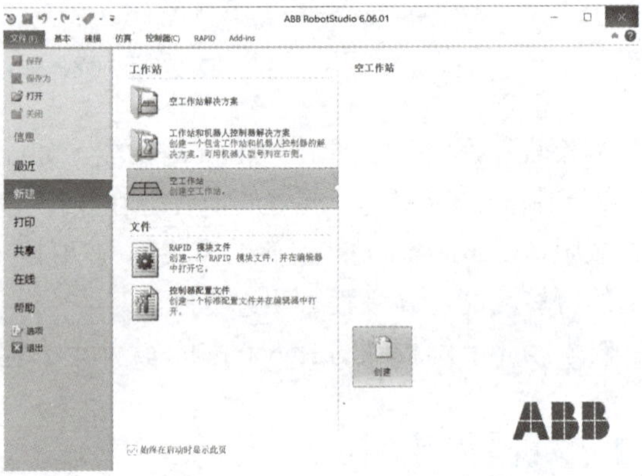
2	在打开的 RobotStudio 界面中，选中"基本"功能选项卡，单击"ABB 模型库"下面的下三角，选择我们要导入的机器人型号。	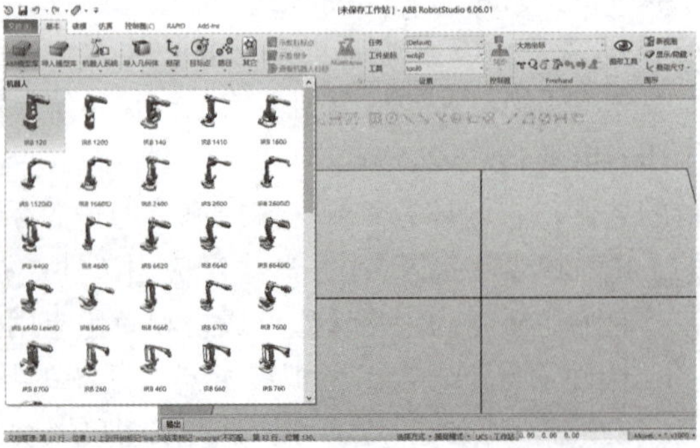

操作步骤	操作说明	示意图
3	据实际情况选择对应版本，现在我们选择默认的IRB 120，单击"确定"按钮。在实际应用中，要根据项目的要求选定具体的机器人型号、承重能力及到达实际距离等参数。	
4	使用键盘与鼠标的按键组合调整工作站视图。 平移："Ctrl"+鼠标左键； 缩放：滚动鼠标中间滚轮； 视角调整："Ctrl"+"Shift"+鼠标左键。 通过以上操作，调整机器人到一个合适位置。	
5	加载机器人工具：选中"基本"功能选项卡，单击"ABB模型库"下面的下三角，单击"设备"选项，拖动右侧滚动条至最下方，单击"myTool"，进行工具加载。	

续表

操作步骤	操作说明	示意图
6	选中"MyTool"，按住左键，向上拖到"IRB120"后松开左键。	
7	在弹出的"是否希望更新MyTool的位置?"对话框中单击"是（Y）"按钮。	
8	工具即安装到了机器人法兰盘。	
9	如果不需要此工具，可以选中工具，右键单击，选择"拆除"命令，即可拆除安装的工具。之后再选中工具，右键单击，选择"删除"命令即可将其删除（或直接选中后，按键盘上的"Delete"键删除）。	

续表

操作步骤	操作说明	示意图
10	在"基本"选项卡下，选择"机器人系统"，单击"从布局…"选项。	
11	在出现的对话框中输入要生成的系统名称，此处默认"System1"，选择生成系统的存储路径，然后单击"浏览"按钮，以更改系统存放路径。 特别提示：尽量使用默认路径，同时存放路径避免出现中文字符。	
12	单击"下一个"按钮，直到出现"系统选项"编辑窗口。然后单击"编辑"下的"选项"按钮。	
13	打开"更改选项"窗口，在此窗口中选择配置机器人系统的选项。"类别"选择"Default Language"，勾选"Chinese"选项。	

操作步骤	操作说明	示意图
14	"类别"选择"Industrial Networks"，勾选"709－1 DeviceNet Master/Slave"选项。此选项是第二代 IRC5 紧凑型控制柜标配。选择完成选项后，单击"确定"按钮。 注意：在使用真实机器人时，机器人系统在出厂时已经设置完成，无须此项操作。	 注意：如果在真实机器人中要增加系统选项，则需要向设备提供商购买，类似于汽车的零整比参数，单独购买选项往往价格昂贵，所以工程中设计系统时要有成本意识，以"必须、够用"为原则。
15	查看所选系统选项。如果无误，单击"完成"按钮，之后就会在窗口的右下方看到进度条正在生成机器人的系统。至此，在仿真软件中创建完成了一个机器人的基本控制系统。	
16	系统创建完成后，单击"文件"选项卡，选择"保存工作站为"，在打开的对话框中选择文件存储路径，输入工作站文件名称。例如我们输入"testabb"，然后单击"保存"按钮即可。	
17	选择"控制器"选项卡，单击"示教器"图标打开示教器。接下来就可以在虚拟示教器中进行编程和其他操作了。	

续表

操作步骤	操作说明	示意图
18	单击运行方式选择开关，选择"手动"方式，这样才能去修改编辑各个参数。	
19	虚拟示教器键区功能标注： 1：急停按钮； 2：机器人电机使能上电按钮； 3：手动操纵摇杆； 4：程序调试按键； 5：运动方式切换； 6：功能热键。	

　　机器人基本系统创建完成后，打开虚拟示教器，切换到"手动"运行方式，单击使能上电按钮后就可以通过摇杆来操作机器人的运动了，和真机示教器操作非常类似。接下来就可以在此环境下完成相关编程及仿真任务了。

2.3　机器人工作站的解包和打包操作

知识准备

2.3.1　软件界面介绍

　　软件界面上有"文件""基本""建模""仿真""控制器""RAPID""Add - Ins"七个选项卡。软件介绍及仿真工作站在 RobotStudio 6.08.01 环境。

工作站解包和打包

（1）"文件"选项卡中包括新建工作站、连接到控制器、创建并制作机器人系统、RobotStudio 选项等功能，如图 2-7 所示。

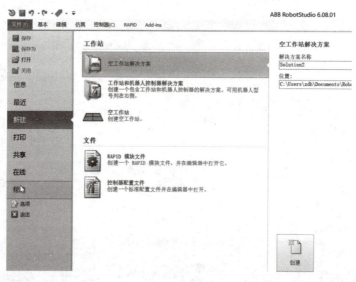

图 2-7 "文件"选项卡

（2）"基本"选项卡中包括建立工作站、路径编程、坐标系选择、移动物体所需要的控件等，如图 2-8 所示。

图 2-8 "基本"选项卡

（3）"建模"选项卡中包括创建工作站组件、建立实体、导入几何体、测量、创建机械装置和工具以及相关 CAD 操作所需的控件，如图 2-9 所示。

图 2-9 "建模"选项卡

（4）"仿真"选项卡，包括碰撞检测、配置、仿真控制、监控、信号分析、录制短片等控件，如图 2-10 所示。

图 2-10 "仿真"选项卡

（5）"控制器"选项卡包括控制器的添加、控制器工具、控制器的配置所需的控件，如图 2 – 11 所示。

图 2 – 11 　"控制器"选项卡

（6）"RAPID"选项卡包括 RAPID 编辑器的功能、RAPID 文件的管理和用于 RAPID 编程的控件，如图 2 – 12 所示。

图 2 – 12 　"RAPID"选项卡

（7）"Add – Ins"选项卡包括 RobotApps 社区、RobotWare 的安装和迁移等控件，如图 2 – 13 所示。

图 2 – 13 　"Add – Ins"选项卡

对于初学者，时常会遇到操作窗口被意外关闭，从而无法找到操作对象和查看相关的信息的情况，此时可以通过恢复"默认布局"来恢复默认 RobotStudio 界面。其操作步骤如图 2 – 14 所示。

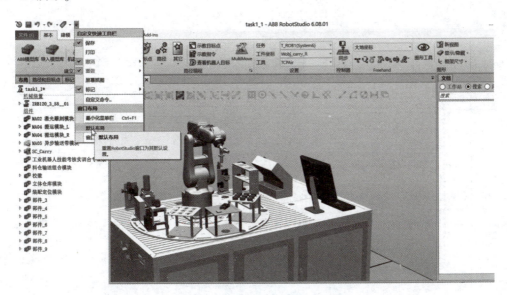

图 2 – 14 　恢复默认布局操作示意图

2.3.2 工作站解包和打包介绍

1. 打包

打包（Pack & Go）用于实现将工作站、库和机器人系统保存到一个文件中，此文件方便再次分发，且可以保证不会缺失任何工作站组件。打包文件的扩展名为 .rspag。

2. 解包

解包时可以根据解包向导将打包（Pack & Go）生成的工作站文件进行解包。控制器系统将在解包文件的计算机中生成，如果有备份文件，备份文件将自动回复。

3. 工作站仿真

解包后的工作站，如果设置好了仿真效果，可以在"仿真"功能选项卡下，单击"播放"进行仿真运行，以检查工作站功能的实现效果。通常还可以录制 MP4 视频类型的文件。也可以将工作站中的工业机器人运行效果录制成视图形式的视频，即生成 exe 形式的可执行文件，以便在没有安装 RobotStudio 的计算机中查看机器人的运行。

任务实施向导

2.3.3 进行工作站的解包和打包

搬运工作站仿真
运行视频

解包和打包操作步骤如表 2 – 5 所示。

表 2 – 5　解包和打包操作步骤

操作步骤	操作说明	示意图
1	在"文件"选项卡下，单击"共享"命令，然后单击"解包"选项。	

续表

操作步骤	操作说明	示意图
2	在弹出的"解包"对话框中,单击"浏览…"按钮,查看要解包的机器人工作站文件和目标文件夹的位置。目标文件夹建议采用默认路径。特别提示:目标文件夹中尽量不要出现中文字符。	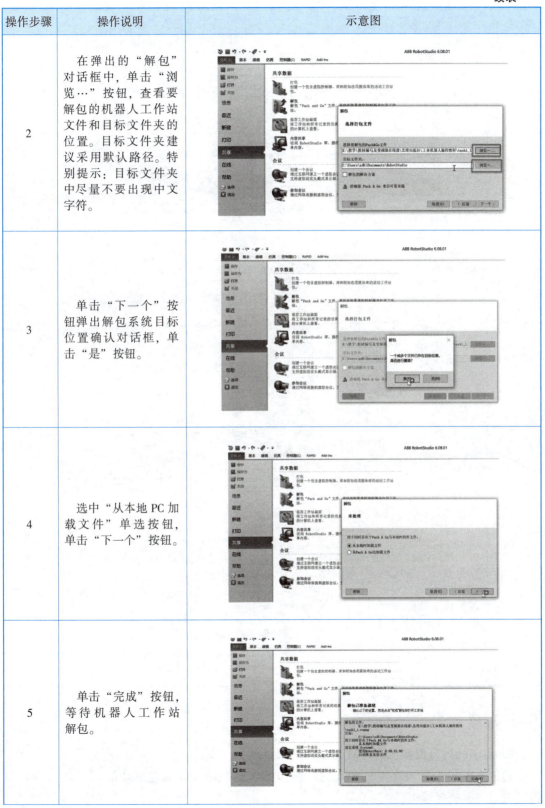
3	单击"下一个"按钮弹出解包系统目标位置确认对话框,单击"是"按钮。	
4	选中"从本地 PC 加载文件"单选按钮,单击"下一个"按钮。	
5	单击"完成"按钮,等待机器人工作站解包。	

续表

操作步骤	操作说明	示意图
6	解包完成后，单击"关闭"按钮，等待机器人系统启动。机器人启动时状态显示条由红变黄，最后变为绿色，表明机器人启动成功。 至此解包完成。	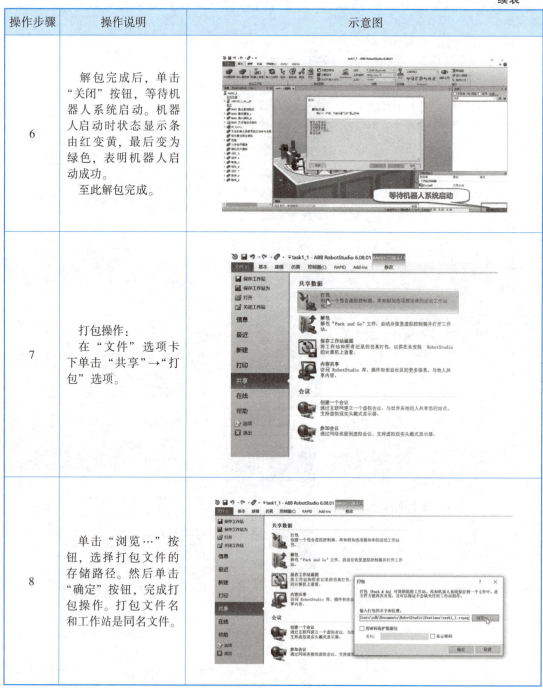
7	打包操作： 在"文件"选项卡下单击"共享"→"打包"选项。	
8	单击"浏览…"按钮，选择打包文件的存储路径。然后单击"确定"按钮，完成打包操作。打包文件名和工作站是同名文件。	

任务拓展

RobotStudio 与真实机器人的连接

通过 RobotStudio 与真实机器人的连接，可用 RobotStudio 的在线功能对机器人进行监控、设置、编程与管理。

将网线的一端连接到计算机的网络端口，并将计算机设置成自动获取 IP 地址，网线的另一端与机器人控制器的专用网线端口进行连接。一般 IRC5 的控制柜分为标准型和紧凑型，请按照实际情况进行连接。对于紧凑型的 IRC5 控制柜，将网线的另一端连接到控制柜的 X2 Service 端口。RobotStudio 与紧凑型 IRC5 控制柜的连接示意图如图 2 – 15 所示。

图 2 – 15 **RobotStudio 与紧凑型 IRC5 控制柜的连接**

硬件连接成功后，可以通过"一键连接"和"添加控制器"两种方法建立与真实机器人的连接，如图 2 – 16 所示。

图 2 – 16 **RobotStudio 在线连接控制器方法**

连接成功后，可以通过 RobotStudio 的在线功能对机器人进行 RAPID 程序的编写、I/O 信号的编辑以及其他参数的设定与修改。

知 识 测 试

知识测试参考答案

一、单选题

1. RobotStudio 软件官网下载地址是（　　　）。

A. http://www. robotstudio. com/

B. http://www. abb. com/

C. http://www. robotpartner. com/

D. http://www. abbrobot. com/

2. 软件第一次安装时，提供（　　　）天的全功能高级版免费试用。

A. 30　　　　　　　　B. 15　　　　　　　　C. 60　　　　　　　　D. 10

3. 在 RobotStudio 中创建机器人系统的方式有（　　　）种。

A. 4　　　　　　　　B. 3　　　　　　　　C. 2　　　　　　　　D. 1

4. 不创建虚拟控制系统，RobotStudio 软件中机器人的以下操作无效（   ）。

A. 机械手动关节

B. 机械手动线性

C. 回到机械零点

D. 显示工作区域

5. RobotStudio 软件中，在 XY 平面上移动工件的位置，可选中 Freehand 中（   ）按钮，再拖动工件。

A. 移动   B. 拖曳   C. 旋转   D. 手动关节

二、判断题

1. 在手动操作工业机器人时，要一边操作一边检查工业机器人及其安全装置是否完好。

（   ）

2. RobotStudio 的基本版和高级版的功能都支持多机器人仿真。 （   ）

3. 在 RobotStudio 中，做保存工作时可以将保存的路径和文件名称使用中文字符。 （   ）

4. 绝大多数机器人在默认情况下，基坐标与大地坐标是重合的。 （   ）

5. 机器人大部分坐标系都是笛卡儿直角坐标系，符合右手定则。 （   ）

单工件搬运任务实现

职业技能等级证书要求

工业机器人应用编程职业技能等级证书（初级）		
工作领域	工作任务	技能要求
3. 工业机器人示教编程	3.2 基本程序示教编程	3.2.1 能够使用示教器创建程序，对程序进行复制、粘贴、重命名等编辑操作。
		3.2.2 能够根据工作任务要求使用直线、圆弧、关节等运动指令进行示教编程。
		3.2.3 能够根据工作任务要求修改直线、圆弧、关节等运动指令参数和程序。
工业机器人应用编程职业技能等级证书（中级）		
工作领域	工作任务	技能要求
3. 工业机器人系统离线编程与测试	3.3 编程仿真	3.3.2 能够根据工作任务要求实现搬运、码垛、焊接、抛光、喷涂等典型工业机器人应用系统的仿真。
		3.3.3 能够根据工作任务要求实现搬运、码垛、焊接、抛光、喷涂等典型应用工业机器人系统的离线编程和应用调试。

任务引入

单工件搬运任务实现

近年来随着国内人口红利的逐渐下降，企业用工成本不断上涨，尤其是在重复性劳动的行业，机器人代替人类已逐年上升。在全球工业机器人市场，搬运机器人销量最高，规模达到 94.5 亿美元，占比最高，达 61%；其次为装配机器人，占比 16%，高于焊接机器人占比 4 个百分点。搬运机器人的出现，不仅可提高产品的质量与产量，而且对保障人身安全，改善劳动环境，减轻劳动强度，提高劳动生产率，节约原材料消耗以及降低成本有着十分重要的意义，机器人搬运物料将变成自动化生产制造的必备环节，搬运行业也将因搬运机器人出现而开启一个"新时代"。那么完成搬运任务过程中，物料的拾取和放置的程序是如何实现的呢？

任务分解导图

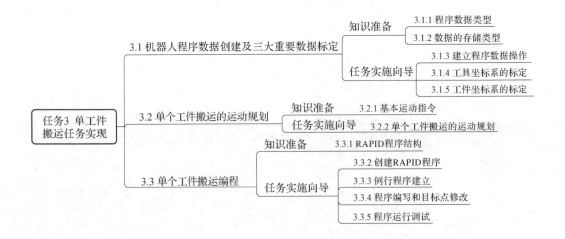

3.1　机器人程序数据创建及三大重要数据标定

知 识 准 备

3.1.1　程序数据类型

程序内声明的数据被称为程序数据。数据是信息的载体，它能够被计算机识别、存储和加工处理。它是计算机程序加工的原料，应用程序处理各种各样的数据。计算机科学中，所谓数据就是计算机加工处理的对象，它可以是数值数据，也可以是非数值数据。数值数据是一些整数、实数或复数，主要用于工程计算、科学计算和商务处理等；非数值数据包括字符、文字、图形、图像、语音等。ABB 机器人的程序数据在程序模块或系统模块中用来设定值和定义一些环境数据。创建的程序数据由同一个模块或其他模块中的指令进行引用。ABB 工业机器人的程序数据共有 102 个，程序数据可根据实际情况进行自行创建。如图 3-1 所示，阴影框中是一条常用的机器人关节运动的指令（MoveJ），并调用了 robotarget、veldata、zonedata、tooldata、wobjdata 共 5 种程序数据。运动指令中用得最多的是位置点数据（robotarget）和关节位置数据（jointtarget）。

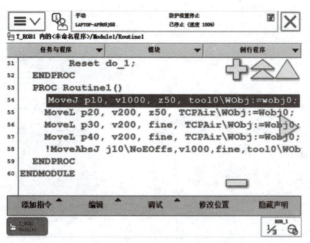

图 3 – 1   机器人运动指令调用的程序数据

在示教器中的"程序数据"窗口，可以查看和创建需要的程序数据。在示教器主菜单界面，单击"程序数据"，打开程序数据窗口，单击右下角的"视图"按钮，选择"全部数据类型"打开数据类型窗口，如图 3 – 2 所示。可通过翻页箭头查看全部数据类型。

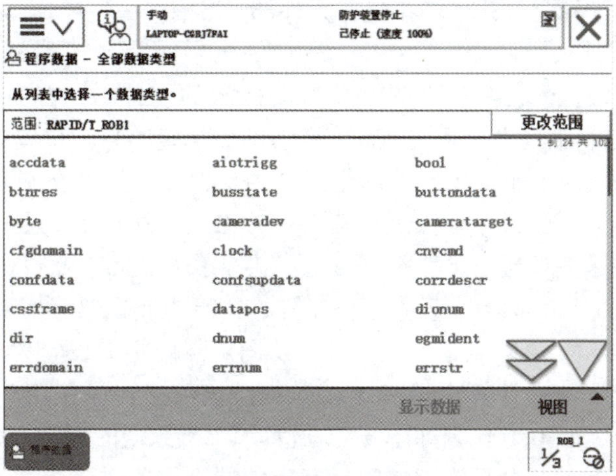

图 3 – 2   程序数据类型

ABB 机器人中也可以通过使用 RECORD……ENDRECORD 指令在机器人系统模块中自定义复杂的数据类型。

在进行正式的编程之前，需要构建起必要的机器人编程环境，其中有三个必需的程序数据（工具数据（tooldata）、工件数据（wobjdata）和载荷数据（loaddata））需要在编程前进行定义。

（一）工具数据（tooldata）

工具数据 tooldata 用于描述安装在机器人轴 6 上的工具的 TCP、质量、重心等参数数据。工业机器人工具坐标系的标定是指，将工具中心点（TCP 点）的位姿告诉机器人，指出它与末端关节坐标系的关系。

不同的机器人应用可以配置不同的工具，比如弧焊的机器人就使用弧焊枪作为工具，而用于搬运板材的机器人则使用吸盘式的夹具作为工具，如图 3 – 3 所示。而机器人默认工具（tool0）的工具中心点（TCP）位于机器人安装法兰的中心，如图 3 – 4 所示。

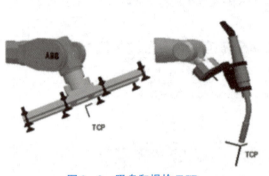

图 3 – 3　吸盘和焊枪 TCP

图 3 – 4　系统默认 tool0

目前，机器人工具数据即工具坐标系，其标定方法主要有外部基准标定法和多点标定法。

1. 外部基准标定法

此种标定法，只需要使工具对准某一已经测定好的外部基准点，便可完成标定，标定过程快捷简便。但此类标定方法依赖于机器人外部基准点。

2. 多点标定法

大多数工业机器人都具备工具坐标系多点标定的功能。这类标定包含工具中心点（TCP）位置多点标定和工具坐标系（TCF）姿态多点标定。TCP 位置标定的原理是：首先在机器人工作范围内找一个非常精确的固定点作为参考点，然后在工具上确定一个参考点（最好是工具的中心点）。通过手动操纵机器人的方法，去移动工具上的参考点，以最少四种不同的机器人姿态尽可能与固定点刚好碰上。为了获得更准确的 TCP，常使用六点法进行操作，第四点是用工具的参考点垂直于固定点，第五点是工具参考点从固定点向将要设定为 TCP 的 X 方向移动，第六点是工具参考点从固定点向将要设定为 TCP 的 Z 方向移动。机器人通过标定的位置数据计算求得 TCP 的数据。该数据会保存在 Tooldata 程序数据中，供程序调用。六点法标定 TCP 位姿如图 3 – 5 所示。工具数据的标定方法还有三点法、四点法；而 TCF 姿态标定是使几个标定点之间具有特殊的方位关系，从而计算出工具坐标系相

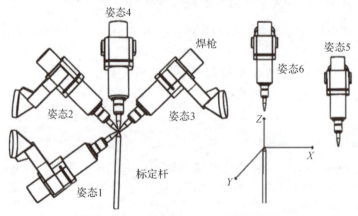

图 3 – 5　六点法标定 TCP 位姿示意图

对于末端关节坐标系的姿态，如五点法（在四点法的基础上，除能确定工具坐标系的位置外，还能确定工具坐标系的 Z 轴方向）、六点法（在四点法、五点法的基础上，能确定工具坐标系的位置和工具坐标系 XYZ 三轴的姿态）。

（二）工件数据（wobjdata）

工件数据即工件坐标系，它定义工件相对于大地坐标系（或其他坐标系）的位置。机器人可以拥有若干工件坐标系，或者表示不同工件，或者表示同一工件在不同位置的若干副本。

对机器人进行编程时就是在工件坐标系中创建目标和路径，其优点是重新定位工作站中的工件时，只需更改工件坐标系的位置，所有路径将即刻随之更新。如图 3-6 所示，A是机器人的大地坐标，为了方便编程，为第一个工件建立了一个工件坐标 B，并在这个工件坐标 B 进行轨迹编程。如果台子上还有一个同样的工件需要走一样的轨迹，则只需要建立一个工件坐标 C，复制工件坐标 B 中的轨迹，再将工件坐标从 B 更新为 C，则无须再进行轨迹编程。如图 3-7 所示，在工件坐标 B 中对 A 对象进行了轨迹编程。当工件坐标 B 的位置变化成工件坐标 D 后，只需在机器人系统重新定义工件坐标 D，则机器人的轨迹就可自动更新到 C，无须再次进行轨迹编程。因为 A 相对于 B 与 C 相对于 D 的关系是一样的，并没有因为整体偏移而发生变化。

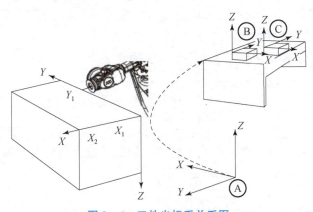

图 3-6　工件坐标系关系图

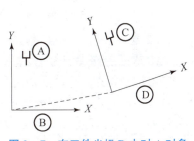

图 3-7　在工件坐标 B 中对 A 对象
进行轨迹编程

工件坐标系的设定经常使用三点法，即在对象的平面上，只需要定义三个点，就可以建立一个工件坐标。使用 X_1、X_2 点确定工件坐标 X 正方向，Y_1 点确定工件坐标 Y 正方向，工件坐标系的原点为 Y_1 点在工件坐标 X 轴上的投影点。工件坐标符合右手定则，如图 3-8 所示，即右手食指指向 X 轴正方向，中指指向 Y 轴正方向，大拇指指向 Z 轴正方向。

（三）载荷数据（loaddata）

对于搬运应用的机器人，应该正确设定夹具的质量、重心、tooldata 以及搬运对象的载荷数据

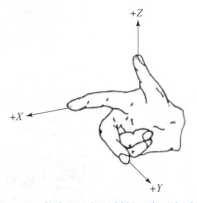

图 3-8　笛卡儿坐标系判断（右手定则）

loaddata。loaddata 用于设置机器人轴 6 上安装法兰的负载载荷数据。载荷数据常常用来定义机器人的有效负载或抓取物的负载（通过指令 GripLoad 或 MechUnitLoad 来设置），即机器人夹具所夹持的负载。同时将 loaddata 作为 tooldata 的组成部分，以描述工具负载。有效载荷的设定通常有两种方法，一是根据实际载荷的具体情况在载荷数据中输入进行设定，二是利用负载测试程序 LoadIdentify 自动进行测定。

3.1.2　数据的存储类型

程序数据的存储类型有 3 种，分别为变量（VAR）、可变量（PERS）、常量（CONST），如图 3 – 9 所示。

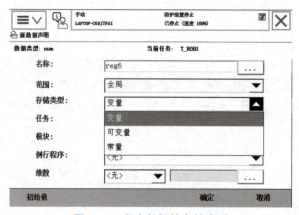

图 3 – 9　程序数据的存储类型

1. 变量 VAR

VAR 表示存储类型为变量。

变量型数据在程序执行的过程中和停止时，会保持当前的值。但如果程序指针复位或者机器人控制器重启，数值会恢复为声明变量时赋予的初始值。

例如：

VAR num length:=0;//名称为 length 的变量型数值数据，如图 3 – 10 所示。

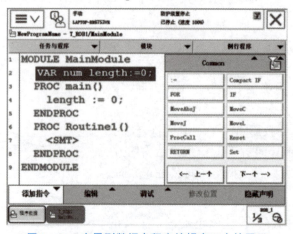

图 3 – 10　变量型数据在程序编辑窗口中的显示

2. 可变量 PERS

PERS 表示存储类型为可变量。

无论程序的指针如何变化，无论机器人控制器是否重启，可变量型数据都会保持最后赋予的值。

例如：

PERS num nn1:=0;//名称为 nn1 的数值类型变量，如图 3-11 所示。

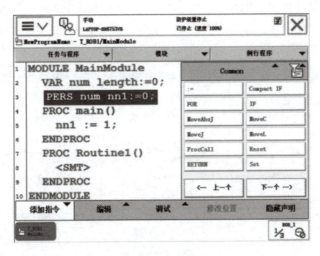

图 3-11　可变量型数据在程序编辑窗口中的显示

3. 常量 CONST

CONST 表示常量。

常量的特点是在定义时已赋予了数值，并不能在程序中进行修改，只能手动修改。

例如：

CONST num a:=0;//名称为 a 的数值类型常量，如图 3-12 所示。

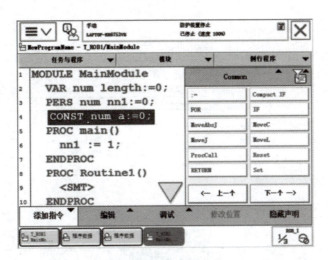

图 3-12　常量型数据在程序编辑窗口中的显示

任务实施向导

3.1.3 建立程序数据操作

程序数据的建立一般可以分为两种形式，一种是直接在示教器中的程序数据画面中建立程序数据，另一种是在建立程序指令时，同时自动生成对应的程序数据。

下面以建立布尔数据（bool）为例，演示直接在示教器中的程序数据画面中建立程序数据的步骤，如表3-1所示。

表3-1 在示教器中的程序数据画面中建立程序数据操作步骤

操作步骤	操作说明	示意图
1	单击左上角主菜单按钮，选择"程序数据"，打开"程序数据"视图。	
2	在"程序数据"视图窗口中，单击"视图"按钮，选择"全部数据类型"选项，打开数据类型列表窗口。	

续表

操作步骤	操作说明	示意图
3	选中"bool"数据类型，单击"显示数据"按钮。	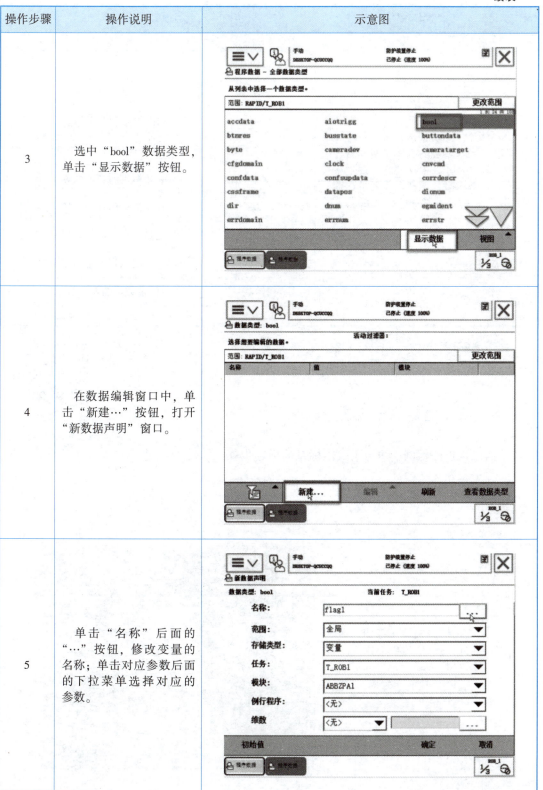
4	在数据编辑窗口中，单击"新建…"按钮，打开"新数据声明"窗口。	
5	单击"名称"后面的"…"按钮，修改变量的名称；单击对应参数后面的下拉菜单选择对应的参数。	

77

操作步骤	操作说明	示意图
6	"新数据声明"窗口中每个参数的具体说明如右图所示。根据实际需要选择参数，选择完成后单击"确定"按钮，完成参数的新建。	<table><tr><td>数据设定参数</td><td>说明</td></tr><tr><td>名称</td><td>设定数据的名称</td></tr><tr><td>范围</td><td>设定数据可使用的范围</td></tr><tr><td>存储类型</td><td>设定数据的可存储类型</td></tr><tr><td>任务</td><td>设定数据所在的任务</td></tr><tr><td>模块</td><td>设定数据所在的模块</td></tr><tr><td>例行程序</td><td>设定数据所在的例行程序</td></tr><tr><td>维数</td><td>设定数据的维数</td></tr><tr><td>初始值</td><td>设定数据的初始值</td></tr></table>

数据设定参数 / 说明：

数据设定参数	说明
名称	设定数据的名称
范围	设定数据可使用的范围
存储类型	设定数据的可存储类型
任务	设定数据所在的任务
模块	设定数据所在的模块
例行程序	设定数据所在的例行程序
维数	设定数据的维数
初始值	设定数据的初始值

新建的数据可以参照表 3 – 1 中的操作步骤 1~3 进行操作。其他类型程序数据的建立操作步骤同表 3 – 1。

跟我做：标定工业
机器人的
工具坐标系

3.1.4 工具坐标系的标定

下面以六点法为例，演示工具坐标系的标定步骤，如表 3 – 2 所示。

表 3 – 2 工具坐标系的标定步骤

操作步骤	操作说明	示意图
1	在机器人动作范围内找到一个精确的固定点作为参考点，如右图中圆柱锥体尖端。	

续表

操作步骤	操作说明	示意图
2	打开示教器，单击左上角主菜单按钮，选择"手动操纵"选项。	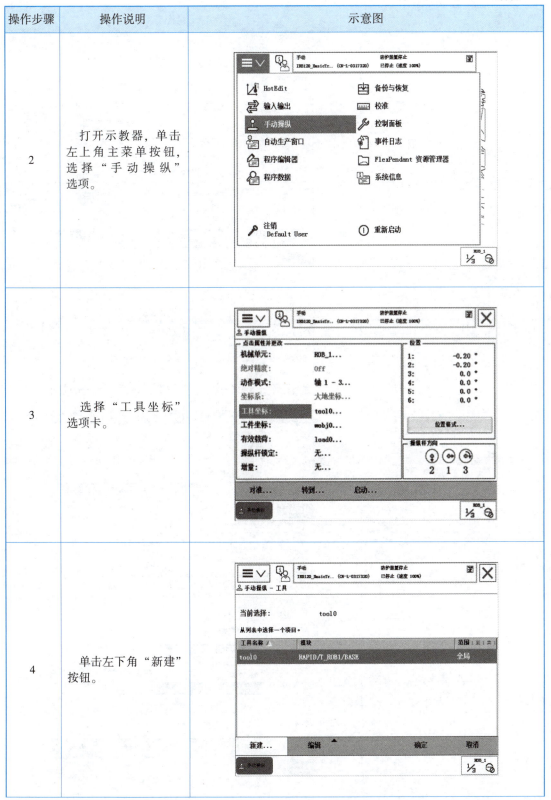
3	选择"工具坐标"选项卡。	
4	单击左下角"新建"按钮。	

操作步骤	操作说明	示意图
5	对工具数据属性进行设定后，单击"确定"按钮。	
6	选中"tool1"后，单击"编辑"菜单中的"定义…"选项。	
7	单击"方法"后面的下拉菜单，选择"TCP 和 Z，X"方法设定 TCP。	

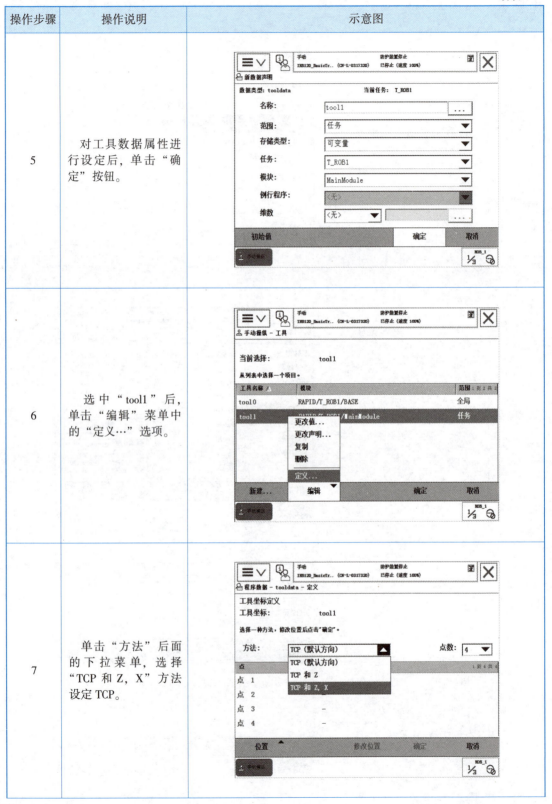

续表

操作步骤	操作说明	示意图
8	选择合适的手动操纵模式。按下使能键，使用摇杆使工具参考点去靠上固定点，作为第一个点。	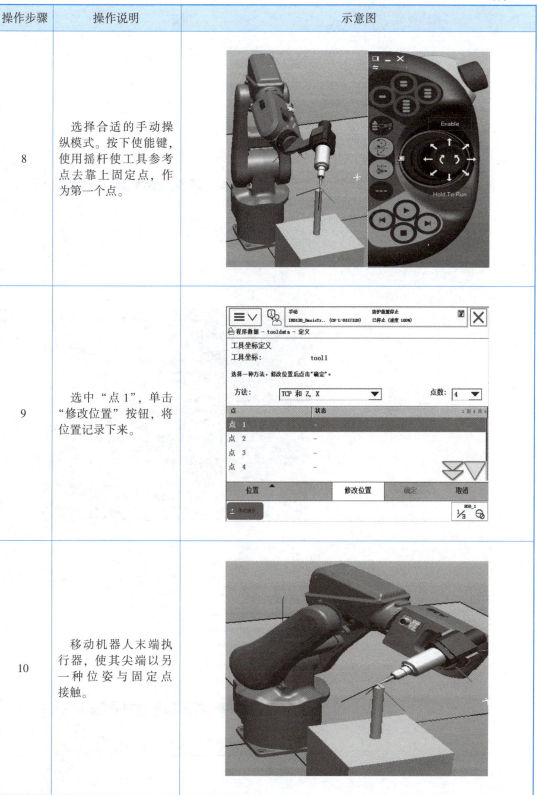
9	选中"点 1"，单击"修改位置"按钮，将位置记录下来。	
10	移动机器人末端执行器，使其尖端以另一种位姿与固定点接触。	

续表

操作步骤	操作说明	示意图
11	选中"点2"，单击"修改位置"按钮，将位置记录下来。	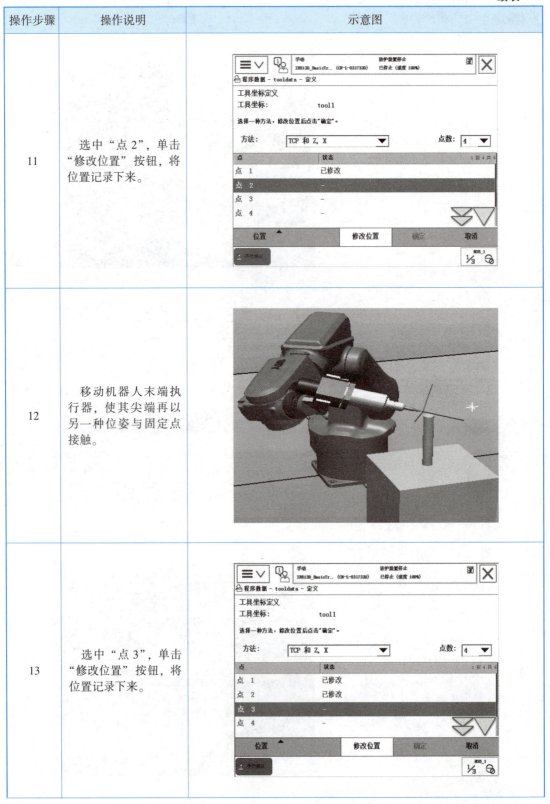
12	移动机器人末端执行器，使其尖端再以另一种位姿与固定点接触。	
13	选中"点3"，单击"修改位置"按钮，将位置记录下来。	

续表

操作步骤	操作说明	示意图
14	工具参考点以尖端沿 Z 轴向下垂直姿态接触固定点。	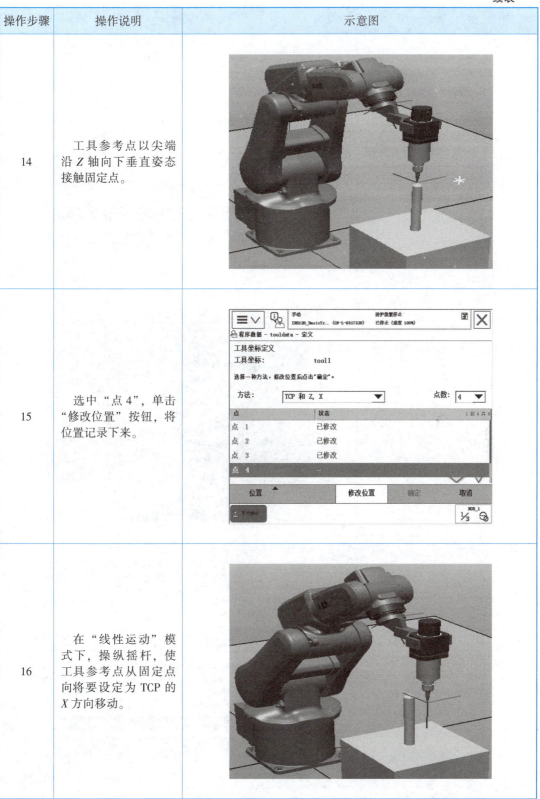
15	选中"点4"，单击"修改位置"按钮，将位置记录下来。	
16	在"线性运动"模式下，操纵摇杆，使工具参考点从固定点向将要设定为 TCP 的 X 方向移动。	

操作步骤	操作说明	示意图
17	选中"延伸点 X"，单击"修改位置"按钮，将延伸点 X 位置记录下来。	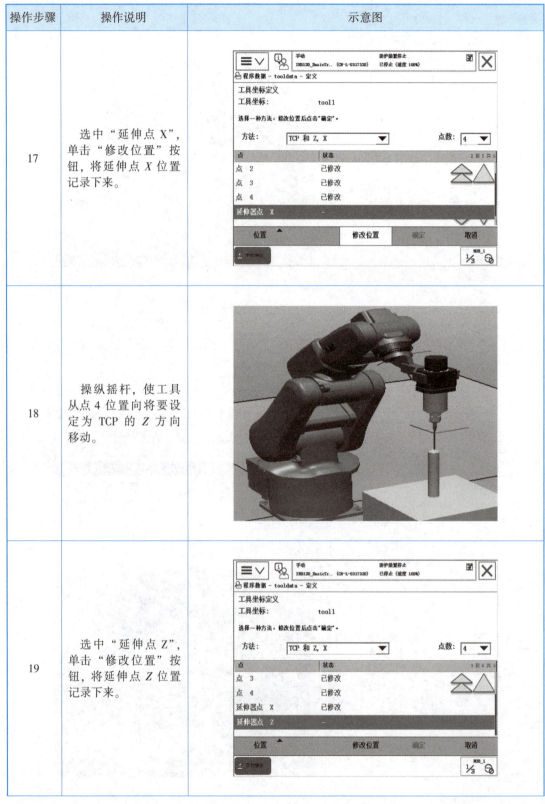
18	操纵摇杆，使工具从点 4 位置向将要设定为 TCP 的 Z 方向移动。	
19	选中"延伸点 Z"，单击"修改位置"按钮，将延伸点 Z 位置记录下来。	

续表

操作步骤	操作说明	示意图
20	单击"确定"按钮，完成设定。	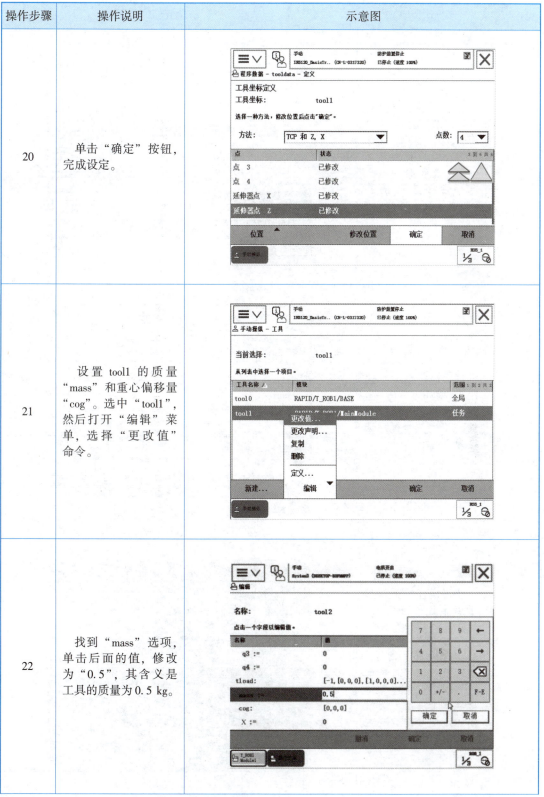
21	设置 tool1 的质量"mass"和重心偏移量"cog"。选中"tool1"，然后打开"编辑"菜单，选择"更改值"命令。	
22	找到"mass"选项，单击后面的值，修改为"0.5"，其含义是工具的质量为 0.5 kg。	

续表

操作步骤	操作说明	示意图
23	找到"cog"选项，选择"Z"方向，单击值，改为"30"，其含义为，工具相对于6轴法兰盘重心的重心偏移为 Z 方向偏移30 mm。	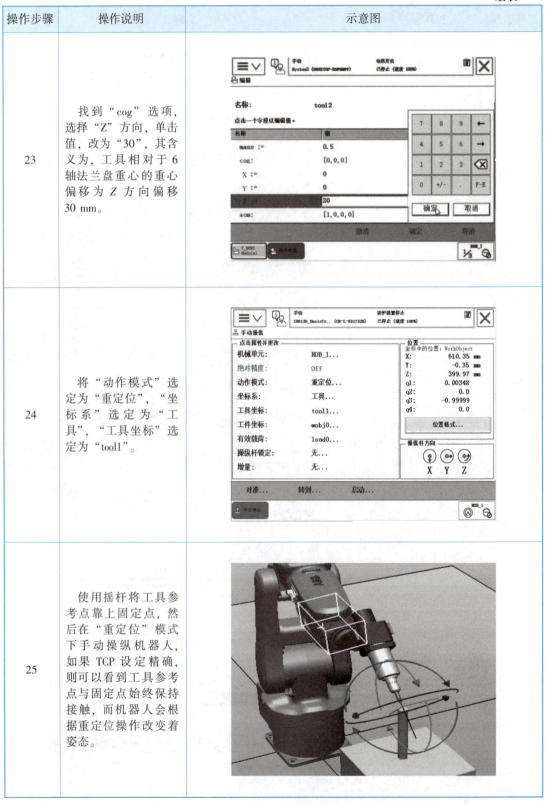
24	将"动作模式"选定为"重定位"，"坐标系"选定为"工具"，"工具坐标"选定为"tool1"。	
25	使用摇杆将工具参考点靠上固定点，然后在"重定位"模式下手动操纵机器人，如果 TCP 设定精确，则可以看到工具参考点与固定点始终保持接触，而机器人会根据重定位操作改变着姿态。	

3.1.5　工件坐标系的标定

工件坐标系是用来描述工件位置的坐标系。工件坐标系由两个框架构成：用户框架和对象框架。所有的编程位置将与对象框架关联，对象框架与用户框架关联，而用户框架与世界坐标系关联。如图 3 – 13 所示，A 坐标系为世界坐标系，桌面为 B、C 两个工件的用户框架，这里的用户框架定位在工作台或固定装置上，工件坐标定位在工件上。

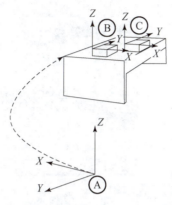

图 3 – 13　工件坐标系

标定工件坐标系的步骤如表 3 – 3 所示。

表 3 – 3　标定工件坐标系的步骤

操作步骤	操作说明	示意图
1	打开示教器，单击左上角主菜单按钮，选择"手动操纵"选项。	![示意图] 手动　防护装置停止 IRB120_BasicTr.. (CN-L-0317320)　已停止（速度 100%） HotEdit　备份与恢复 输入输出　校准 手动操纵　控制面板 自动生产窗口　事件日志 程序编辑器　FlexPendant 资源管理器 程序数据　系统信息 注销 Default User　重新启动 ROB_1 1/3

操作步骤	操作说明	示意图
2	选择"工件坐标"。	
3	单击左下角"新建"按钮。	
4	对工件数据属性进行设定后，单击"确定"按钮。	

续表

操作步骤	操作说明	示意图
5	选中"wobj1"后，单击"编辑"菜单中的"定义"命令。	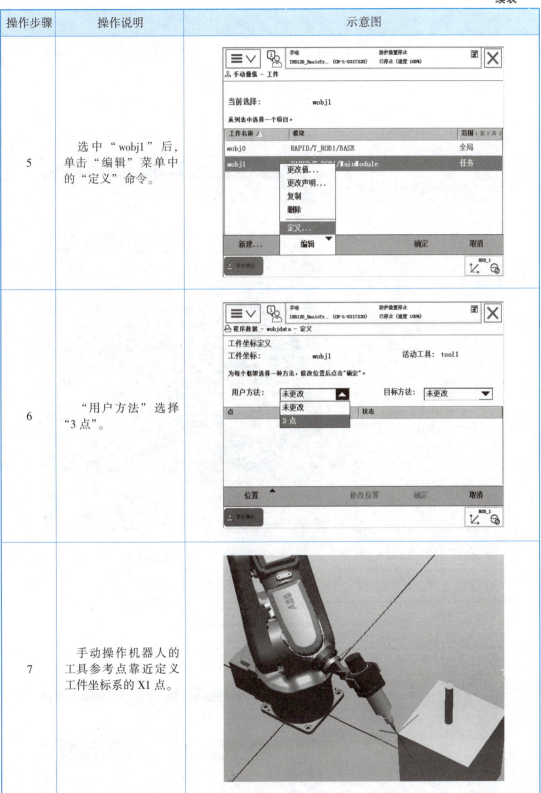
6	"用户方法"选择"3 点"。	
7	手动操作机器人的工具参考点靠近定义工件坐标系的 X1 点。	

续表

操作步骤	操作说明	示意图
8	选中"用户点 X1"，单击"修改位置"按钮，将点 X1 位置记录下来。	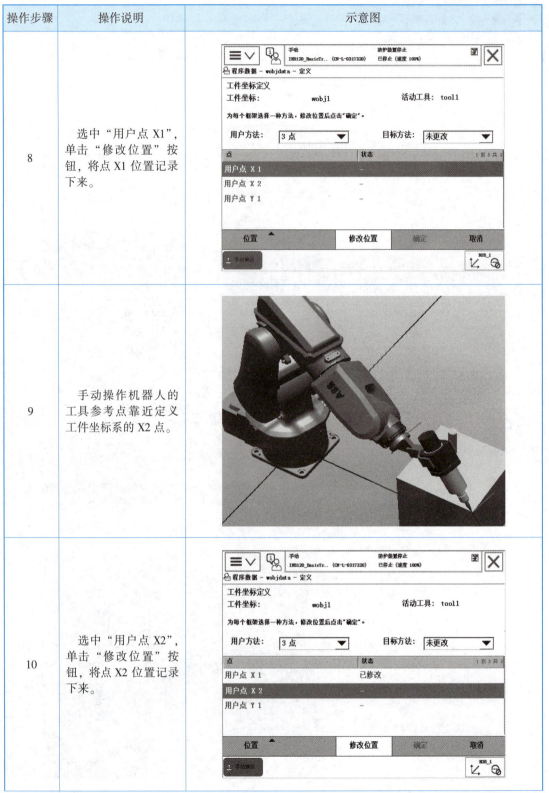
9	手动操作机器人的工具参考点靠近定义工件坐标系的 X2 点。	
10	选中"用户点 X2"，单击"修改位置"按钮，将点 X2 位置记录下来。	

续表

操作步骤	操作说明	示意图
11	手动操作机器人的工具参考点靠近定义工件坐标系的 Y1 点。	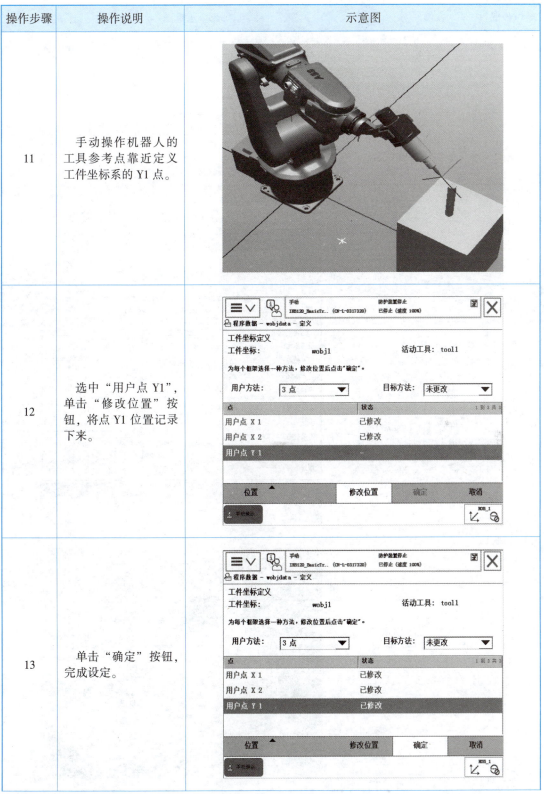
12	选中"用户点 Y1"，单击"修改位置"按钮，将点 Y1 位置记录下来。	
13	单击"确定"按钮，完成设定。	

操作步骤	操作说明	示意图
14	对自动生成的工件坐标数据进行确认后，单击"确定"按钮。	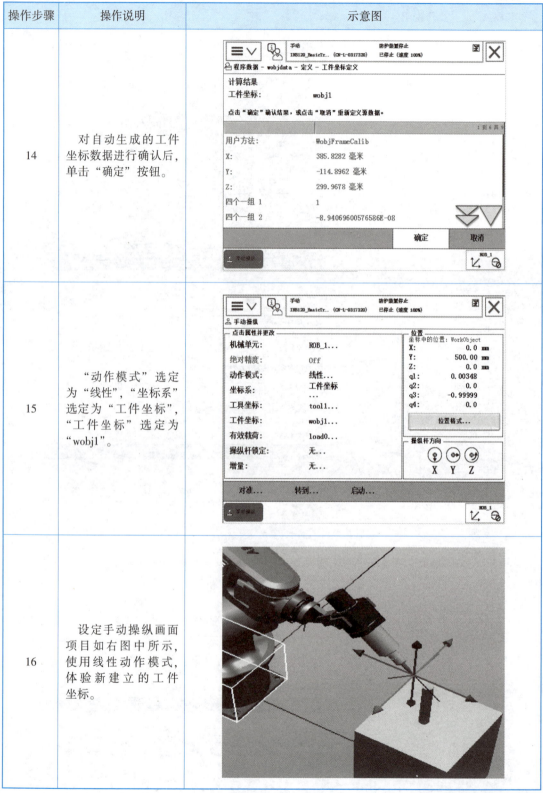
15	"动作模式"选定为"线性"，"坐标系"选定为"工件坐标"，"工件坐标"选定为"wobj1"。	
16	设定手动操纵画面项目如右图中所示，使用线性动作模式，体验新建立的工件坐标。	

3.2　单个工件搬运的运动规划

知识准备

3.2.1　基本运动指令

所谓运动指令，是指以指定的移动速度和移动方法使机器人向作业空间
内的指定位置进行移动的控制语句。

ABB 机器人在空间中的运动主要有关节运动（MoveJ）、线性运动（MoveL）、圆弧运动
（MoveC）和绝对位置运动（MoveAbsJ）四种方式。

1. 关节运动指令（MoveJ）

关节运动是指机器人从起始点以最快的路径移动到目标点，这是时间最快也是最优化
的轨迹路径，最快的路径不一定是直线，由于机器人做回转运动，且所有轴的运动都是同
时开始和结束，所以机器人的运动轨迹无法精确地预测，如图 3 - 14 所示，这种轨迹的不
确定性也限制了这种运动方式只适合于机器人在空间大范围移动且中间没有任何遮挡物，
所以机器人在调试以及试运行时，应该在阻挡物体附近降低速度来测试机器人的移动特性，
否则可能发生碰撞，由此造成部件、工具或机器人损伤的后果。

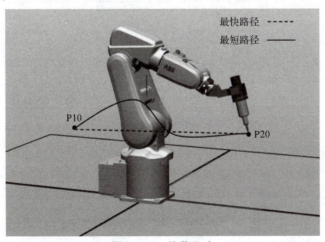

图 3 - 14　关节运动

关节运动指令语句格式如图 3 - 15 所示。

2. 线性运动指令（MoveL）

线性运动是指机器人沿一条直线以定义的速度将 TCP 引至目标点，如图 3 - 16 所示，
机器人从 P10 点以直线运动方式移动到 P20 点，从 P20 点移动到 P30 点也是以直线运动方
式。机器人的运动状态是可控的，运动路径保持唯一，只是在运动过程中有可能出现死点。
线性运动常用于机器人在工作状态的移动，一般如焊接、涂胶等应用对路径要求高的场合
使用此指令进行。

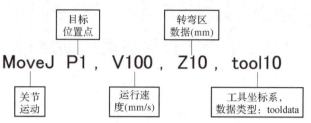

图 3-15　关节运动指令语句格式

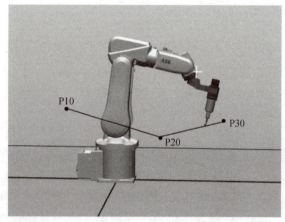

图 3-16　线性运动

线性运动指令语句格式如图 3-17 所示。

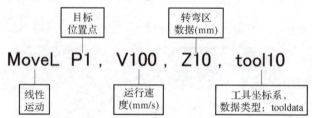

图 3-17　线性运动指令语句格式

3. 圆弧运动指令（MoveC）

圆弧运动是指机器人沿弧形轨道以定义的速度将 TCP 移动至目标点，如图 3-18 所示，

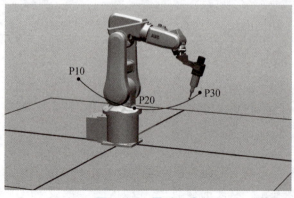

图 3-18　圆弧运动

弧形轨道是通过起始点、中间点和目标点进行定义的。上一条指令以精确定位方式到达的目标点可以作为起始点，中间点是圆弧所经历的中间点，对于中间点来说，只是 X、Y 和 Z 起决定性作用。起始点、中间点和目标点在空间的同一个平面上，为了使控制部分准确地确定这个平面，3 个点之间离得越远越好。

在圆弧运动中，机器人运动状态可控，运动路径保持唯一。圆弧运动常用于机器人在工作状态的移动，其限制是，机器人不可能通过一个 MoveC 指令完成一个圆。

圆弧运动指令语句格式如图 3 – 19 所示。

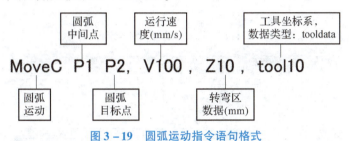

图 3 – 19　圆弧运动指令语句格式

4. 绝对位置运动指令（MoveAbsJ）

绝对位置运动指令是指机器人的运动使用 6 个轴和外轴的角度值来定义目标位置数据。MoveAbsJ 指令格式如图 3 – 20 所示。

注意：MoveAbsJ 常用于使机器人 6 个轴回到机械零点（0°）的位置。

图 3 – 20　绝对位置运动指令语句格式

任务实施向导

3.2.2　单个工件搬运的运动规划

搬运项目是将供料台的多个工件搬运到物料台。要完成此项目，首先要完成单个工件的搬运任务。

单个工件搬运的
运动规划

1. 提炼关键示教点

采用在线示教的方式编写单个工件搬运的作业程序。根据链接视频，提炼关键示教目标点。如图 3−21 所示，完成单个工件搬运至少需要 5 个位置点。分别为：

（1）拾取工件等待点 P_pick1_wait；

（2）拾取工件点 P_pick1；

（3）放置工件等待点 P_put1_wait；

（4）放置工件点 P_put1；

（5）机器人等待点 P_home（home 位）。

根据工作站设备实际布局，还有可能需要若干个过渡点。

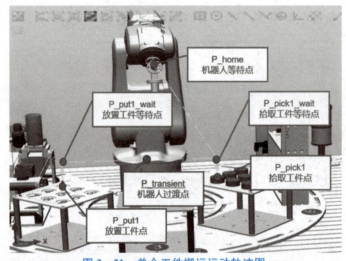

图 3−21　单个工件搬运运动轨迹图

2. 单工件搬运运动路径规划

根据前面分析可知，工业机器人单个工件搬运的动作分为：抓取工件、搬运工件、放下工件。抓取工件前，机器人处于 home 等待点（home 位），抓取动作中运动路径分别到拾取工件等待点，一般采用 MoveJ 指令，实际工况中如果对机器人运动到拾取工件等待点的路径有严格要求，可选用线性运动（执行 MoveL 指令）。紧接着，线性运动（执行 MoveL 指令）到拾取工件点，精准到位后，用 Set/Reset 或 Setdo、Resetdo 指令配合拾取工件，具体用到哪个指令需看机器人末端工具是双控电磁阀控制还是单控电磁阀控制。如果是单控阀，只需执行 Set 或 Setdo 指令，如果是双控阀，则需置复位指令配对使用。拾取工件后开始搬运，首先线性运动（执行 MoveL 指令）到拾取工件等待点，经机器人过渡点到放置工件等待点。其中机器人过渡点不是必需的，要根据实际工况要求和机器人的位姿进行灵活调整。接着要放下工件，此时需线性运动（执行 MoveL 指令）到放置工件点，然后用 Set/Reset 或者 Setdo、Resetdo 指令配合，执行放置工件操作。放置完成后，线性运动（执行 MoveL 指令）到放置工件等待点，之后回到 home 位，完成一个工件搬运的任务。路径规划如图 3−22 所示。

3. 单工件搬运流程图绘制

要编制搬运任务程序，首先需绘制其流程图。根据刚才的运动路径规划，搬运任务的程序流程图如图 3−23 所示。首先完成系统的初始化，初始化子程序中完成对机器人回原

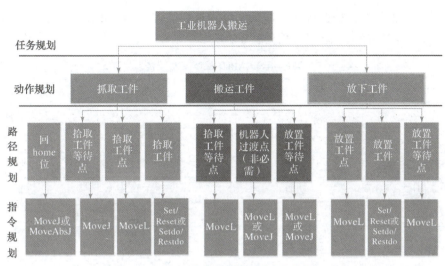

图 3-22　单个工件搬运路径规划图

位、工具执行情况的检查、其他输出信号的检查，以及其他限速、中断、通信数据的初始化。在此，我们先不考虑中断、通信等其他数据的初始化，暂时只需完成机器人回 home 位，工具动作。之后进行工件抓取、工件搬运、工件放置、回 home 位等操作。

图 3-23　单个工件搬运任务流程图

观看视频，利用基本运动指令完成轨迹任务（设置转弯数据）。

3.3　单个工件搬运编程

知识准备

3.3.1　RAPID 程序结构

在 ABB 工业机器人中，使用的编程语言是 RAPID 语言，它是一种英文编程语言，包含了一连串控制机器人的指令，执行这些指令可以实现对 ABB 工业机器人的控制，包括移动机器人、设置输出、读取输入，还能实

RAPID 程序结构
及程序数据

97

现决策、重复其他指令，构造程序，与系统操作员交流等功能。RAPID 编程语言由自己特定的词汇和语法编写而成，基本架构见表 3 - 4。

表 3 - 4　RAPID 程序基本架构

程序模块 1	程序模块 2	…	程序模块 n
程序数据	程序数据	…	程序数据
主程序 main	例行程序	…	例行程序
例行程序	中断程序	…	中断程序
中断程序	功能	…	功能
功能		…	

1. RAPID 程序架构的主要特点

（1）RAPID 程序是由程序模块与系统模块组成的。一般来说，只通过新建程序模块构建机器人程序，而系统模块多用于系统方面的控制。

（2）可以根据不同的用途创建多个程序模块，如专门用于主程序的程序模块、用于位置计算的程序模块、用于存放数据的程序模块，这样便于归类管理不同用途的例行程序与数据。

（3）每一个程序模块包含了程序数据、例行程序、中断程序和功能四种对象，但并非每一个模块中都有这四种对象，程序模块之间的数据、例行程序、中断程序和功能都是可以相互调用的。

（4）在 RAPID 程序中，只有一个主程序 main，且存在于任意一个程序模块中，并作为整个 RAPID 程序执行的起点。

2. 任务、模块和例行程序

一台机器人的 RAPID 程序由系统模块与程序模块组成，每个模块中可以建立若干程序，如图 3 - 24 所示。

通常情况下，系统模块多用于系统方面的控制，而只通过新建程序模块来构建机器人的执行程序。机器人一般都自带 USER 模块与 BASE 模块两个系统模块，如图 3 - 25 所示。新建程序模块后会自动生成具有相应功能的模块，建议不要对任何自动生成的系统模块进行修改。

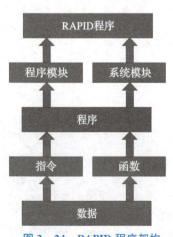

图 3 - 24　RAPID 程序架构

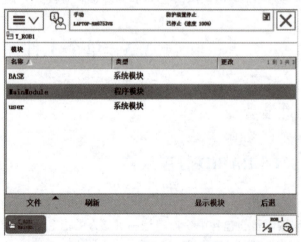

图 3 - 25　机器人的系统模块

在设计机器人程序时，可根据不同的用途创建不同的程序模块，如用于位置计算的程序模块、用于存储数据的程序模块，这样便于归类管理不同用途的例行程序与数据。

注意，在 RAPID 程序中，只有一个主程序 main，并作为整个 RAPID 程序执行的起点，可存在于任意一个程序模块中。

每一个程序模块一般包含了程序数据、程序、指令和函数四种对象。程序主要分为 Procedure、Function、Trap 三大类。Procedure 类型的程序没有返回值；Function 类型的程序有特定类型的返回值；Trap 类型的程序叫作中断例行程序，Trap 例行程序和某个特定中断连接，一旦中断条件满足，机器人将转入中断处理程序。

任务实施向导

3.3.2 创建 RAPID 程序

创建 RAPID 程序的步骤如表 3 – 5 所示。

表 3 – 5 创建 RAPID 程序的步骤

操作步骤	操作说明	示意图
1	将机器人控制柜上的旋钮置于手动运行模式。单击示教器主界面的"程序编辑器"菜单，打开程序编辑器，此时可以看到"任务与程序"界面。	
2	单击左下角"新建程序"按钮，或加载已有程序。	

续表

操作步骤	操作说明	示意图
3	单击"例行程序"按钮，查看例行程序，单击"后退"按钮或"模块"按钮查看模块。（如右图上下两个界面可来回切换）	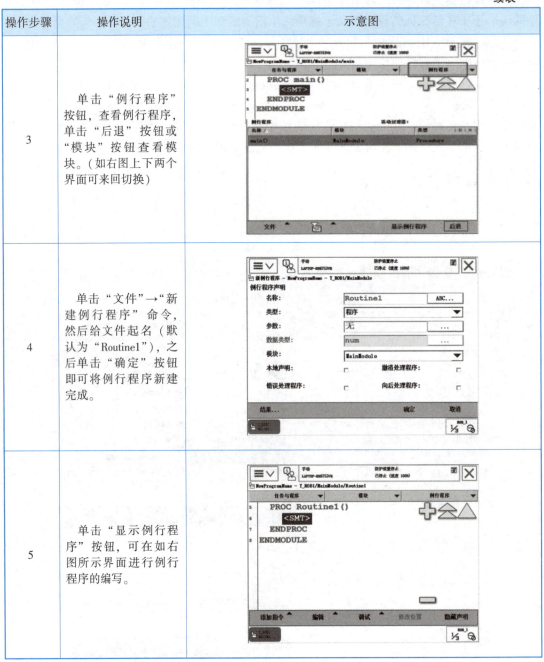
4	单击"文件"→"新建例行程序"命令，然后给文件起名（默认为"Routine1"），之后单击"确定"按钮即可将例行程序新建完成。	
5	单击"显示例行程序"按钮，可在如右图所示界面进行例行程序的编写。	

3.3.3　例行程序建立

1. 编程前数据准备

做好程序编制规划后，我们还需要做好各种参数设置（包含坐标模式、运动模式、速度）。参数设置步骤如表3-6所示。

单个工件
搬运实现

表 3 – 6 参数设置步骤

操作步骤	操作说明	示意图
1	在示教过程中，需要在一定的坐标模式、运动模式和操作速度下手动控制机器人达到一定的位置，因此在示教运动指令前，必须选定好坐标模式、运动模式和速度。	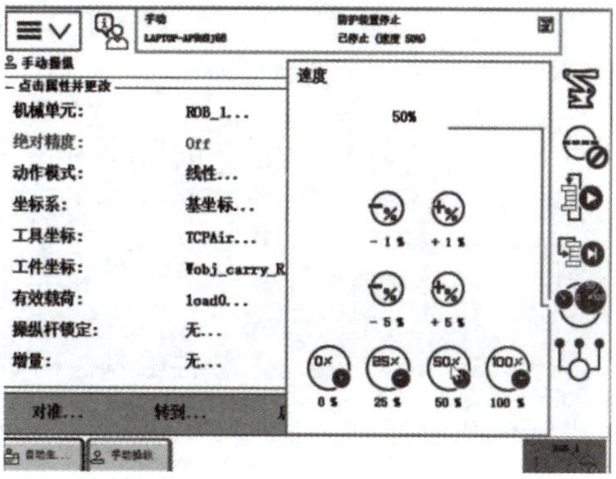
2	利用三点法提前建立好物料台拾取工件坐标系 Wobj_carry_L，放置台工件坐标系 Wobj_carry_R，并利用四点法建立吸盘工具坐标系 TCPAir。	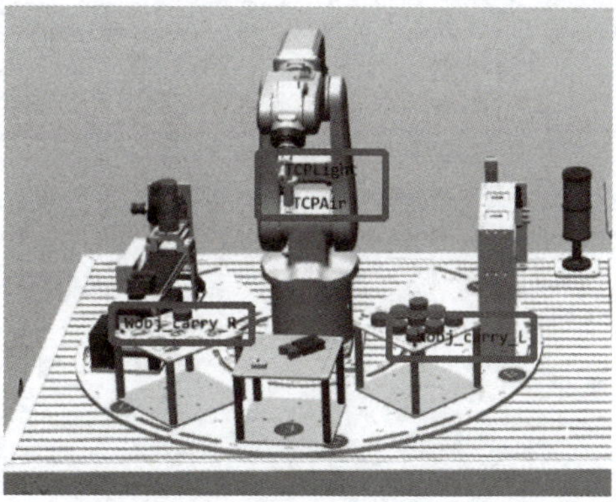

2. 建立例行程序

建立例行程序的步骤如表 3 – 7 所示。

表 3 – 7 建立例行程序的步骤

操作步骤	操作说明	示意图
1	单击主菜单中的"手动操纵"选项。	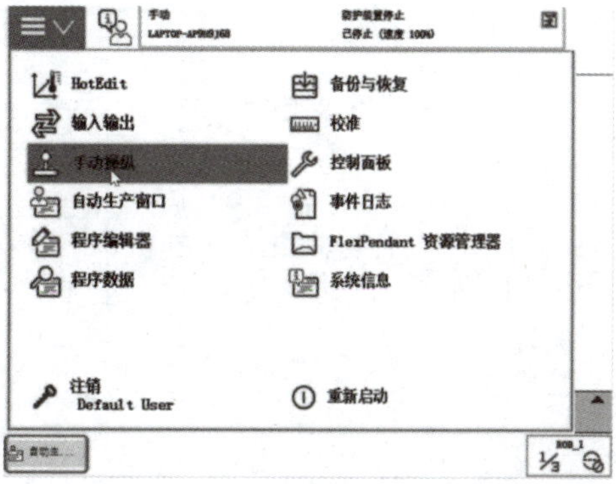

操作步骤	操作说明	示意图
2	确认此时的工具坐标为 "tool0"，工件坐标为 "wobj0"。	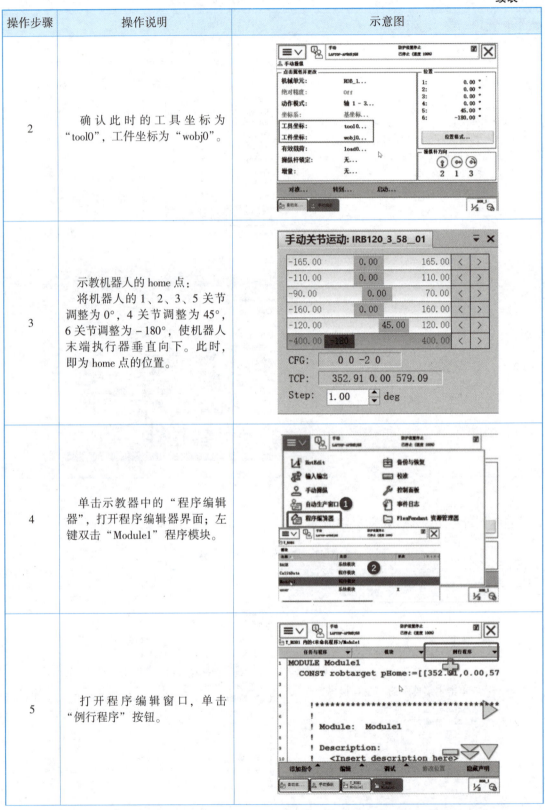
3	示教机器人的 home 点：将机器人的 1、2、3、5 关节调整为 0°，4 关节调整为 45°，6 关节调整为 -180°，使机器人末端执行器垂直向下。此时，即为 home 点的位置。	
4	单击示教器中的"程序编辑器"，打开程序编辑器界面；左键双击"Module1"程序模块。	
5	打开程序编辑窗口，单击"例行程序"按钮。	

续表

操作步骤	操作说明	示意图
6	单击左下角"文件"→"新建例行程序…"；将例行程序名称改为"main"，单击"确定"按钮，此时例行程序建立完成。	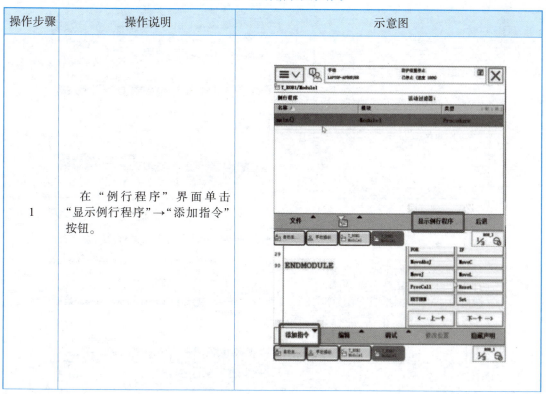

3.3.4　程序编写和目标点修改

1. 工件拾取程序编写

工件拾取程序编写如表 3 – 8 所示。

表 3 – 8　工件拾取程序编写

操作步骤	操作说明	示意图
1	在"例行程序"界面单击"显示例行程序"→"添加指令"按钮。	

操作步骤	操作说明	示意图
2	选择 MoveJ 指令，添加第一个点；并将其名称修改为"pHome"，其他参数不用修改。	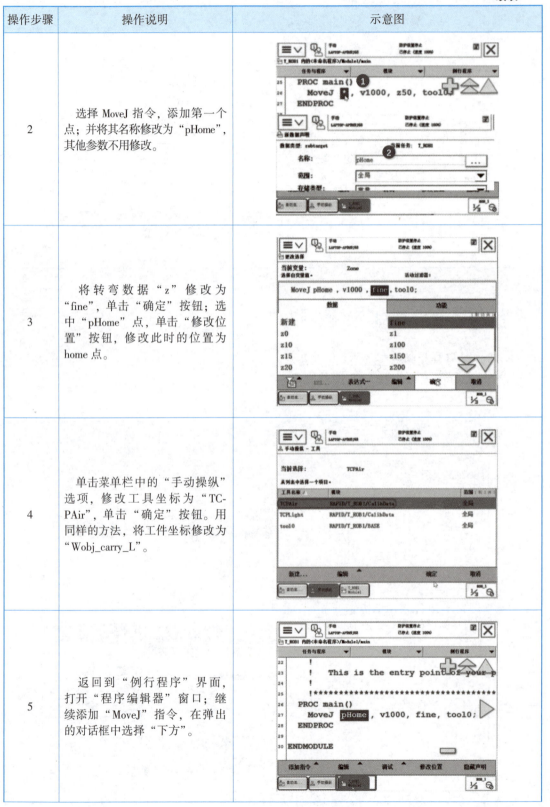
3	将转弯数据"z"修改为"fine"，单击"确定"按钮；选中"pHome"点，单击"修改位置"按钮，修改此时的位置为home点。	
4	单击菜单栏中的"手动操纵"选项，修改工具坐标为"TCPAir"，单击"确定"按钮。用同样的方法，将工件坐标修改为"Wobj_carry_L"。	
5	返回到"例行程序"界面，打开"程序编辑器"窗口；继续添加"MoveJ"指令，在弹出的对话框中选择"下方"。	

续表

操作步骤	操作说明	示意图
6	选择指令中的"＊"（双击目标点）；新建拾取工件等待点"pPickWait"，转弯数据修改为"z100"，然后单击"确定"按钮。	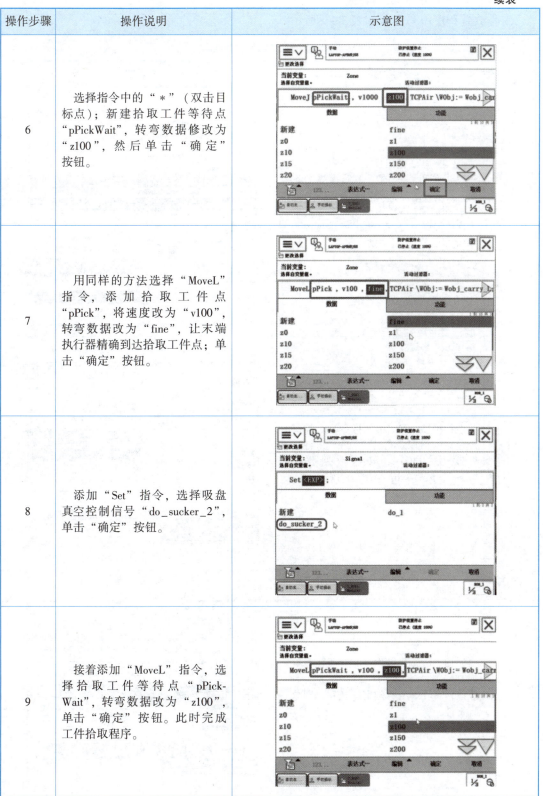
7	用同样的方法选择"MoveL"指令，添加拾取工件点"pPick"，将速度改为"v100"，转弯数据改为"fine"，让末端执行器精确到达拾取工件点；单击"确定"按钮。	
8	添加"Set"指令，选择吸盘真空控制信号"do_sucker_2"，单击"确定"按钮。	
9	接着添加"MoveL"指令，选择拾取工件等待点"pPick-Wait"，转弯数据改为"z100"，单击"确定"按钮。此时完成工件拾取程序。	

2. 工件放置程序编写

工件放置程序编写步骤如表 3 - 9 所示。

表 3 - 9　工件放置程序编写

操作步骤	操作说明	示意图
1	单击菜单栏中的"手动操纵"选项，将工件坐标系改为"Wobj_carry_R"；添加"MoveJ"指令，修改拾取工件等待点为"pPutWait"，速度改为"v1000"。	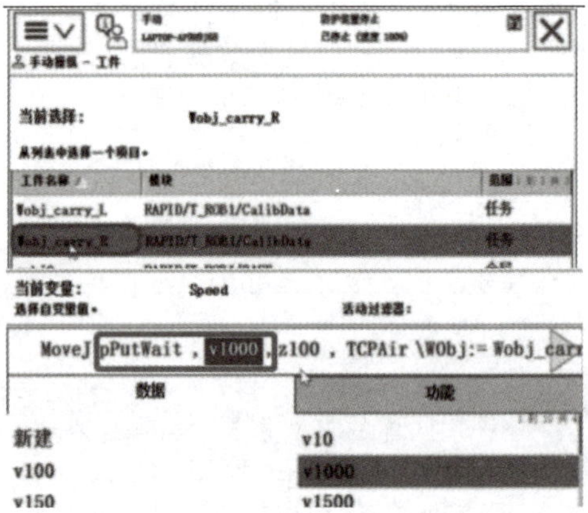
2	继续添加"MoveL"指令，添加已经建立的拾取工件点"pPut"，将速度改为"v100"，转弯数据改为"fine"，然后单击"确定"按钮。	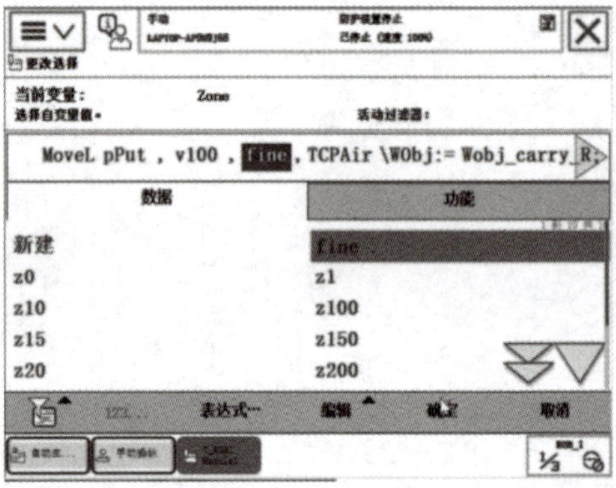
3	添加"Reset"指令，选择吸盘真空控制信号"do_sucker_2"，释放真空吸盘，然后单击"确定"按钮，即放置工件。	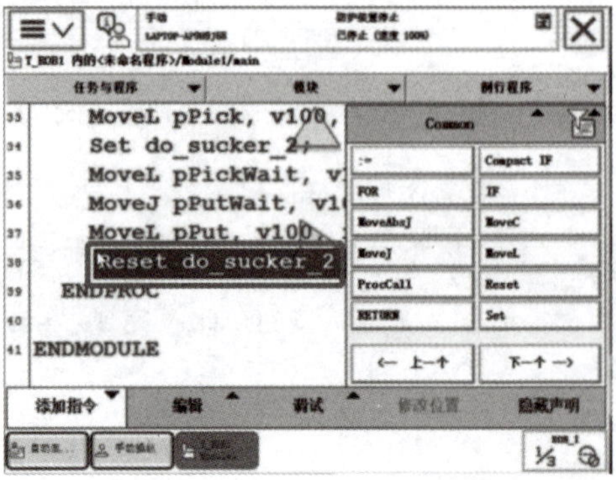

续表

操作步骤	操作说明	示意图
4	工件放置完成后，需要返回拾取工件等待点。添加"MoveL"指令，修改拾取工件等待点为"pPutWait"，转弯数据为"z100"，单击"确定"按钮，至此，放置工件程序编写完成。	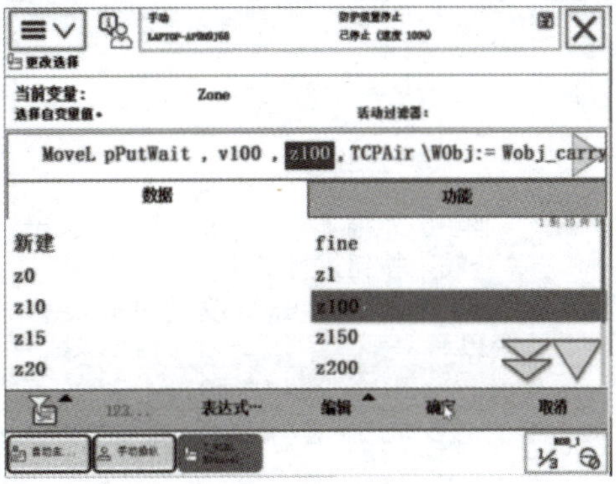

3. 示教目标点步骤

示教目标点步骤如表 3 – 10 所示。

表 3 – 10　示教目标点步骤

操作步骤	操作说明	示意图
1	单击菜单栏，选中"程序数据"；单击"robtarget"→"显示数据"按钮。	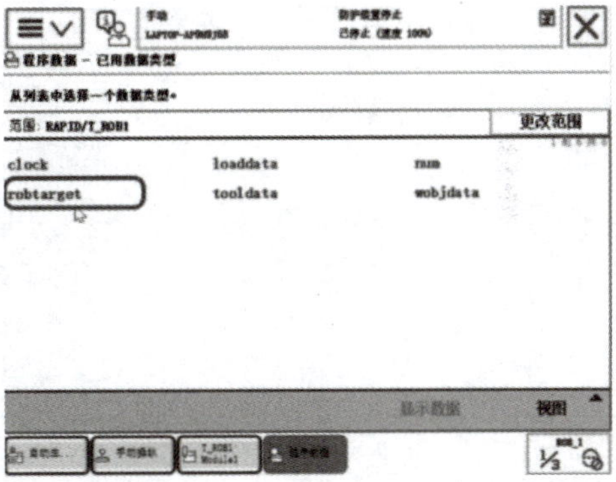
2	选中"pPut"点，手动操纵机器人示教器摇杆，将机器人末端吸盘移动到"pPut"点位。	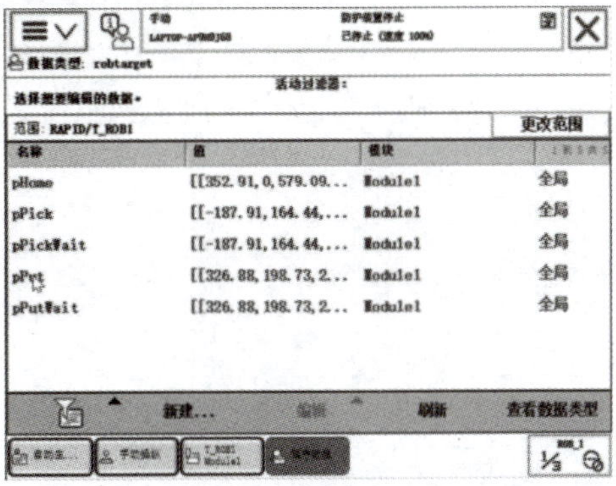

操作步骤	操作说明	示意图
3	单击"编辑"按钮，然后单击"修改"按钮进行确认。 用同样的方法修改"pPutWait"数据。	
4	单击菜单栏中"手动操纵"选项，将"工件坐标"改为"Wobj_carry_L"，修改完成。	
5	用同样的方法完成"pPick""pPickWait"等目标点的示教修改。	

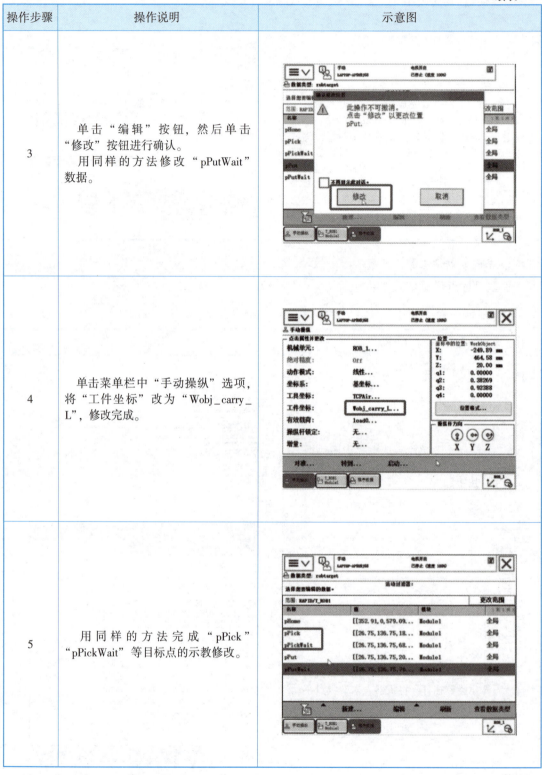

3.3.5 程序运行调试

程序运行调试步骤如表 3－11 所示。

表 3－11 程序运行调试步骤

操作步骤	操作说明	示意图
1	选中"程序编辑器"，单击"调试"按钮，然后单击"PP移至 Main"按钮。	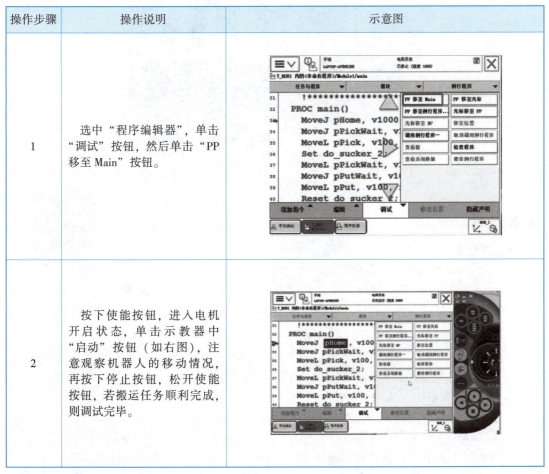
2	按下使能按钮，进入电机开启状态，单击示教器中"启动"按钮（如右图），注意观察机器人的移动情况，再按下停止按钮，松开使能按钮，若搬运任务顺利完成，则调试完毕。	

任 务 拓 展

单工件搬运离线编程

在工业机器人应用编程考核设备虚拟工作站中，完成单个工件搬运任务。工作站示意图如图 3－26 所示。利用离线捕捉的方法示教目标点，完成工件拾取和放置程序编写，仿真运行无误后，将离线程序导入真实的工业机器人控制器中，通过操作真实工业机器人，标定工具坐标系和工件坐标系，运行从软件中导出的离线程序，完成工业机器人单个工件搬运任务的调试。

空工作站打包文件下载链接：model_tz2－0. rspag；

搬运任务完成后打包文件下载链接：model_tz2－1. rspag。

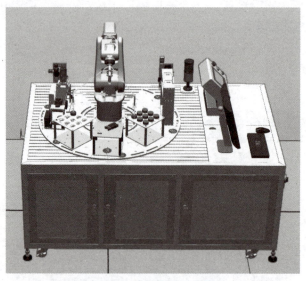

图 3-26　虚拟工作站示意图

知 识 测 试

知识测试参考答案

一、单选题

1. 一条 MoveC 指令，绘制的圆弧最大的角度是（　　　）。

A. 180°　　　　　B. 240°　　　　　C. 360°　　　　　D. 270°

2. 定义程序模块、例行程序、程序数据名称时不能使用系统占用符，下列哪一个可以作为自定义程序模块的名称？（　　　）

A. TEST　　　　　B. ABB　　　　　C. BASE　　　　　D. USER

3. 下列哪一个不属于 RAPID 语言中的程序类型？（　　　）

A. 错误处理程序　　B. 例行程序　　　C. 功能　　　　　D. 中断

4. 通常所说的"两点一条直线"指的是哪条运动指令？（　　　）

A. MoveAbsJ　　　B. MoveJ　　　　C. MoveL　　　　D. MoveC

5. 虚拟示教器上，可通过哪个虚拟按键控制机器人在手动状态下电机上电？（　　　）

A. Hold to Run　　B. 功能热键　　　C. 启动按钮　　　D. Enable

二、判断题

1. 标定 TCP 时，延伸点指向固定参考点的方向为 TCP 的正方向。　　　　　（　　　）

2. 操作机器人时，只可以建立一个工件坐标系。　　　　　　　　　　　　（　　　）

3. MoveJ 和 MoveAbsJ 运动指令的目标点数据类型相同。　　　　　　　　（　　　）

4. 通常把 X 轴和 Y 轴配置在水平面上，则 Z 轴是铅垂线；它们的正方向符合右手定则。　　　　　　　　　　　　　　　　　　　　　　　　　　　　　　（　　　）

5. 机器人初次作业时，工作人员可以在防护栅内进行动作确认。　　　　　（　　　）

任务 4

I/O 信号的定义与监控

工业机器人应用编程职业技能等级证书（中级）		
工作领域	工作任务	技能要求
1. 工业机器人参数设置	1.1 工业机器人系统参数设置	1.1.1 能够根据工作任务要求设置总线、数字量 I/O、模拟量 I/O 等扩展模块参数。
		1.1.2 能够根据工作任务要求设置、编辑 I/O 参数。
		1.1.3 能够根据工作任务要求设置工业机器人工作空间。
工业机器人集成应用职业技能等级证书（初级）		
工作领域	工作任务	技能要求
3. 工业机器人系统程序开发	3.1 工业机器人参数设置与手动操作	3.1.4 能配置工业机器人的通信板和输入/输出信号。

任务引入

IO 信号的定义与监控

　　工业机器人的运行过程受到周围设备的影响，工业机器人要实时与周围设备进行通信，这就依赖于其丰富的 I/O 通信接口。当外部设备状态发生变化时，相应的输入信号通过 I/O 接口传递给工业机器人，对应的输出信号也可通过 I/O 接口传递给外部设备。

　　如果我们在虚拟仿真平台中，需要知道所编写的程序是否符合要求，但又没有相应的 I/O 动作时，该怎么办呢？下面我们就来学习 I/O 信号的定义与仿真监控。

任务分解导图

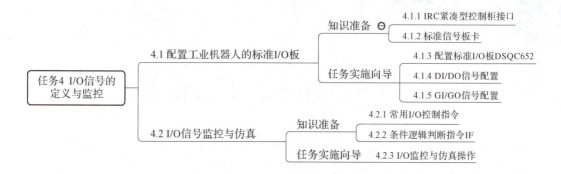

4.1 配置工业机器人的标准 I/O 板

知识准备

4.1.1 IRC 紧凑型控制柜接口

本部分以与 ABB IRB120 型号机器人配合使用的 IRC5 紧凑型控制柜为例，介绍控制柜的组成，通过对控制柜内部硬件组成的认识，了解控制柜中各模块的功能。

控制柜硬件
及 I/O 卡

控制柜内部由机器人系统所需部件和相关附件组成，包括主计算机、机器人驱动器、轴计算机、安全面板、系统电源、配电板、电源模板、电容、接触器接口板和 I/O 板等。

具体各部件的接口如下。

1. 控制柜接口

（1）机器人主电缆接口，用于连接机器人与控制器动力线；220 V 电源接入口，用于给机器人各轴运动提供电源。主电缆和电源接口如图 4 – 1 所示。

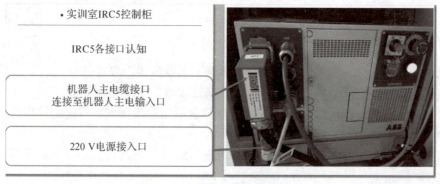

图 4 – 1　主电缆接口和电源接口

（2）示教器电缆接口，用于连接机器人示教器的接口；力控制选项信号电缆接口，当配有力控制选项时，使用此接口；SMB 电缆接口，此接口连接至机器人 SMB 输出口。示教器、力控制选项、SMB 电缆接口如图 4 - 2 所示。

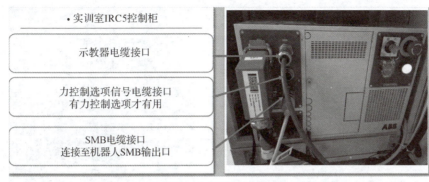

图 4 - 2　示教器、力控制选项、SMB 电缆接口

（3）模式选择运行开关，用于选择机器人的手动或自动运行模式；急停按钮，紧急情况下，按下急停按钮可停止机器人动作；机器人本体松刹车按钮，控制机器人运动轴的刹车装置，仅适用于 IRB120 机器人；机器人马达上电/复位按钮，用于从紧急停止状态恢复到正常状态。模式选择运行开关、急停按钮、松刹车按钮、上电/复位按钮如图 4 - 3 所示。

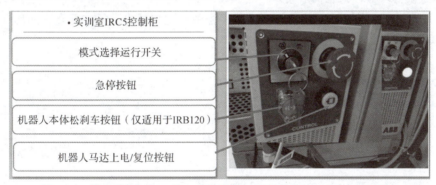

图 4 - 3　模式选择运行开关、急停按钮、松刹车按钮、上电/复位按钮

（4）急停输入接口，用于连接急停输入信号；安全停止接口，用于连接安全停止信号；主电源控制开关，用于关闭或启动机器人控制器。急停输入接口、安全停止接口、主电源控制开关如图 4 - 4 所示。

图 4 - 4　急停输入接口、安全停止接口、主电源控制开关

2. 通信接口

通信接口包括服务端口（用于连接 PC 端）、WAN 口、RS232 串口及调试端口、主电源控制开关接口。通信接口如图 4 – 5 所示。

图 4 – 5　通信接口

4.1.2　标准信号板卡

1. 工业机器人 I/O 通信的种类

机器人拥有丰富的 I/O 通信接口，可以轻松地实现与周边设备进行通信，其具备的 I/O 通信种类如表 4 – 1 所示。

表 4 –1　机器人 I/O 通信接口

PC	现场总线	ABB 标准
RS232 通信 OPC Server Socket Message	DeviceNet Profibus Profibus – DP Profinet EtherNet IP	标准 I/O 板

2. 常用标准 I/O 板

机器人常用的标准 I/O 板有 DSQC651、DSQC652、DSQC653、DSQC355A、DSQC377A 五种，除分配地址不同外，其配置方法基本相同。常用的标准 I/O 板如表 4 – 2 所示。

表 4 – 2　常用的标准 I/O 板

序号	型号	说明
1	DSQC651	分布式 I/O 模块，di8、do8、ao2
2	DSQC652	分布式 I/O 模块，di16、do16
3	DSQC653	分布式 I/O 模块，di8、do8 带继电器
4	DSQC355A	分布式 I/O 模块，di4、do4
5	DSQC377A	输送链跟踪单元

3. DSQC652 标准 I/O 板卡

DSQC652 板主要提供 16 个数字输入信号和 16 个数字输出信号，其中包括信号输出指示灯、X1 和 X2 数字输出接口、X5 DeviceNet 接口、模块状态指示灯、X3 和 X4 数字输入接口、数字输入信号指示灯，如图 4 - 6 所示。

图 4 - 6   DSQC652 板

（1）X1 端子。

X1 端子接口包括 8 个数字输出，地址分配如表 4 - 3 所示。

表 4 - 3   X1 端子地址分配

X1 端子编号	使用定义	地址分配
1	OUTPUT CH1	0
2	OUTPUT CH2	1
3	OUTPUT CH3	2
4	OUTPUT CH4	3
5	OUTPUT CH5	4
6	OUTPUT CH6	5
7	OUTPUT CH7	6
8	OUTPUT CH8	7
9	0 V	
10	24 V	

（2）X2 端子。

X2 端子接口包括 8 个数字输出，地址分配如表 4 - 4 所示。

表 4 - 4   X2 端子地址分配

X2 端子编号	使用定义	地址分配
1	OUTPUT CH9	8
2	OUTPUT CH10	9
3	OUTPUT CH11	10
4	OUTPUT CH12	11
5	OUTPUT CH13	12
6	OUTPUT CH14	13
7	OUTPUT CH15	14
8	OUTPUT CH16	15
9	0 V	
10	24 V	

（3）X3 端子。

X3 端子接口包括 8 个数字输入，地址分配如表 4 - 5 所示。

表 4 - 5　X3 端子地址分配

X3 端子编号	使用定义	地址分配
1	INPUT CH1	0
2	INPUT CH2	1
3	INPUT CH3	2
4	INPUT CH4	3
5	INPUT CH5	4
6	INPUT CH6	5
7	INPUT CH7	6
8	INPUT CH8	7
9	0 V	
10	未使用	

（4）X4 端子。

X4 端子接口包括 8 个数字输入，地址分配如表 4 - 6 所示。

表 4 - 6　X4 端子地址分配

X4 端子编号	使用定义	地址分配
1	INPUT CH9	8
2	INPUT CH10	9
3	INPUT CH11	10
4	INPUT CH12	11
5	INPUT CH13	12
6	INPUT CH14	13
7	INPUT CH15	14
8	INPUT CH16	15
9	0 V	
10	未使用	

（5）X5 端子。

DSQC652 标准 I/O 板卡通过总线接口 X5 与 DeviceNet 总线进行通信，X5 端子定义如表 4 - 7 所示。

表4-7　X5端子使用定义

X5端子编号	使用定义
1	0 V BLACK
2	CAN信号线 low BLUE
3	屏蔽线
4	CAN信号线 high WHITE
5	24 V RED
6	GND 地址选择公共端
7	模块ID bit0（LSB）
8	模块ID bit1（LSB）
9	模块ID bit2（LSB）
10	模块ID bit3（LSB）
11	模块ID bit4（LSB）
12	模块ID bit5（LSB）

X5为DeviceNet通信端子，地址由总线接头上的地址针脚编码生成，如图4-7所示，当前DSQC652板卡上的DeviceNet总线接头中，剪断了8号、10号地址针脚，则其对应的总线地址为2+8=10。

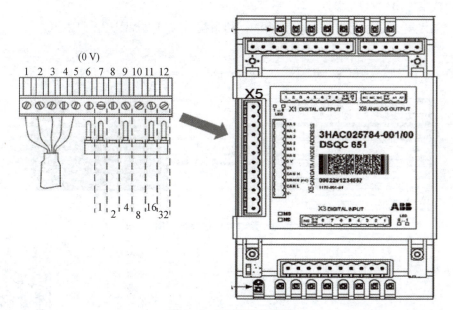

图4-7　X5端口剪线图

4. I/O接线和地址分配

（1）I/O地址分配。

在本任务中，di1连接启动按钮，do1连接信号指示灯，go1的输出值随di1信号发生改变，具体 I/O 地址分配如表 4 - 8 所示。

表 4 - 8 I/O 地址分配

输入	信号说明	输出	信号说明
di1	启动按钮	do1	信号指示灯
		go1	组信号

（2）数字输入信号接线。

数字输入信号接线示例如图 4 - 8 所示，利用输入端口 1 接收按钮状态。

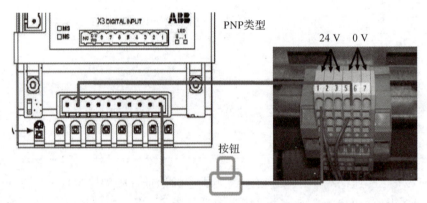

图 4 - 8 数字输入信号接线图

（3）数字输出信号接线。

数字输出信号接线示例如图 4 - 9 所示，利用输出端口 1 控制指示灯发光。

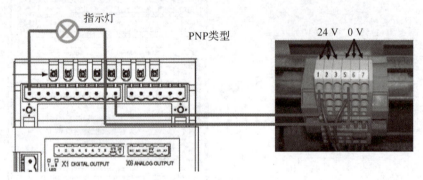

图 4 - 9 数字输出信号接线图

任务实施向导

4.1.3 配置标准 I/O 板 DSQC652

跟我做：DSQC52 板卡
配置方法

　　ABB 标准 I/O 板都是下挂在 DeviceNet 现场总线下的设备，通过 X5 端口与 DeviceNet 现场总线进行通信。DSQC652 板总线连接的相关参数说明如表 4 - 9 所示。

表 4 – 9　DSQC652 板总线连接相关参数说明

参数名称	设定值	说明
Name	board10	设定 I/O 板在系统中的名字
Network	DeviceNet	I/O 板连接的总线
Address	10	设定 I/O 板在总线中的地址

信号板配置操作步骤如表 4 – 10 所示。

表 4 – 10　信号板配置操作步骤

操作步骤	操作说明	示意图
1	单击左上角主菜单按钮，选择"控制面板"，然后选择"配置"。	
2	双击"DeviceNet Device"类型，单击最下方的"添加"按钮。	
3	单击"使用来自模板的值"对应的下拉箭头，选择"DSQC 652 24 VDC I/O Device"选项。	

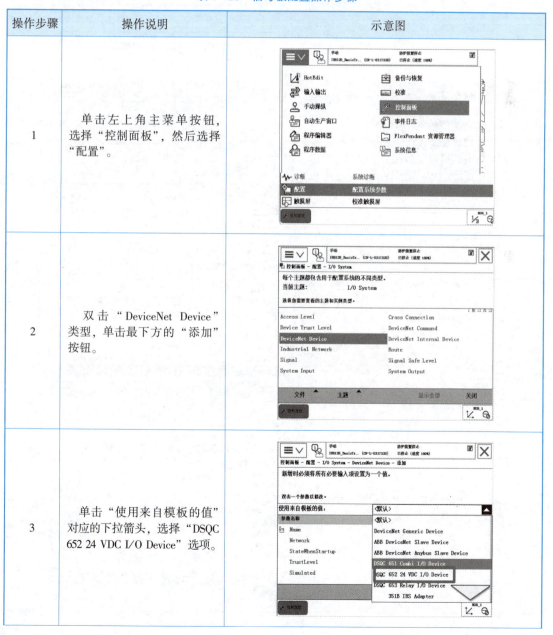

续表

操作步骤	操作说明	示意图
4	双击"Name"进行 DSQC652 板在系统中名字的设定（如果不修改，则名字是默认的"temp0"）。	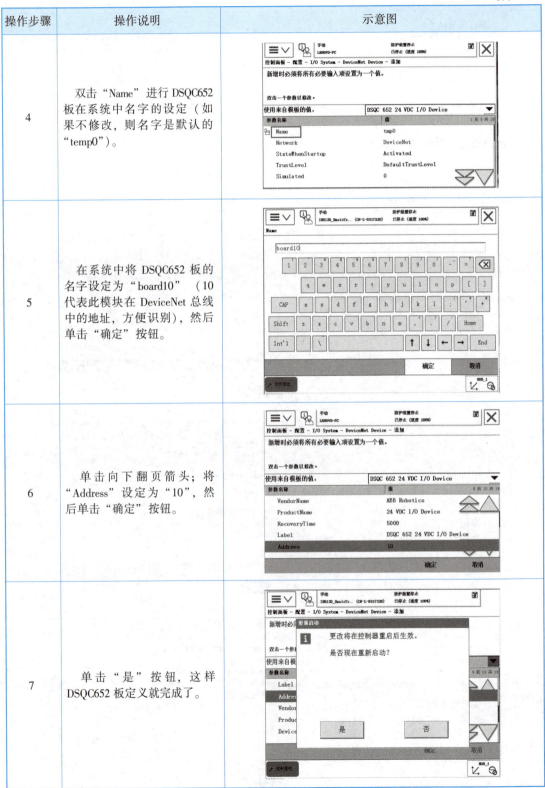
5	在系统中将 DSQC652 板的名字设定为"board10"（10 代表此模块在 DeviceNet 总线中的地址，方便识别），然后单击"确定"按钮。	
6	单击向下翻页箭头；将"Address"设定为"10"，然后单击"确定"按钮。	
7	单击"是"按钮，这样 DSQC652 板定义就完成了。	

4.1.4　DI/DO 信号配置

DI/DO 信号配置

1. 数字输入信号

数字输入信号 di1 的相关参数说明如表 4-11 所示。

表 4-11　数字输入信号相关参数说明

参数名称	设定值	说明
Name	di1	设定数字输入信号的名字
Type of Signal	Digital Input	设定信号的类型
Assigned to Device	board10	设定信号所在的 I/O 模块
Device Mapping	0	设定信号所占用的地址

定义数字输入信号 di1 的具体操作步骤如表 4-12 所示。

表 4-12　定义数字输入信号 di1 的具体操作步骤

操作步骤	操作说明	示意图
1	打开"控制面板"界面；选择"配置"选项。	
2	双击"Signal"；单击"添加"按钮。	

操作步骤	操作说明	示意图
3	双击"Name"；在弹出的界面上方输入"di1"，然后单击"确定"按钮。	
4	双击"Type of Signal"，选择"Digital Input"选项。	
5	双击"Assigned to Device"，选择"board10"选项。	
6	双击"Device Mapping"，弹出"Device Mapping"界面。	

续表

操作步骤	操作说明	示意图
7	输入"0",然后单击"确定"按钮,设置完毕;重启示教器生效。	

2. 数字输出信号

数字输出信号 do1 的相关参数说明如表 4-13 所示。

表 4-13 数字输出信号相关参数说明

参数名称	设定值	说明
Name	do1	设定数字输入信号的名字
Type of Signal	Digital Output	设定信号的类型
Assigned to Device	board10	设定信号所在的 I/O 模块
Device Mapping	32	设定信号所占用的地址

定义数字输出信号 do1 的具体操作步骤如表 4-14 所示。

表 4-14 定义数字输出信号 do1 的具体操作步骤

操作步骤	操作说明	示意图
1~3	前三个步骤与定义数字输入信号相同,打开"控制面板"界面,选择"配置",双击"Signal",单击"添加"按钮。 此时双击"Name"按钮,在弹出的界面上方输入"do1",然后单击"确定"按钮。	

操作步骤	操作说明	示意图
4	双击"Type of Signal"，选择"Digital Output"选项。	
5	双击"Assigned to Device"，选择"board10"选项。	
6	双击"Device Mapping"，弹出"Device Mapping"界面。	
7	输入"32"，然后单击"确定"按钮，设置完毕；重启示教器生效。	

4.1.5　GI/GO 信号配置

1. 组输入信号

组输入信号，就是将几个数字输入信号组合起来使用，用于输入 BCD 编码的十进制数。组输入信号 gi1 的相关参数说明如表 4 - 15 所示。

表 4 - 15　组输入信号相关参数说明

参数名称	设定值	说明
Name	gi1	设定组输入信号的名字
Type of Signal	Digital Input	设定信号的类型
Assigned to Device	board10	设定信号所在的 I/O 模块
Device Mapping	1 - 4	设定信号所占用的地址

定义组输入信号 gi1 的具体操作步骤如表 4 - 16 所示。

表 4 - 16　定义组输入信号 gi1 的具体操作步骤

操作步骤	操作说明	示意图
1~3	前三个步骤与定义数字输入、输出信号相同，打开"控制面板"界面，选择"配置"，双击"Signal"，单击"添加"按钮。 此时双击"Name"按钮，在弹出的界面上方输入"gi1"，然后单击"确定"按钮。	
4	双击"Type of Signal"，选择"Group Input"选项。	

操作步骤	操作说明	示意图
5	双击"Assigned to Device"，选择"board10"选项。	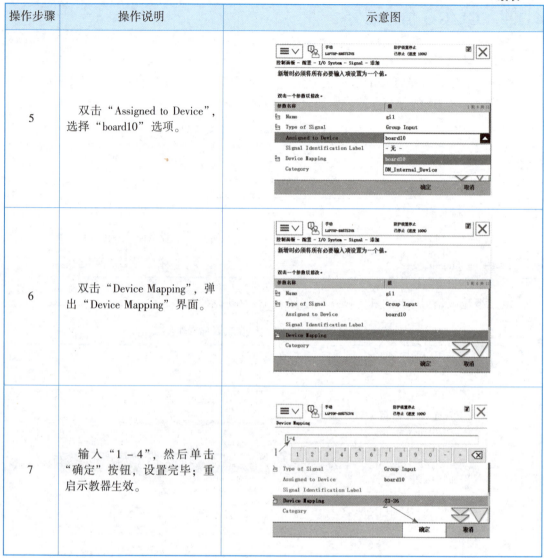
6	双击"Device Mapping"，弹出"Device Mapping"界面。	
7	输入"1-4"，然后单击"确定"按钮，设置完毕；重启示教器生效。	

2. 组输出信号

组输出信号，就是将几个数字输出信号组合起来使用，用于输出 BCD 编码的十进制数。组输出信号 go1 的相关参数说明见表 4-17。

表 4-17 组输出信号相关参数说明

参数名称	设定值	说明
Name	go1	设定组输出信号的名字
Type of Signal	Digital Output	设定信号的类型
Assigned to Device	board10	设定信号所在的 I/O 模块
Device Mapping	5-8	设定信号所占用的地址

定义组输出信号 go1 的具体操作步骤如表 4-18 所示。

表 4-18　定义组输出信号 go1 的具体操作步骤

操作步骤	操作说明	示意图
1~3	前三个步骤与定义数字输入、输出信号相同，打开"控制面板"界面，选择"配置"，双击"Signal"，单击"添加"按钮。 此时双击"Name"按钮，在弹出的界面上方输入"go1"，然后单击"确定"按钮。	
4	双击"Type of Signal"，选择"Group Output"选项。	
5	双击"Assigned to Device"，选择"board10"选项。	
6	双击"Device Mapping"，弹出"Device Mapping"界面。	

续表

操作步骤	操作说明	示意图
7	输入"5－8"，然后单击"确定"按钮，设置完毕；重启示教器生效。	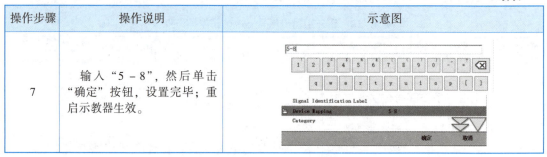

4.2　I/O 信号监控与仿真

知识准备

4.2.1　常用 I/O 控制指令

I/O 控制指令用于控制 I/O 信号，以实现机器人系统与机器人周边设备之间的通信。主要是通过对 PLC 的通信设置来实现信号的交互，例如打开某开关时，PLC 输出相应信号，机器人系统接收到信号后，做出对应动作。

1. Set 数字信号置位指令

Set 指令为数字信号置位指令。如图 4－10 所示，添加 Set 指令，执行此指令可以将数字输出（Digital Output）置为"1"。

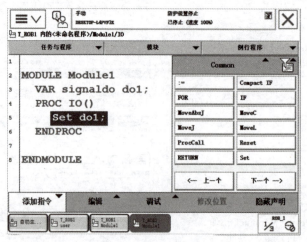

图 4－10　Set 指令

2. Reset 数字信号复位指令

Reset 指令为数字信号复位指令。如图 4－11 所示，添加 Reset 指令，执行此指令可以将数字输出（Digital Output）置为"0"。

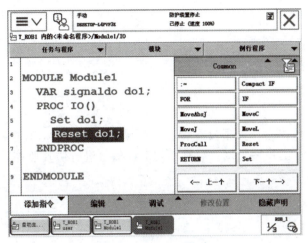

图 4 – 11　Reset 指令

（1）SetAO：用于改变模拟输出信号的值。

例如：SetAO ao1，3.5；（将信号 ao1 设置为 3.5）

（2）SetDO：用于改变数字输出信号的值。

例如：SetDO do1，1；（将信号 do1 设置为 1）

（3）SetGO：用于改变数字输出信号的值。

例如：SetGO go1，10；（将信号 go1 设置为 10）

注意：go1 占用 8 个地址位，即将 go1 设置为 10，其地址的二进制编码为 000001010。

4.2.2　条件逻辑判断指令 IF

IF 条件判断指令用于根据不同的条件执行不同指令。如图 4 – 12 所示，如果 di1 为 1，那么将信号 go1 设置为 10；否则 go1 设置为 20。

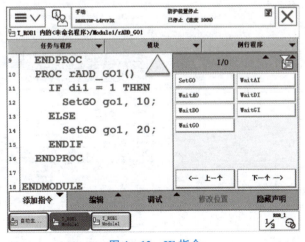

图 4 – 12　IF 指令

任务实施向导

I/O 信号监控
与仿真

4.2.3　I/O 监控与仿真操作

1. 仿真监控步骤

在机器人调试、检修时，如果没有相应 I/O 动作，则需要对其进行仿真和强制操作。下面我们以图 4-12 中的程序为例，对其中的 I/O 信号进行仿真监控，具体监控和仿真的操作步骤如表 4-19 所示。

表 4-19　对 I/O 信号进行监控和仿真的操作步骤

操作步骤	操作说明	示意图
1	将示教器置于"自动"模式下。打开菜单栏，单击"输入输出"；在显示的界面中打开右下角的"视图"选项卡，选择"全部信号"选项。	
2	此时"di1"为"0"，对应的"go1"为"20"；选中"di1"，将其置为"1"（单击下方的"1"）。	
3	此时，"go1"变为"10"。	

2. 配置常用监控信号

配置常用监控信号操作步骤如表 4 – 20 所示。

表 4 – 20　配置常用监控信号操作步骤

操作步骤	操作说明	示意图
1	打开菜单栏，选择"输入输出"；然后选择"I/O"选项。	HotEdit　　　备份与恢复 输入输出　　　校准 手动操纵　　　控制面板 自动生产窗口　事件日志 程序编辑器　　FlexPendant 资源管理器 名称　　　备注 外观　　　自定义显示器 监控　　　动作监控和执行设置 FlexPendant　配置 FlexPendant 系统 I/O　　　配置常用 I/O 信号 语言　　　设置当前语言
2	此时可以看到全部的输入输出信号。在此例中，我们关注的是"di1"和"go1"信号，选中这两个信号，然后单击"应用"按钮。	名称　　类型 di1　　DI do1　　DO go1　　GO 全部　无　预览　应用　关闭
3	返回主菜单中的"输入输出"界面，此时选择"常用"选项，就可以看到这两个信号。直接选中可对其进行置"1"和置"0"操作。	手动　　防护装置停止 DESKTOP-L4PVV2K　已停止 (速度 100%) 输入输出 常用　　活动过滤器：　选择布局 从列表中选择一个 I/O 信号。　　默认 名称　　　值　　类型 di1　　　0 (Sim)　DI go1　　　0　　GO 化名I/O 工业网络 IO 设备 全部信号 数字输入 数字输出 模拟输入 模拟输出 组输入 组输出 ✓常用 安全信号 仿真信号 视图

任务拓展

配置可编程按键

示教器中右上角配有 4 个可编程按键，如图 4 – 13 所示，分别标号 1~4。在操作时可以为这些按键设置需要控制的 I/O 信号，以便对 I/O 信号进行强制置位。

跟我做：配置
可编程按钮

在本例中，我们来对 do1 和 di1 两个信号进行可编程按键的配置。通过配置，按键 1 控制 di1 信号，第一次按下后，di1 信号置位，再次按下后，di1 信号复位；按键 2 控制 do1 信号，第一次按下后，do1 信号置位，再次按下后，do1 信号复位。

请同学们扫描二维码——"配置可编程按键"微课视频，试着对 do1 和 di1 两个信号进行可编程按键的配置。

图 4－13　可编程按键示意图

知识测试

知识测试参考答案

一、单选题

1. 下列表示等待 5 s 的是（　　　）。

A. WaitTime 0.5 　　　B. WaitTime 0.6 　　　C. WaitTime 5 　　　D. WaitTime 6

2. 标准 I/O 板卡总线端子上，剪断第 8、10、11 针脚产生的地址为（　　　）。

A. 24 　　　　　　　　B. 26 　　　　　　　　C. 14 　　　　　　　　D. 16

3. ABB 提供的标准 I/O 板卡一般为什么类型？（　　　）

A. PNP 　　　　　　　B. NPN 　　　　　　　C. PNP 和 NPN 　　　D. PNP 或 NPN

4. 以下哪种变量不允许在程序中使用赋值指令进行赋值？（　　　）

A. 变量 　　　　　　　B. 可变量 　　　　　　C. 常量 　　　　　　　D. 布尔量

5. 无论程序的指针如何变化，无论工业机器人控制器是否重启，以下哪种类型的数据都会保持最后赋予的值？（　　　）

A. 变量 　　　　　　　B. 可变量 　　　　　　C. 常量 　　　　　　　D. 布尔量

二、判断题

1. DSQC652 板主要提供 8 个数字输入信号和 8 个数字输出信号。　　　　　　（　　　）

2. 标准 I/O 板通过 X5 端口与 DeviceNet 现场总线进行通信。　　　　　　　（　　　）

3. Set 指令为数字信号复位指令。　　　　　　　　　　　　　　　　　　　（　　　）

4. IF 条件判断指令用于根据不同的条件执行不同指令。　　　　　　　　　　（　　　）

5. go1 占用地址 0~7 共 8 位，可以代表十进制数 0~255。　　　　　　　　（　　　）

任务 5

多工件搬运任务实现

工业机器人应用编程职业技能等级证书（中级）		
工作领域	工作任务	技能要求
3. 工业机器人系统离线编程与测试	3.3 编程仿真	3.3.2 能够根据工作任务要求实现搬运、码垛、焊接、抛光、喷涂等典型应用工业机器人系统的离线编程和应用调试。
工业机器人集成应用职业技能等级证书（中级）		
工作领域	工作任务	技能要求
2. 工业机器人系统程序开发	2.2 工业机器人典型任务示教编程	2.2.3 能完成工业机器人典型工作任务（如搬运、码垛、装配等）的程序编写。

任务引入

多工件搬运
任务实现

目前工业机器人服务于国民经济的各个领域，如汽车、电子、物流等行业，在工业机器人设计时，除了考虑工业机器人的本体之外，还要根据其在不同领域的具体应用进行相关外围设备的选用，如搬运、码垛任务中的吸盘、夹爪，焊接任务中的焊枪，喷涂任务中的喷具等，都需要根据具体任务进行选用。本任务要求能完成工业机器人典型任务如搬运、码垛、装配等的程序编写。

搬运任务中，目标点的示教是非常耗时费力的。以最少的示教点完成多工件任务的搬运是提高编程联调任务的关键。同时当搬运工件个数不固定时，用带参的搬运例行程序显得尤为重要。

任务分解导图

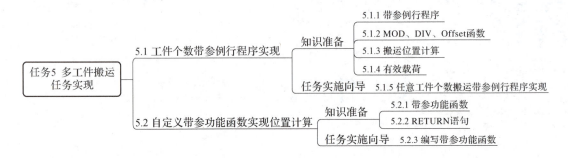

5.1 工件个数带参例行程序实现

知识准备

位置计算功能函数

5.1.1 带参例行程序

ABB 工业机器人在建立程序时，可以分为三类，即普通程序（procedures）、功能程序（functions）和中断程序（trap）。带参例行程序属于普通程序，在编写时可以带参数，其使用说明如下：

（1）带参例行程序的参数个数，可以有多个，且参数的数据类型可以不相同。

（2）带参例行程序属于普通程序，可以有各种指令类型。

（3）带参例行程序在手动操作时，调试时的 PP 指针不可以直接进入带参例行程序里面，只能通过程序调用进入和执行。

5.1.2 MOD、DIV、Offset 函数

（1）MOD 的功能是返回整数除法的模数和余数。对 a 和 b 两个整数，求模运算时，a/b 的结果向无穷小方向舍入；求余运算时，a/b 的结果向 0 方向舍入。这里我们只讨论除数和被除数都是正整数的情况，所以求模和求余运算没有区别。

例如 reg1：= 14 MOD 4，返回值为 2，因为 14 除以 4，商为 3，余数为 2，所以返回值为 2。

（2）DIV 的功能是返回整数除法的整数商，也就是取整的运算。如同样是上面这个例子 reg1：= 14 DIV 4，因为 14 可以除以 4 达 3 次，因此返回值为 3。

（3）Offs 函数的使用，其作用是在一个机械位置的工件坐标系中添加一个偏移量，如"p1：= Offs（p1，5，10，15）"，这个语句的作用是机械臂位置 p1 沿 X 方向偏移 5 mm，沿 Y 方向偏移 10 mm，沿 Z 方向偏移 15 mm。此函数在对已知位置进行相对偏移时经常使用，不

用每个点都示教，只需知道偏移量即可，使用灵活方便。

5.1.3　搬运位置计算

如图 5−1 所示，要求工件按 1~9 的位置顺序放置，在此工件上建立如图 5−1 所示的 XY 轴工件坐标系，并且标定 1 号基准点位置，即 1 号位置已知，需要寻找其他放置工件位置与基准点之间的关系。

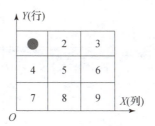

图 5−1　工件位置计算图

当第一个工件放置时，要放在 1 号位置，因为 1 号位置是基准点，所以 XY 方向偏移单位为（0，0），2 号工件放置时对基准点的偏移单位为（1，0），同理 3 号为（2，0），4 号只在 Y 方向偏移，对基准点的偏移单位为（0，1），依据这种计算方法，我们可以计算出 8 个位置对于基准点的偏移单位，然后再乘以实际偏移距离，就可以计算出实际放置的位置。所以重点是计算出每个位置的偏移单位。

若工件为第 n 个，对于 X 方向的偏移，其偏移单位可以用（n−1）对 3 求余来进行计算，如 1 号工件，计算结果为 0，对基准点不偏移，若为 2 号工件，减 1 后对 3 求余，结果为 1，偏移一个单位，同样若是 6 号工件，减 1 后对 3 求余，结果为 2，则对基准点在 X 轴偏移 2 个单位，通过这个公式可以计算出任意工件在 X 轴对基准点的偏移。Y 方向的偏移量，可以用（n−1）对 3 取整来计算，例如若是 4 号工件，则减 1 对 3 取整为 1，在 Y 轴对基准点 1 号位置偏移 1 个单位，若为 8 号工件，则减 1 为 7，对 3 取整，得数为 1，表示在 Y 轴对基准点偏移 1 个单位。

综上，设工件个数为 n，则 X、Y 方向的偏移为：

列 X：= (n − 1) MOD 3

行 Y：= (n − 1) DIV 3

5.1.4　有效载荷

GripLoad 用于定义机械臂的有效负载。此指令在搬运及码垛任务中涉及负载的变化时经常用到。GripLoad 规定了机器人的当前负载。通过控制系统使用规定负荷，以便按最佳的可行方式来控制机器人的运动。使用指令 GripLoad，连接/断开有效负载，该指令则在机械手的重量上增加或减去有效负载的重量。但负载数据定义不正确时，可能会导致机械臂机械结构过载。控制器持续监测负载，如果负载高于预期，则写入事件日志。

指定不正确的负载数据时，其常常会引起以下后果：

（1）机械臂将不会用于其最大容量。

（2）路径准确性受损。

（3）过载风险。

应用此指令时，需要新建 loaddate 数据类型，确定此负载的质量参数"mass"，以 kg 为单位，偏移参数 X、Y、Z 偏移量，以 mm 为单位，创建完成后就可以在装载或卸下负载时进行应用。具体也可参照 RobotStudio 中的帮助选项。有效载荷设置如图 5 - 2 所示。

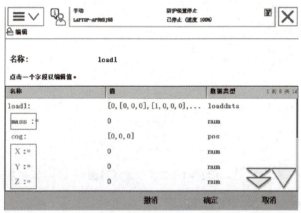

图 5 - 2　有效载荷设置

当夹具夹紧抓取负载时，加载 LoadFull 的有效负载指定当前搬运对象的重量和重心，当夹具松开，放下负载时，加载 LoadEmpty，清除有效负载。GripLoad 指令使用实例如图 5 - 3 所示。

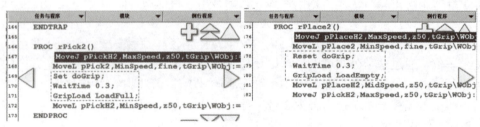

图 5 - 3　GripLoad 使用示例

任务实施向导

5.1.5　任意工件个数搬运带参例行程序实现

带参例行程序编写 1

带参例行程序编写 2

1. 编写 rget 例行程序

编写 rget 例行程序操作步骤如表 5 - 1 所示。

表5-1　编写 rget 例行程序操作步骤

操作步骤	操作说明	示意图
1	单击"文件"→"新建例行程序"命令，并命名新例行程序为"rget"取工件，任务中在一个固定的位置取，不需要参数，因此"参数"选择"无"，然后单击"确定"按钮。	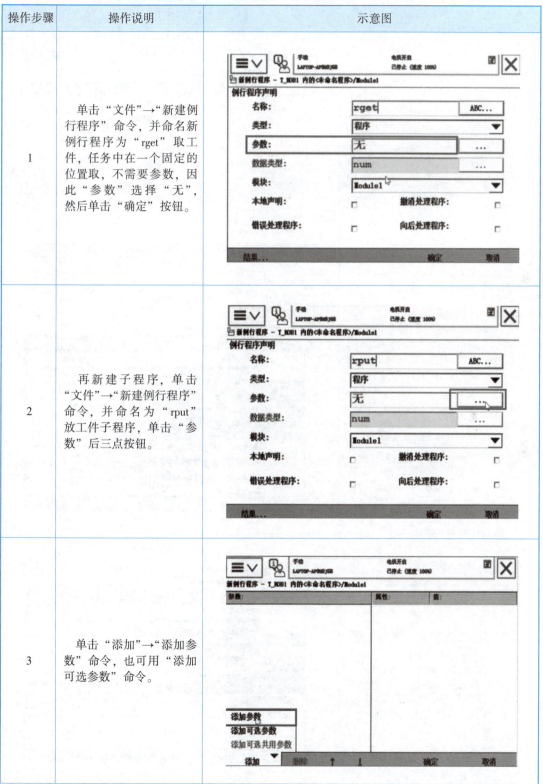
2	再新建子程序，单击"文件"→"新建例行程序"命令，并命名为"rput"放工件子程序，单击"参数"后三点按钮。	
3	单击"添加"→"添加参数"命令，也可用"添加可选参数"命令。	

续表

操作步骤	操作说明	示意图
4	添加参数的名称，定义为"i"，即表示第 i 个工件，单击"确定"按钮；选择"数据类型"为"num"，单击"确定"按钮。至此参数添加完成。	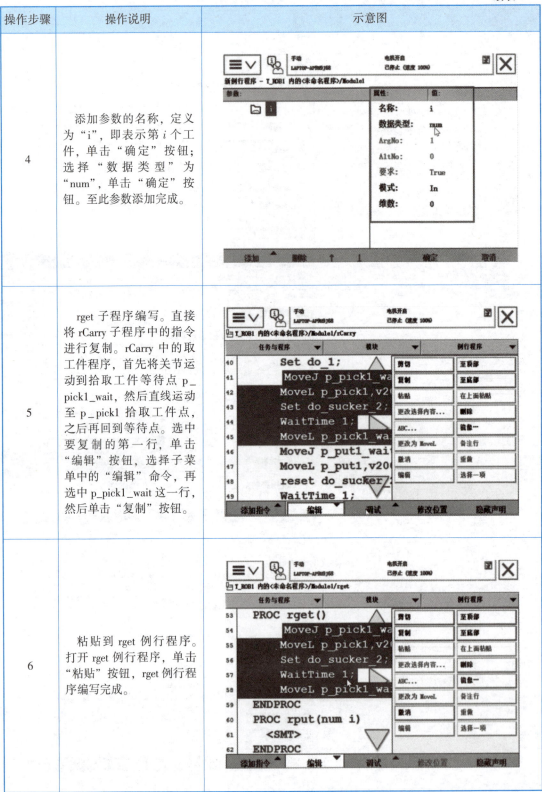
5	rget 子程序编写。直接将 rCarry 子程序中的指令进行复制。rCarry 中的取工件程序，首先将关节运动到拾取工件等待点 p_pick1_wait，然后直线运动至 p_pick1 拾取工件点，之后再回到等待点。选中要复制的第一行，单击"编辑"按钮，选择子菜单中的"编辑"命令，再选中 p_pick1_wait 这一行，然后单击"复制"按钮。	
6	粘贴到 rget 例行程序。打开 rget 例行程序，单击"粘贴"按钮，rget 例行程序编写完成。	

2. 编写 rput 例行程序

编写 rput 例行程序操作步骤如表 5-2 所示。

表 5-2　编写 **rput** 例行程序操作步骤

操作步骤	操作说明	示意图
1	打开 rput 例行程序，添加放置工件等待点，单击"添加指令"按钮，然后单击"MoveJ"指令，使关节运动到等待点。	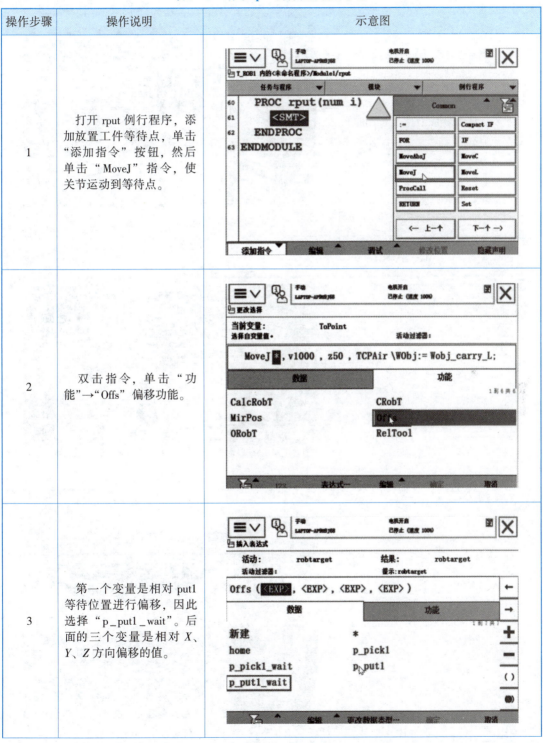
2	双击指令，单击"功能"→"Offs"偏移功能。	
3	第一个变量是相对 put1 等待位置进行偏移，因此选择"p_put1_wait"。后面的三个变量是相对 X、Y、Z 方向偏移的值。	

操作步骤	操作说明	示意图
4	X 轴方向偏移值单位计算公式为（$i-1$）MOD3。实际偏移单位距离用 RS 自带测量工具进行测量。单击"⬈"点到点图标。	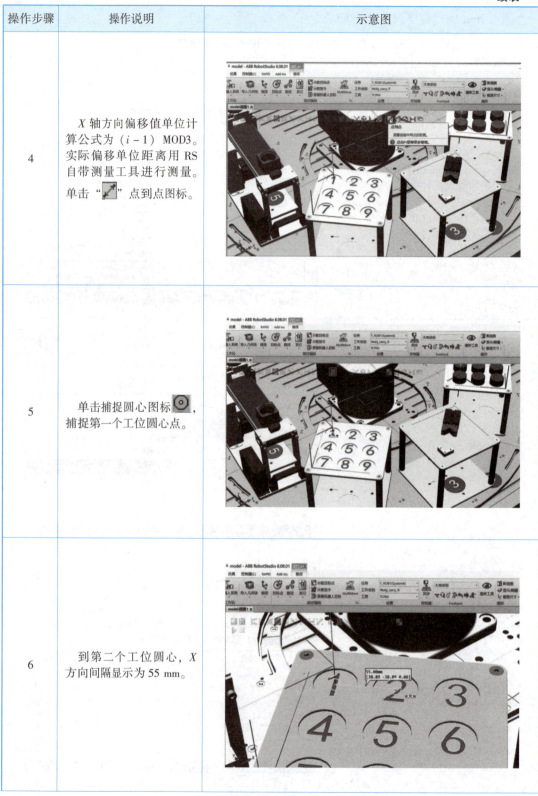
5	单击捕捉圆心图标◎，捕捉第一个工位圆心点。	
6	到第二个工位圆心，X 方向间隔显示为 55 mm。	

续表

操作步骤	操作说明	示意图
7	Y轴方向用同样的方法测量，捕捉第一个点和第二个点，Y轴间隔为55 mm。	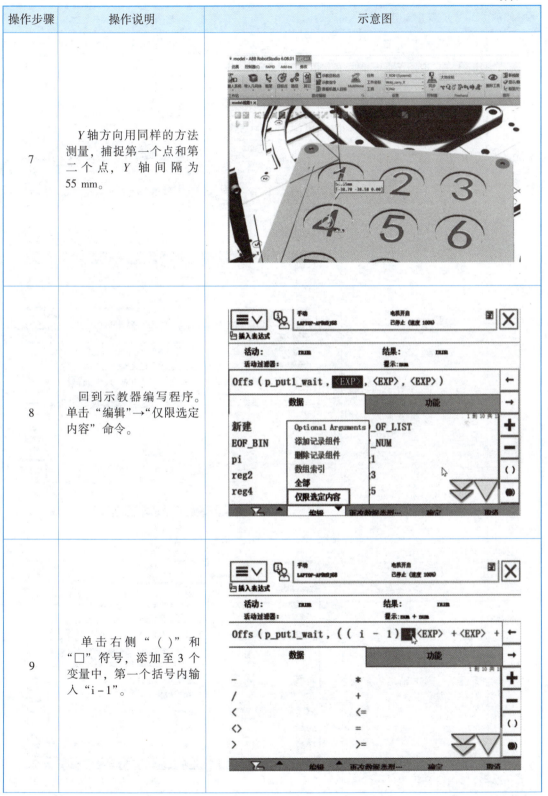
8	回到示教器编写程序。单击"编辑"→"仅限选定内容"命令。	
9	单击右侧"（ ）"和"□"符号，添加至3个变量中，第一个括号内输入"i-1"。	

操作步骤	操作说明	示意图
10	第二个运算符选择"MOD"，第二个参数为"3"。	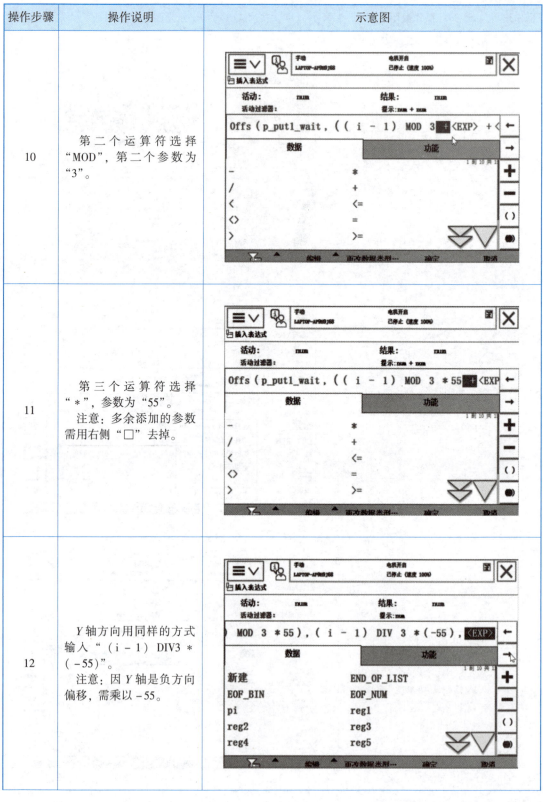
11	第三个运算符选择"*"，参数为"55"。 注意：多余添加的参数需用右侧"□"去掉。	
12	Y轴方向用同样的方式输入"（i－1）DIV3 *（－55）"。 注意：因Y轴是负方向偏移，需乘以－55。	

续表

操作步骤	操作说明	示意图
13	Z轴没有偏移，即偏移为0，单击"编辑"→"仅限选定内容"命令，输入"0"，然后单击"确定"按钮。	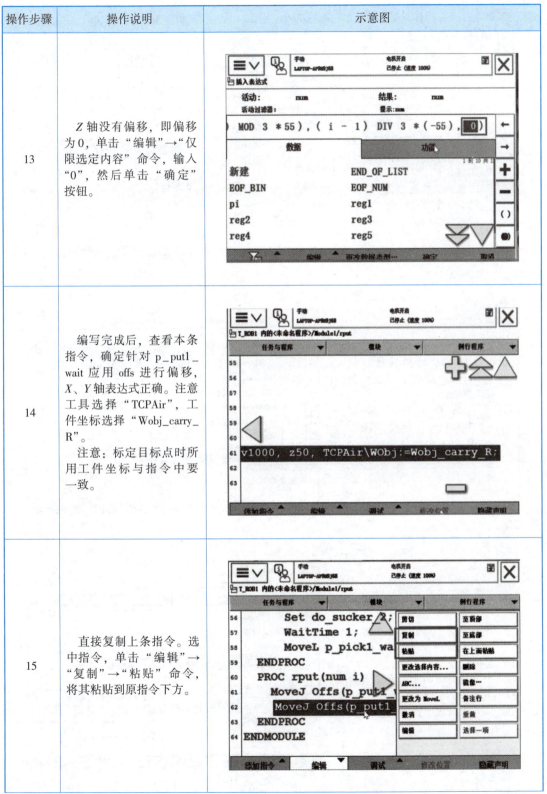
14	编写完成后，查看本条指令，确定针对 p_put1_wait 应用 offs 进行偏移，X、Y轴表达式正确。注意工具选择"TCPAir"，工件坐标选择"Wobj_carry_R"。 注意：标定目标点时所用工件坐标与指令中要一致。	
15	直接复制上条指令。选中指令，单击"编辑"→"复制"→"粘贴"命令，将其粘贴到原指令下方。	

续表

操作步骤	操作说明	示意图
16	双击指令，将基准点由"p_put1_wait"修改为"p_put1"，其他的参数不变，然后单击"确定"按钮，工具和工件坐标都不变。 注意：放置点要求准确到达，转弯半径"z50"要改为"fine"。	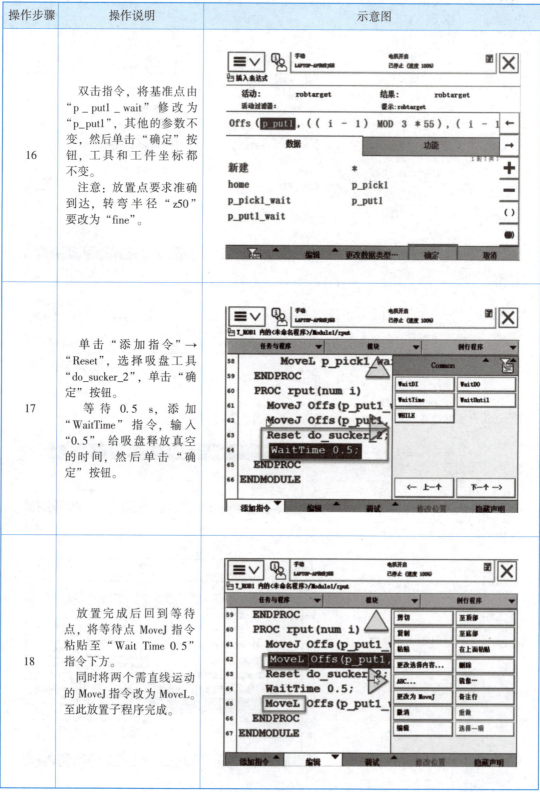
17	单击"添加指令"→"Reset"，选择吸盘工具"do_sucker_2"，单击"确定"按钮。 等待 0.5 s，添加"WaitTime"指令，输入"0.5"，给吸盘释放真空的时间，然后单击"确定"按钮。	
18	放置完成后回到等待点，将等待点 MoveJ 指令粘贴至"Wait Time 0.5"指令下方。 同时将两个需直线运动的 MoveJ 指令改为 MoveL。至此放置子程序完成。	

3. 编写搬运主程序

编写搬运主程序如表 5 − 3 所示。

表 5 − 3　编写搬运主程序操作步骤

操作步骤	操作说明	示意图
1	首先回到 home 点，即单击"添加指令"→"MoveJ"，编辑选择 home 点； 　　吸盘初始化，即插入 Reset 指令，参数为"do_sucker_2"；赋值指令输入工件个数，单击"：="编辑完成"n：= 9"，n 为工件个数。 　　注意：n 需要首先在数据类型中找到"num"数据类型新建变量。"z"是定义放几层的变量，可以删除。	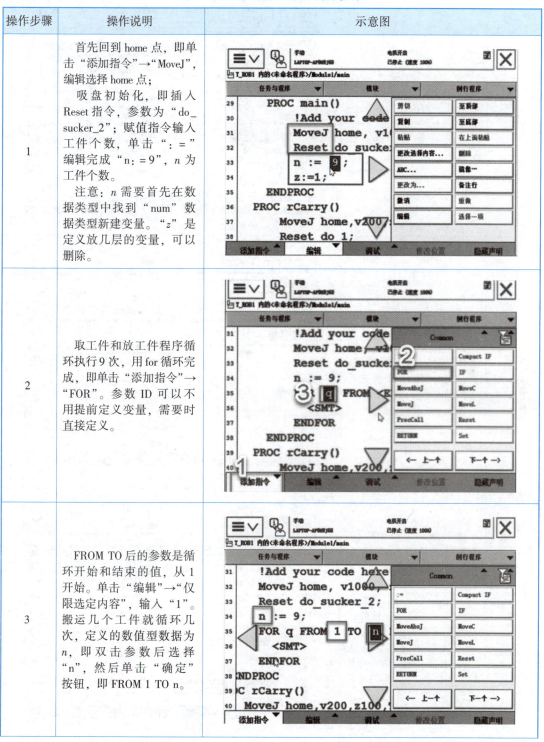
2	取工件和放工件程序循环执行 9 次，用 for 循环完成，即单击"添加指令"→"FOR"。参数 ID 可以不用提前定义变量，需要时直接定义。	
3	FROM TO 后的参数是循环开始和结束的值，从 1 开始。单击"编辑"→"仅限选定内容"，输入"1"。搬运几个工件就循环几次，定义的数值型数据为 n，即双击参数后选择"n"，然后单击"确定"按钮，即 FROM 1 TO n。	

操作步骤	操作说明	示意图
4	单击"添加指令"→"ProCall"，选择"rget"例行程序取工件；再调用放工件的程序，用同样的方法添加"ProCall"，选择"rput"例行程序放置工件。	
5	rput 是带参数的例行程序，参数是指放的第几个工件，在 for 循环中的 q 就是定义的取第几个放第几个，因此参数选择"q"。	
6	由于 Smart 组件的特点，在取放之前要将 Smart 启用。单击"添加指令"→"Reset"，参数选择"do_1"。Reset 之后插入"Set do_1"，完成 Smart 组件启动需要的上升延。在每一个工件取完之后，插入"WaitTime"指令，参数输入"0.5"，即等待 0.5 s。至此程序编写完成。	

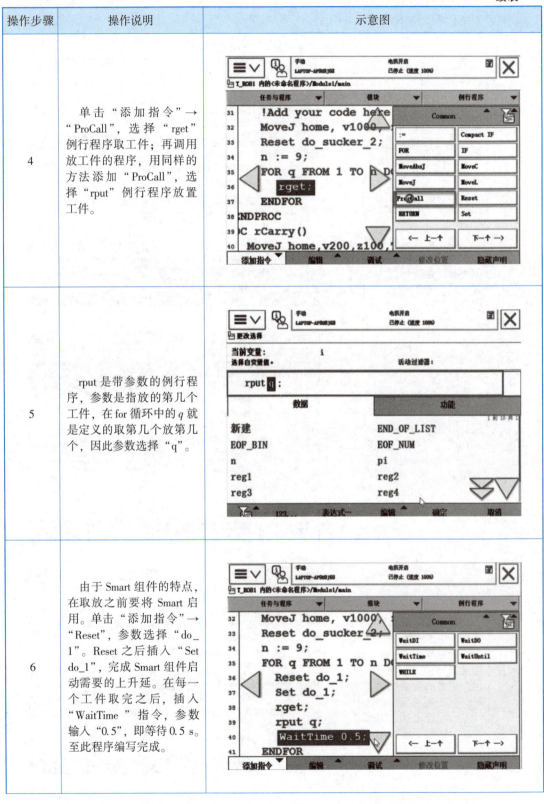

续表

操作步骤	操作说明	示意图
7	单击"仿真"→"播放"，执行任务，搬运 9 个工件后任务完成。	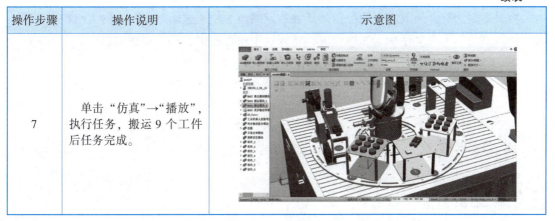

5.2 自定义带参功能函数实现位置计算

知识准备

跟我做：自定义带参
功能函数实现
位置计算

5.2.1 带参功能函数

ABB 中有许多自带的功能函数，如 Offs、Abs 可完成偏移、取绝对值等对应功能，但有些功能需要自行编写程序完成，因此需要进行带参功能函数的编写。如输入工件个数，通过函数计算，直接返回偏移值。ABB 机器人中可通过将"类型"改为"功能"，添加参数进行相应带参功能函数编写，如图 5-4 所示。

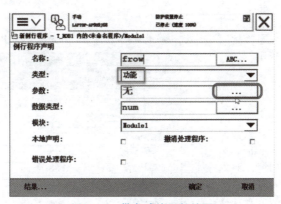

图 5-4 带参功能函数编写

5.2.2 RETURN 语句

RETURN 指令用于完成程序的执行。如果程序是一个函数，则同时返回函数值。

Return value

数据类型为符合函数声明的类型。函数的返回值必须通过函数中存在的 RETURN 指令，指定返回值。如果指令存在于无返回值程序或软中断程序中，则不得指定返回值。

例：FUNC num frow(num i)

　　X: = (i−1) MOD 3 * 55;

　　RETURN X;

　　ENDFUNC

此函数返回值为数值型 *X* 的计算值。

任 务 实 施 向 导

5.2.3　编写带参功能函数

1. 编写 *XY* 方向带参功能函数

编写 *XY* 方向带参功能函数操作步骤如表 5 − 4 所示。

表 5 − 4　编写 *XY* 方向带参功能函数操作步骤

操作步骤	操作说明	示意图
1	单击"程序数据"，在程序数据当中建两个数值型的变量 *X*、*Y*，分别代表工件 *X*、*Y* 方向的偏移量，选中"num"数值，单击"新建"按钮，输入"*X*"后单击"确定"按钮。再建一个"*Y*"变量，然后单击"确定"按钮。	
2	单击"文件"→"新建例行程序"命令，将"类型"改为"功能"，输入"名称"为"frow"，计算 *X* 的偏移，此功能要计算第几个工件的偏移，则需要带参指明，即单击"参数"后的三点按钮，添加参数。	

续表

操作步骤	操作说明	示意图
3	单击"添加"→"添加参数"命令,输入名称"i"表示第 i 个工件,单击"确定"按钮;"数据类型"选为"num","模式"选为"In"类型,连续单击"确定"按钮。	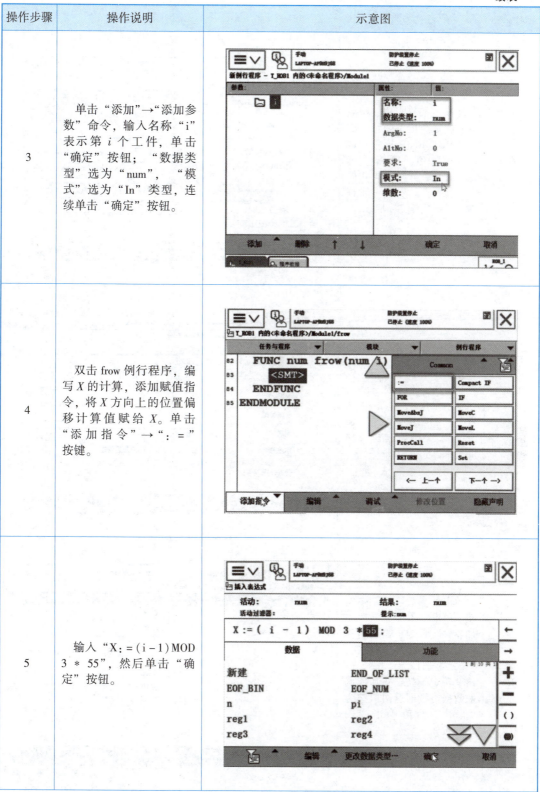
4	双击 frow 例行程序,编写 X 的计算,添加赋值指令,将 X 方向上的位置偏移计算值赋给 X。单击"添加指令"→":="按键。	
5	输入"$X:=(i-1)MOD 3*55$",然后单击"确定"按钮。	

操作步骤	操作说明	示意图
6	计算 X 偏移时功能函数返回的是数值型变量，添加"RETURN"指令，选择"X"值，单击"确定"按钮，并将其语句插入"下方"。X 方向偏移的功能函数建立完成。	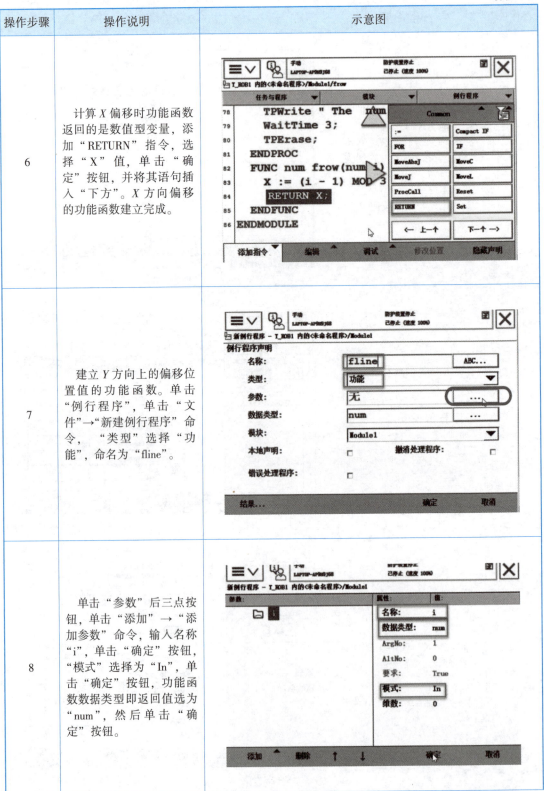
7	建立 Y 方向上的偏移位置值的功能函数。单击"例行程序"，单击"文件"→"新建例行程序"命令，"类型"选择"功能"，命名为"fline"。	
8	单击"参数"后三点按钮，单击"添加"→"添加参数"命令，输入名称"i"，单击"确定"按钮，"模式"选择为"In"，单击"确定"按钮，功能函数数据类型即返回值选为"num"，然后单击"确定"按钮。	

续表

操作步骤	操作说明	示意图
9	编写 Y 方向上的偏移位置，同样用赋值指令将"Y"的值表达出来，其操作与 X 方向相同，输入"Y:=（i－1）DIV *（－55）"。同样，功能函数返回 Y 方向偏移值，单击"RETURN"，选择"Y"，单击"确定"按钮，将其语句插入"下方"。Y 方向偏移位置的数值，通过功能函数编写完成。	

2. 功能函数应用及程序运行

功能函数应用及程序运行操作步骤如表 5-5 所示。

表 5-5 功能函数应用及程序运行操作步骤

操作步骤	操作说明	示意图
1	打开例行程序 rput，"X"位置的表达式较长，可把位置表达式改成功能。	
2	双击"Offs"指令，单击"━"按钮将参数减少一个；单击"功能"，选择 X 方向偏移函数"frow（）"，输入变量"i"，然后单击"确定"按钮。	

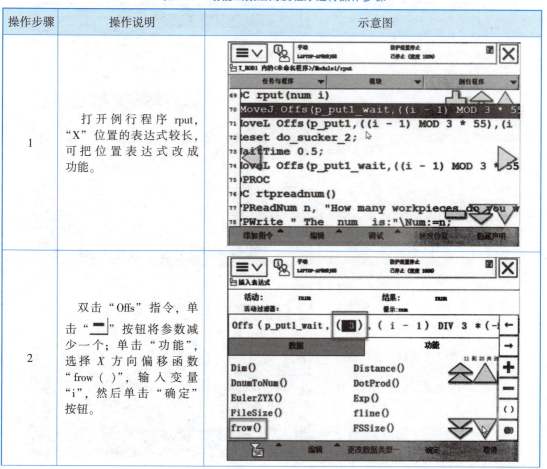

操作步骤	操作说明	示意图
3	对于 Y 方向，单击"功能"，选择函数"fline（）"，同样输入"i"，然后单击"确定"按钮；对于 Z 方向，输入"0"，然后单击"确定"按钮。	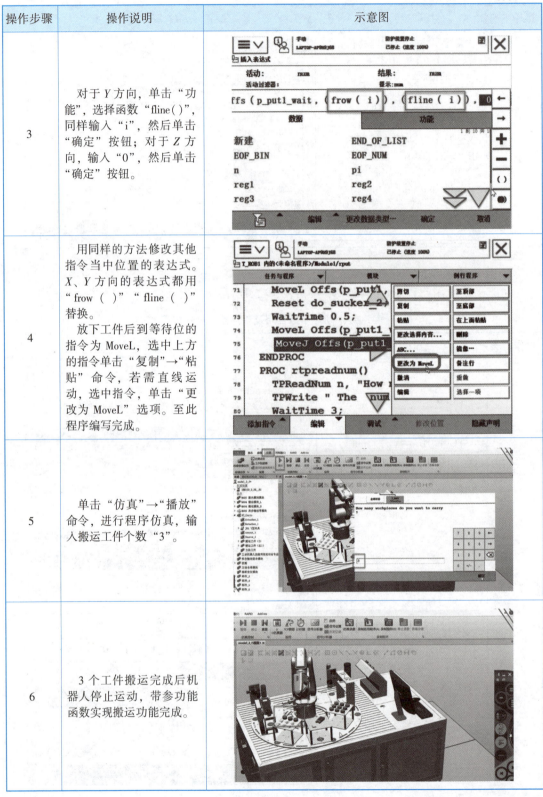
4	用同样的方法修改其他指令当中位置的表达式。X、Y 方向的表达式都用"frow（）""fline（）"替换。 放下工件后到等待位的指令为 MoveL，选中上方的指令单击"复制"→"粘贴"命令，若需直线运动，选中指令，单击"更改为 MoveL"选项。至此程序编写完成。	
5	单击"仿真"→"播放"命令，进行程序仿真，输入搬运工件个数"3"。	
6	3 个工件搬运完成后机器人停止运动，带参功能函数实现搬运功能完成。	

任务拓展

在不具备真实机器人实训设备时，可用离线编程的方式验证程序。在离线编程中为仿真真实环境，需对真实环境中的传感器、抓起、释放工件等动作进行仿真，Smart 组件是在 RobotStudio 仿真中实现动画效果的重要工具。通过 Smart 组件可以对任务中的机械装置、部件等进行控制，完成该机械装置或部件在任务中应该实现的功能，如流水线、吸盘工具等。本次拓展任务是完成搬运工作站所用 Smart 组件的创建，包括线性传感器、抓放工件、物料、逻辑语句等，所需 Smart 组件如图 5 - 5 所示。

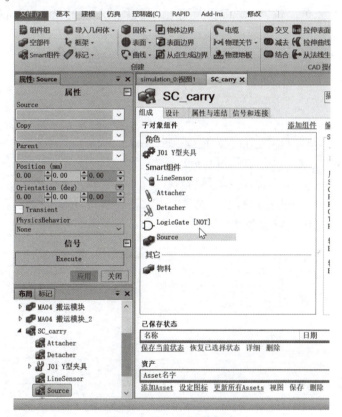

图 5 - 5　Smart 组件创建

知识测试

知识测试参考答案

一、单选题

1. 关于 MOD 函数描述正确的是（　　）。

 A. 求商函数   B. 余数函数

 C. 求和函数   D. 求差函数

2. 关于 DIV 函数描述正确的是（　　）。

 A. 求余函数   B. 求商函数

 C. 求和函数   D. 求积函数

3. 多工件搬运任务中，X 方向偏移位置计算会用到以下哪个功能函数？（　　　）

A. MOD B. DIV C. Abs D. cos

4. 下列描述程序 "MoveL Offs（b10,0,0,80），v100,fine,tool2" 含义正确的是（　　　）

A. 线性运动至 Z 正向偏移 80 mm 于 "b10" 的点位，速度为 100 mm/min，无转弯区数值，工具参数为 tool2

B. 线性运动至 Z 正向偏移 80 mm 于 "b10" 的点位，速度为 100 mm/s，无转弯区数值，工具参数为 tool2

C. 线性运动至 Z 负向偏移 80 mm 于 "b10" 的点位，速度为 100 mm/min，无转弯区数值，工具参数为 tool1

D. 线性运动至 Z 负向偏移 80 mm 于 "b10" 的点位，速度为 100 mm/s，无转弯区数值，工具参数为 tool1

5. 机器人搬运任务的主要环节有工艺分析、运动规划、示教准备、（　　　）和程序调试。

A. 视觉检测 B. 原点标定 C. 示教编程 D. 路径规划

二、判断题

1. Offs 功能是对目标位置执行 X、Y、Z 轴平移。（　　　）

2. GripLoad load0 表示设置负载为 load0。（　　　）

3. ProcCall 指令可以调用带参数的例行程序。（　　　）

4. 使用赋值指令时，其右侧的表达式只能由常量和变量组合所构成。（　　　）

5. RelTool 指令只可进行 Z 轴方向旋转。（　　　）

任务6

示教器人机对话实现

示教器人机
对话实现

职业技能等级证书要求

工业机器人应用编程职业技能等级证书（中级）		
工作领域	工作任务	技能要求
2. 工业机器人系统编程	2.3　工业机器人系统外部设备通信与编程	2.3.5　能够根据工作任务要求，编制工业机器人单元人机界面程序。
	2.4　工业机器人典型系统应用编程	2.4.3　能够根据工艺流程调整要求及程序运行结果，对多工艺流程的工业机器人系统的综合应用程序进行调整和优化。
工业机器人集成应用职业技能等级证书（中级）		
工作领域	工作任务	技能要求
2. 工业机器人系统程序开发	2.2　工业机器人典型任务示教编程	2.2.3　能进行触摸屏画面的仿真运行。
3. 工业机器人系统调试与优化	3.4　工作站调试与优化	3.4.1　能完成工作站的联机调试运行。 3.4.2　能通过离线编程软件仿真优化工业机器人的路径，完成生产节拍的优化。 3.4.3　能调整工业机器人的运动参数，完成生产工艺和节拍的优化。 3.4.4　能调整工业机器人周边设备的参数，完成生产工艺和节拍的优化。

任务引入

搬运码垛是工业机器人的典型应用，当工件数量确定时，可以在程序中

工件个数输入
运行结果

通过给变量赋值的形式将工件搬运的数量固化到程序中，但在有些任务运动过程中某些参数不确定，需要根据现场情况手动输入，如搬运工件个数、码垛层数等，通常情况下如果参数较少，为节约工程成本，可由示教器单独输入。本任务要求能完成工业机器人典型搬运任务中现场给定搬运个数，通过示教器输入，机器人完成示教器输入的指定工件个数搬运。

节拍测算
运行结果

节拍时间是设备有效生产时间与实际生产数量的比值，目前只要涉及流水线的大型甚至小型生产作业控制，都对节拍参数提出了严格的要求。假设某个流水线包含 N 个子工位，其中某一个工位生产所花费的时间最多为 1 min，那么该流水线的最小节拍就是 1 min。节拍是流水线生产作业控制中的重要参数，它直接关系到订单的完成时间估算，是生产作业计划制定的重要依据。对工业机器人来说，影响其节拍的因素很多，如自身各轴速度、加速度、运动距离、点位停止精度等。本任务将测算搬运工件时机器人的节拍，为后续工业机器人的程序优化提供帮助。

📀 任务分解导图

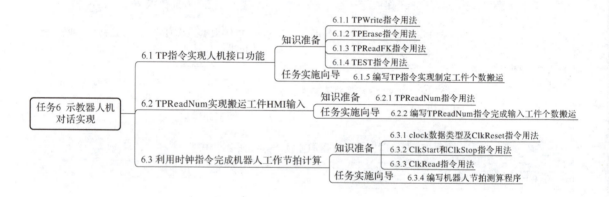

6.1　TP 指令实现人机接口功能

知识准备

视频　跟我学——
人机交互功能
编程指令

6.1.1　TPWrite 指令用法

TPWrite 指令用于在示教器上写入文本并显示。

例1：

```
TPWrite "Hello World";
```

运行程序则会在示教器上写入文本"Hello World"，如图 6-1 所示。

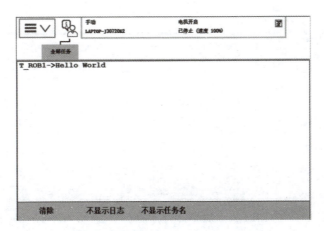

图 6 - 1　TPWrite 指令应用显示结果

若要显示除字符串外的其他数据类型，则要使用可选变元，TPWrite String［\Num］｜［\Bool］｜［\Pos］｜［\Orient］｜［\Dnum］，分别为数值数据、布尔数据、位置数据、方位数据、双字节数据。需要注意的是参数\Num、\Dnum、\Bool、\Pos 和\Orient 互相排斥，因此，不可同时用于同一指令，只能单独使用。

若要显示数字，则需在编辑中选择可选变元，如选择 Num 使用。

例 2：

reg1：=5；

TPWrite "The number reg1 is" \Num：=reg1；

指令执行结果在示教器上显示为"The number reg1 is5"，如图 6 - 2 所示。

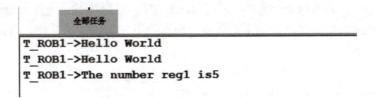

图 6 - 2　Num 变元显示结果

6.1.2　TPErase 指令用法

TPErase 程序执行时彻底清除示教器显示器中的所有文本。下一次写入文本时，其将进入显示器的最高线。

例 3：

TPErase；

TPWrite "Clear"；

指令执行结果在示教器上显示为"Clear"，如图 6 - 3 所示。

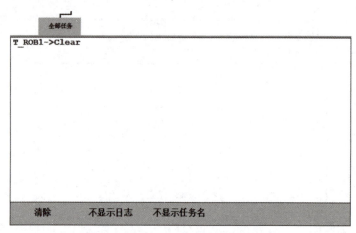

图 6 - 3　TPErase 指令应用显示结果

6.1.3　TPReadFK 指令用法

指令 TPReadFK 的用法，用于对功能键编写文本以及查找按下的是哪个键。指令格式为：TPReadFK < EXP >，""，stEmpty，stEmpty，stEmpty，stEmpty，stEmpty。其中 < EXP > 为变量，双引号内容可在屏幕显示，stEmpty 为选项。

例 4：

```
TPReadFK reg1, "Number", "3","6", "9", "yes", "no";
```

显示如图 6 - 4 所示，上方显示 Number 为输入的字符，下方 5 个功能键位置显示 3、6、9、yes、no，是 stEmpty 选项中输入的数据，当按下 yes 这个功能键，即第 4 个功能键后，显示 reg1 的值为 4，表示按下的是第 4 个功能键。需要特别注意，应用此指令可以查看按下的是哪个功能键，而不是功能键上的数值，根据按下的是哪个功能键，再用 IF 等判断语句进行后续程序编写。

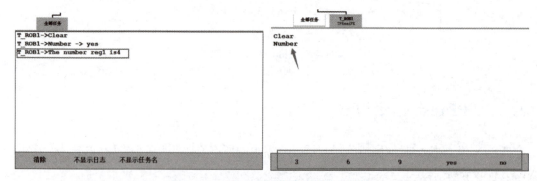

图 6 - 4　TPReadFK 指令应用显示结果

6.1.4　TEST 指令用法

根据表达式或数据的值，当有待执行不同的指令时，使用 TEST…CASE 指令。如果并没有太多的替代选择，则亦可使用 IF⋯ELSE 指令。

例 5：

```
TEST reg1
CASE 1,2,3 :
   routine1;
CASE 4 :
   routine2;
 DEFAULT :
 TPWrite "Illegal choice";
 Stop;
ENDTEST
```

以上例子表示根据 reg1 的值，执行不同的指令。如果该值为 1、2 或 3 时，则执行 routine1。如果该值为 4，则执行 routine2。否则，打印出错误消息，并停止执行。本任务中要求应用 TEST 指令完成键值与工件个数的赋值转换。

任务实施向导

6.1.5　编写 TP 指令实现指定工件个数搬运

视频　跟我做—
TP 指令实现
人机接口功能

1. 编写 rtp 例行程序

编写 rtp 例行程序操作步骤如表 6 – 1 所示。

表 6 – 1　编写 rtp 例行程序操作步骤

操作步骤	操作说明	示意图
1	单击"文件"→"新建例行程序"命令，将"名称"命名为"rtp"，"参数"选择"无"，然后单击"确定"按钮。	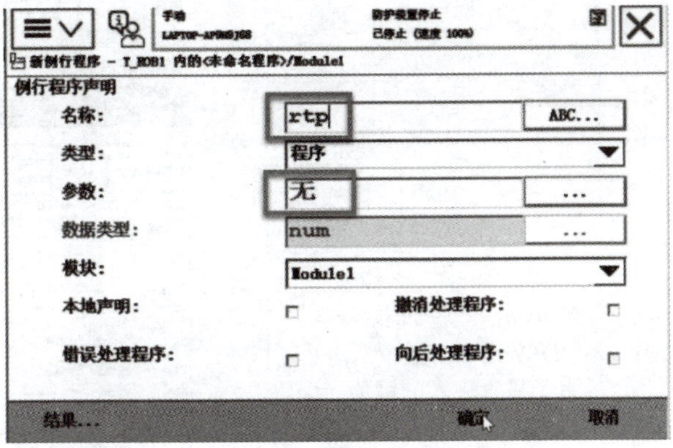

操作步骤	操作说明	示意图
2	进入主程序编写。单击"添加指令"按钮，选择"Communicate"指令模块，单击"TPReadFK"指令，完成 TPReadFK 指令的添加。	
3	第一个参数是此条指令获取值的存储变量，选择系统自带的变量"reg2"；第二个变量为屏上要显示的内容，输入"Please input num"。	
4	stEmpty 为 5 个键值的内容，前 3 个键值输入"3""6""9"，第 4、第 5 个键值不再输入，然后单击"确定"按钮。	
5	单击"添加指令"→"TPWrite"，插入下方，用于显示输入的键值。	

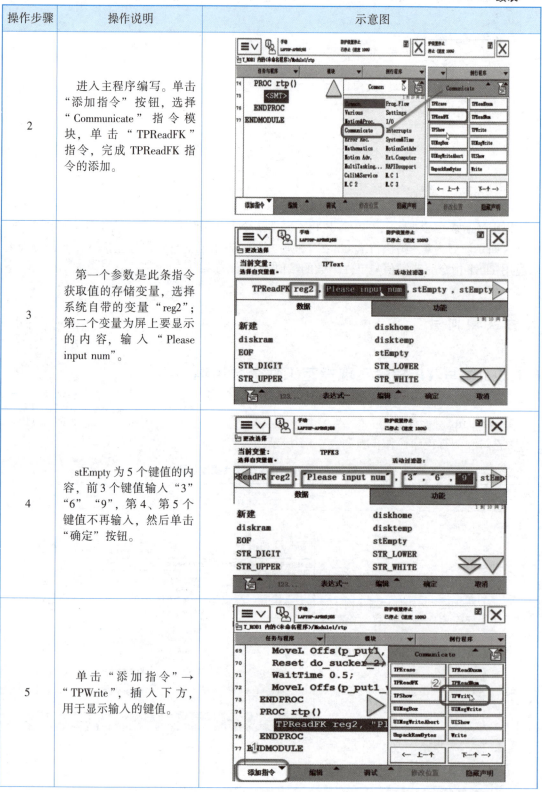

续表

操作步骤	操作说明	示意图
6	单击"编辑"→"可选变元"选项。	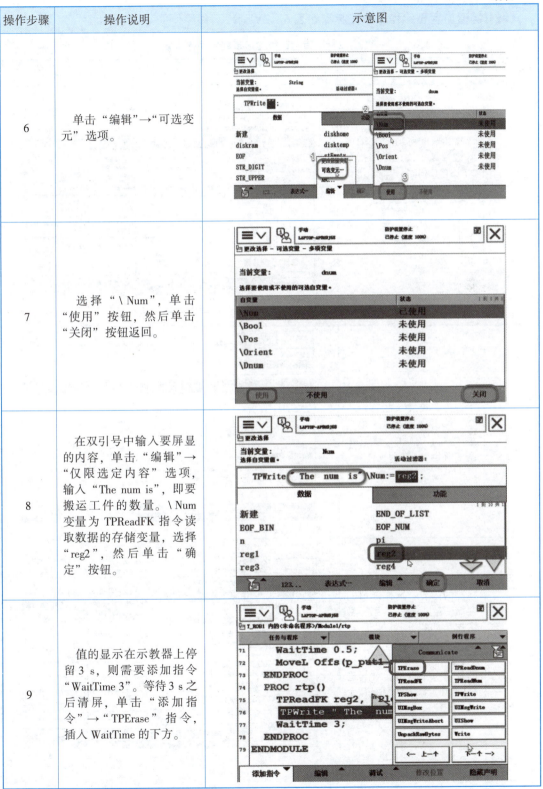
7	选择"\Num",单击"使用"按钮,然后单击"关闭"按钮返回。	
8	在双引号中输入要屏显的内容,单击"编辑"→"仅限选定内容"选项,输入"The num is",即要搬运工件的数量。\Num变量为 TPReadFK 指令读取数据的存储变量,选择"reg2",然后单击"确定"按钮。	
9	值的显示在示教器上停留 3 s,则需要添加指令"WaitTime 3"。等待 3 s 之后清屏,单击"添加指令"→"TPErase"指令,插入 WaitTime 的下方。	

2. 编写键值内容显示程序

编写键值内容显示程序操作步骤如表 6 - 2 所示。

表 6 - 2　编写键值内容显示程序操作步骤

操作步骤	操作说明	示意图
1	将读取的键值 reg2 的内容进行显示，这里用指令"TEST CASE"进行分类显示。单击"添加指令"→"▣"图标，输入"test"，单击"过滤器"按钮，再单击"TEST"指令，插入 TPReadFK 的下方。	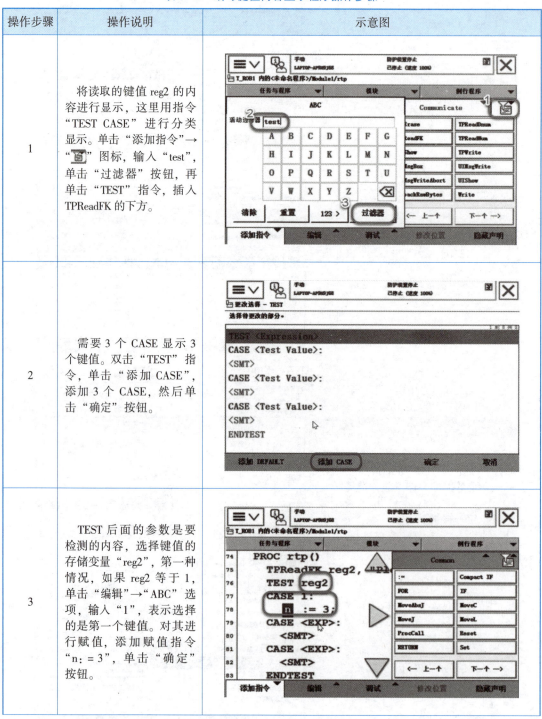
2	需要 3 个 CASE 显示 3 个键值。双击"TEST"指令，单击"添加 CASE"，添加 3 个 CASE，然后单击"确定"按钮。	
3	TEST 后面的参数是要检测的内容，选择键值的存储变量"reg2"，第一种情况，如果 reg2 等于 1，单击"编辑"→"ABC"选项，输入"1"，表示选择的是第一个键值。对其进行赋值，添加赋值指令"n: = 3"，单击"确定"按钮。	

续表

操作步骤	操作说明	示意图
4	用同样的方法完成剩余两个 CASE 指令的编写。第二个键值，赋值"n：=6"，第三个键值，赋值"n：=9"。至此，编写程序完成。	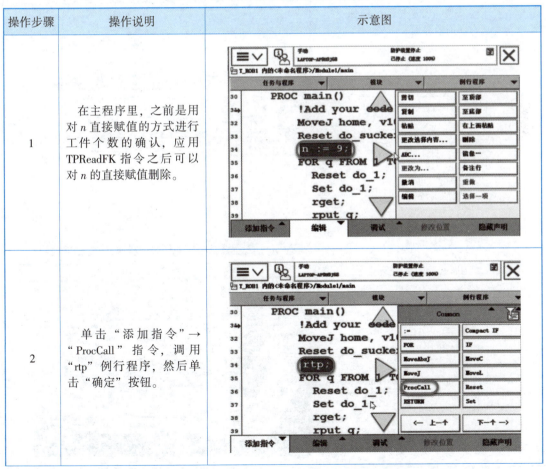

3. 编写 TP 指令应用主程序

编写 TP 指令应用主程序操作步骤如表 6-3 所示。

表 6-3　编写 TP 指令应用主程序操作步骤

操作步骤	操作说明	示意图
1	在主程序里，之前是用对 n 直接赋值的方式进行工件个数的确认，应用 TPReadFK 指令之后可以对 n 的直接赋值删除。	
2	单击"添加指令"→"ProcCall"指令，调用"rtp"例行程序，然后单击"确定"按钮。	

操作步骤	操作说明	示意图
3	要显示的是键值里的内容，将例行程序 rtp 中的"reg2"替换为"n"，然后单击"确定"按钮。	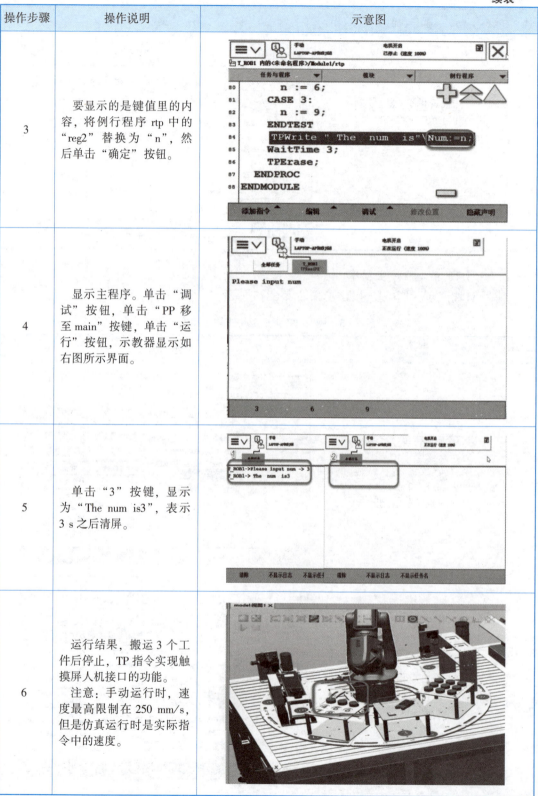
4	显示主程序。单击"调试"按钮，单击"PP 移至 main"按键，单击"运行"按钮，示教器显示如右图所示界面。	
5	单击"3"按键，显示为"The num is3"，表示3 s 之后清屏。	
6	运行结果，搬运 3 个工件后停止，TP 指令实现触摸屏人机接口的功能。 注意：手动运行时，速度最高限制在 250 mm/s，但是仿真运行时是实际指令中的速度。	

6.2　TPReadNum 实现搬运工件 HMI 输入

知识准备

6.2.1　TPReadNum 指令用法

与 TPReadFK 指令读取功能按键数不同，TPReadNum 用于从示教器读取编号，用法更直接简便。

例 6：

```
TPReadNum reg1, "How many units should be produced?"
TPWrite "The number reg1 is" \Num：= reg1;
```

将文本 "How many units should be produced?" 写入示教器显示器，提示要输入的内容为数字。程序执行进入等待，直至从示教器上的键盘输入数字，如输入 5，将数字 5 存储在 reg1 中，然后用 TPWrite 显示 reg1 的值为 5。运行结果如图 6 – 5 所示。

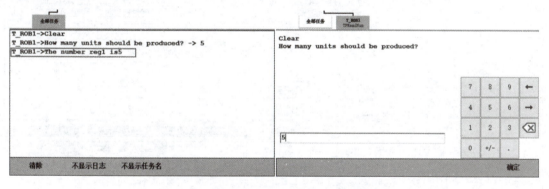

图 6 – 5　TPReadNum 指令应用显示结果

任务实施向导

6.2.2　编写 TPReadNum 指令完成输入工件个数搬运

1. 编写 rtpnum 例行程序

编写 rtpnum 例行程序操作步骤如表 6 – 4 所示。

视频　跟我做—
TPReadNum 实现
搬运工件 HMI 输入

表 6 - 4　编写 **rtpnum** 例行程序操作步骤

操作步骤	操作说明	示意图
1	单击"文件"→"新建例行程序"命令，将"名称"命名为"rtpnum"例行程序，用键盘输入数值，然后单击"确定"按钮。	（示意图）
2	双击新建的"rtpnum"例行程序，单击"添加指令"按钮，在"Communicate"模块中单击"TPReadNum"指令完成添加。	（示意图）
3	第一个参数为读取的数值，即将键盘上输入数值赋予的变量，选择数值型变量"n"。 字符串表达式是指在示教器屏幕上显示的字符串，输入"How many workpieces do you want to carry?"即想搬运的工件数值，然后连续单击"确定"按钮。	（示意图）
4	单击"添加指令"→"TPWrite"指令，插入下方，输入"The num is:"，即搬运的数值，单击"确定"按钮，添加"\Num"可变元。	（示意图）

续表

操作步骤	操作说明	示意图
5	具体参数为输入的工件个数"n"，然后单击"确定"按钮。	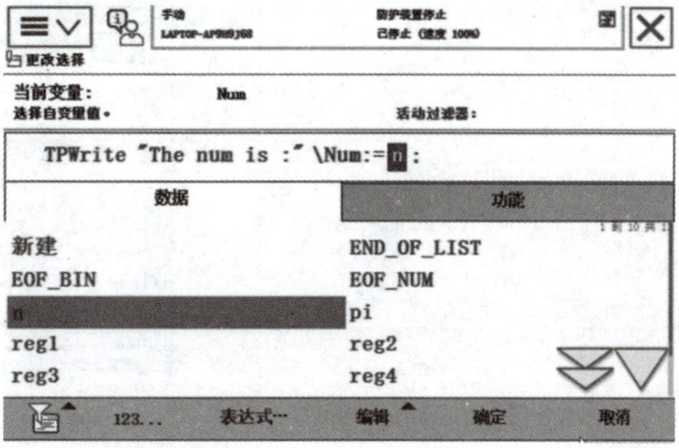
6	添加"WaitTime 2；"语句，单击"确定"按钮。至此，例行程序编写完成。	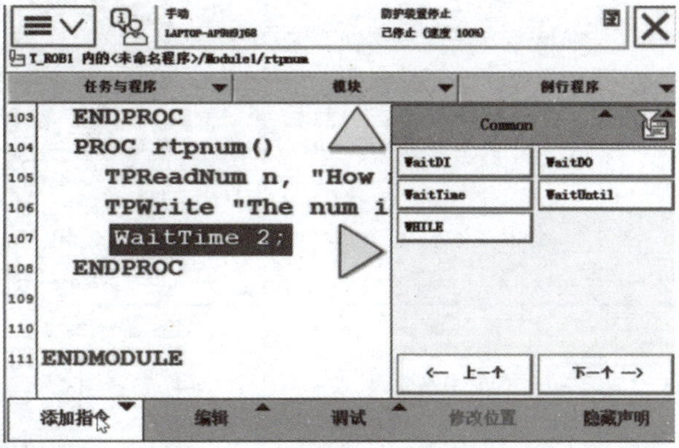

2. 编写工件个数输入主程序

编写工件个数输入主程序操作步骤如表6-5所示。

表6-5　编写工件个数输入主程序操作步骤

操作步骤	操作说明	示意图
1	在主程序中对例行程序进行调用。主程序中初始化完成之后，需读取工件个数才能搬运。	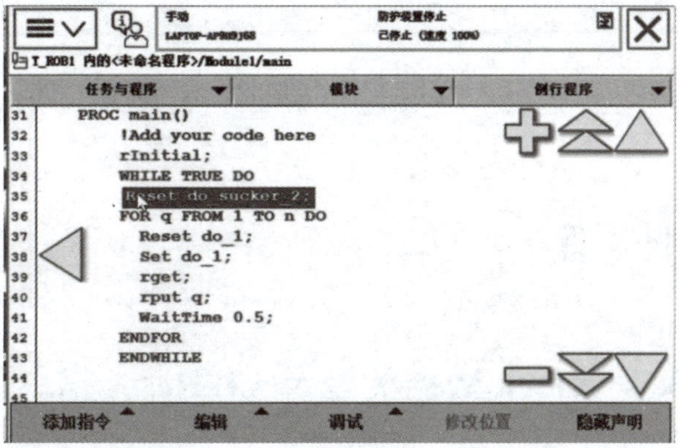

续表

操作步骤	操作说明	示意图
2	单击"添加指令"→"ProcCall"指令，然后选择"rtpnum"例行程序。	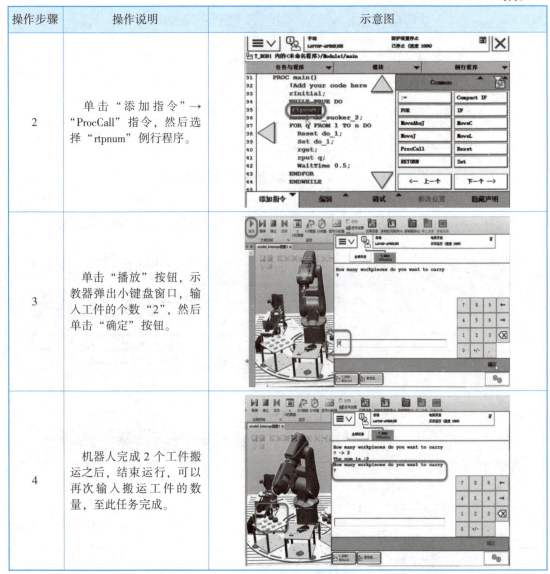
3	单击"播放"按钮，示教器弹出小键盘窗口，输入工件的个数"2"，然后单击"确定"按钮。	
4	机器人完成2个工件搬运之后，结束运行，可以再次输入搬运工件的数量，至此任务完成。	

6.3　利用时钟指令完成机器人工作节拍计算

知 识 准 备

6.3.1　clock 数据类型及 ClkReset 指令用法

ABB 机器人提供 clock 数据类型，用于时间测量，一个功能类似秒表的

视频　跟我学——
时钟指令及
程序结构优化

168

时钟，用于定时。新建时"存储类型"这一选项中为灰色，表示声明时钟时必须为 VAR 变量类型，如图 6 – 6 所示，并且 clock 是非值数据类型，无法用于值的运算。clock 型数据存储时间测量值以秒计，且分辨率为 0.001 s。可存储在时钟变量中的最长时间大约为 49 天 (4 294 967 s)。

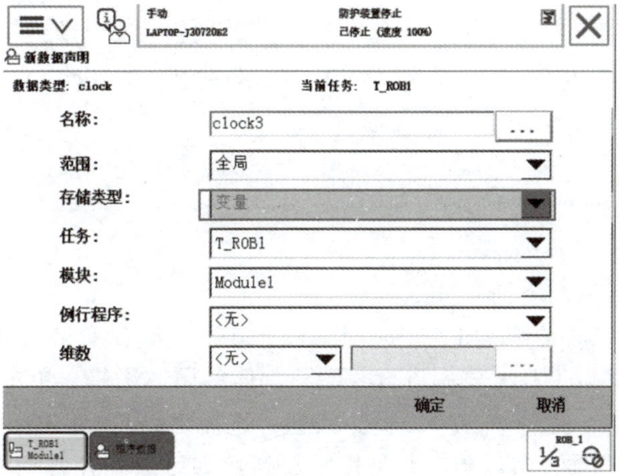

图 6 – 6   clock 数据类型

例 7：

VAR clock myclock; //声明时钟 myclock

ClkReset myclock; //重置时钟 myclock

在使用 ClkReset、ClkStart、ClkStop 和 ClkRead 之前，必须在程序中声明一个数据类型 clock 的变量。ClkReset 指令用于重置作为定时用秒表的时钟。使用时钟之前，使用此指令，以确保时钟为 0。添加指令时在"System&Time"模块中查找，如果重置的时钟正在运行中，则将使其停止，然后进行重置。

6.3.2　ClkStart 和 ClkStop 指令用法

ClkStart 用于启动作为定时用秒表的时钟。启动时钟时，其将运行并持续读秒，直至停止。如果时钟正在运行中，可以进行读数、停止或重置。

ClkStop 用于停止作为定时用秒表的时钟。当时钟停止时，其将停止运行。如果时钟停止，可以进行读数、重启或重置。

例 8：

VAR clock clock2；　//定义时钟变量 clock2

VAR num time；　　 //定义数值型变量 time

ClkReset clock2；　//重置 clock2

ClkStart clock2；　//启动 clock2,开始计时

WaitUntil di1 = 1; //等待 di1 信号为 1

ClkStop clock2；　　//停止 clock2,计时停止

```
time:=ClkRead(clock2);
```
这段指令的意思就是用 clock2 来记录等待 di1 变为 1 的时间。

6.3.3 ClkRead 指令用法

ClkRead 用于读取作为定时用秒表的时钟。其返回值为数据类型 num，将时间（以秒计）存储在时钟中。分辨率通常为 0.001 s。如果使用 HighRes 开关，则可能获得 0.000 001 s 的分辨率。

例9：

```
reg1:=ClkRead(clock1);
```

例10：

```
reg1:=ClkRead(clock1 \HighRes);
```

两个例子都是读取时钟 clock1，将时间（以 s 计）存储在变量 reg1 中，不同的是例10 使用了 HighRes，其将以更高分辨率进行存储。具体使用方法是，单击"添加指令"按钮，选择"ClkRead"指令，之后单击"编辑"按钮，选择"Optional Argument"可选参数，会看到 HighRes 的使用选项，然后单击"使用"按钮后即可以高分辨率进行存储，如图 6 - 7 所示。

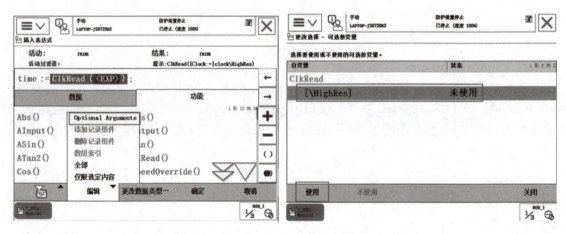

图 6 - 7 ClkRead 指令高分辨率设置

任 务 实 施 向 导

6.3.4 编写机器人节拍测算程序

1. 建立 clock 程序数据

建立 clock 程序数据操作步骤如表 6 - 6 所示。

视频 跟我做—
利用计时指令完成
机器人工作节拍

表 6 - 6　建立 clock 程序数据操作步骤

操作步骤	操作说明	示意图
1	单击"主菜单"图标→"程序数据",选择"clock"选项,单击"显示数据"按钮。	
2	默认自带 clock1,可以新建其他的 clock 数据,即单击"新建"按钮,并将其命名为"clock2",然后单击"确定"按钮。	
3	再建一个时间的显示数据,单击"视图"→"全部数据类型",选择"num",然后单击"显示数据"按钮。	
4	单击"新建"按钮,将 num 数据机器人节拍"名称"改为"circletime","存储类型"选择"变量",然后单击"确定"按钮。	

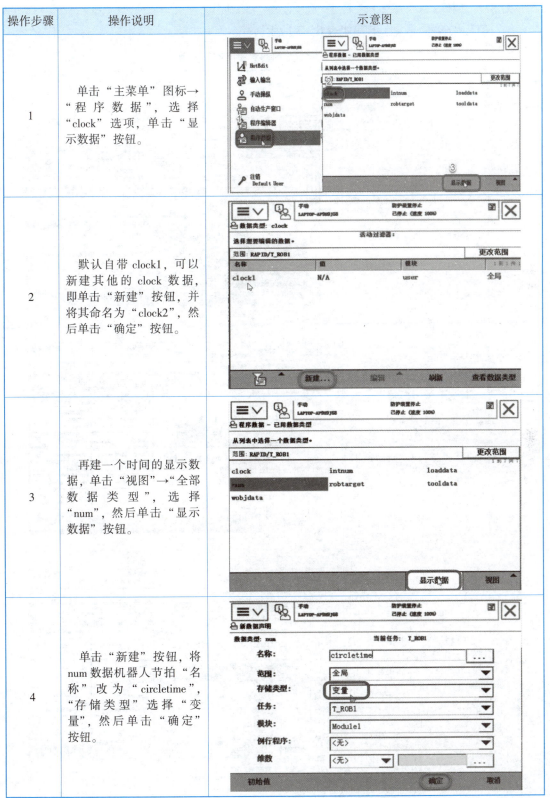

171

2. 编写节拍测算程序

编写节拍测算程序操作步骤如表6-7所示。

表6-7　编写节拍测算程序操作步骤

操作步骤	操作说明	示意图
1	打开主程序，在开始搬运之前，启动定时器。单击"添加指令"→"System&Time"模块。	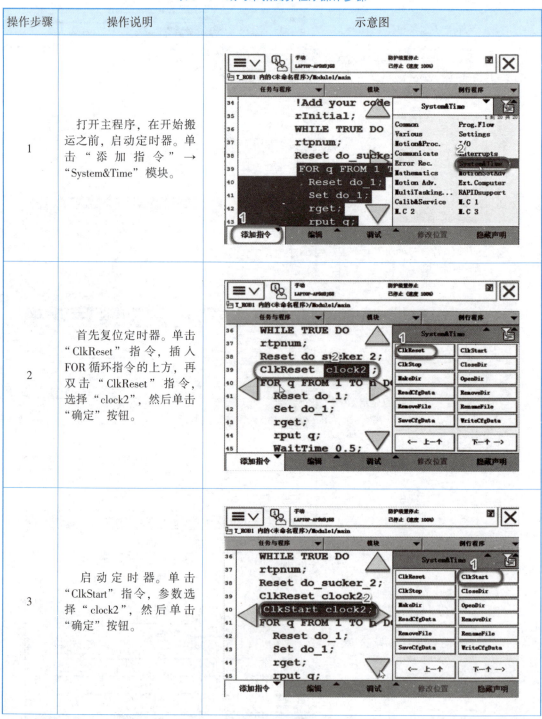
2	首先复位定时器。单击"ClkReset"指令，插入FOR循环指令的上方，再双击"ClkReset"指令，选择"clock2"，然后单击"确定"按钮。	
3	启动定时器。单击"ClkStart"指令，参数选择"clock2"，然后单击"确定"按钮。	

续表

操作步骤	操作说明	示意图
4	在 FOR 循环的下方停止计时器。单击 "ClkStop" 指令，参数选择 "clock2"。	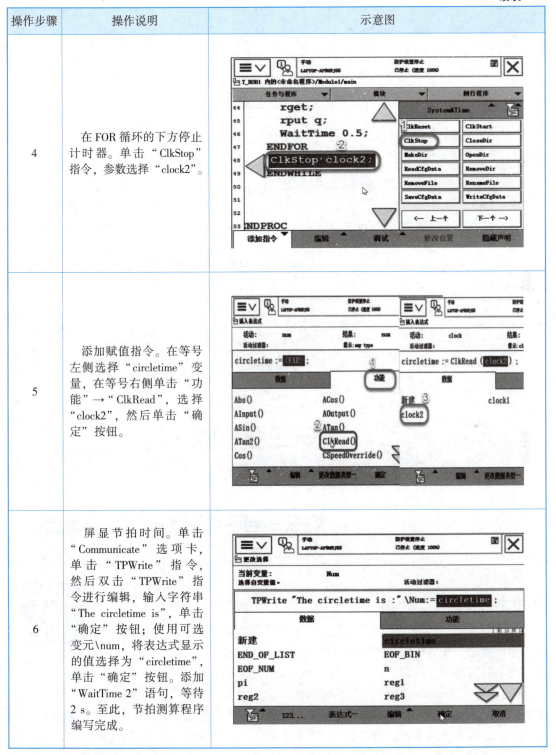
5	添加赋值指令。在等号左侧选择 "circletime" 变量，在等号右侧单击 "功能"→"ClkRead"，选择 "clock2"，然后单击 "确定" 按钮。	
6	屏显节拍时间。单击 "Communicate" 选项卡，单击 "TPWrite" 指令，然后双击 "TPWrite" 指令进行编辑，输入字符串 "The circletime is"，单击 "确定" 按钮；使用可选变元\num，将表达式显示的值选择为 "circletime"，单击 "确定" 按钮。添加 "WaitTime 2" 语句，等待 2 s。至此，节拍测算程序编写完成。	

3. 程序调试运行

程序调试运行操作步骤如表6－8所示。

表6-8 程序调试运行操作步骤

操作步骤	操作说明	示意图
1	单击"播放"按钮，在键盘输入搬运工件个数，单击"1"确定，测算完成一个工件搬运所需时间。	 How many workpieces do you want to carry ? -> 2 The num is :2 How many workpieces do you want to carry ?
2	搬运完成之后，显示"The circletime is :6.1"，单位为秒。本任务用时钟指令和屏写指令，完成搬运一个工件所用时间的计算与显示。	 T_ROB1->How many workpieces do you want to carry ? -> 2 T_ROB1->The num is :2 T_ROB1->How many workpieces do you want to carry ? -> 1 T_ROB1->The num is :1 T_ROB1->The circletime is :6.1

任务拓展

在不具备真实机器人实训设备时，可用离线编程的方式验证程序。在离线编程中为仿真真实环境，需对真实环境中的传感器、抓起、释放工件等动作进行仿真，Smart组件是在RobotStudio仿真中实现动画效果的重要

跟我做：SOUCE组态及ATTACHER等信号连接

跟我做：线性传感器的创建

工具。通过Smart组件可以对任务中的机械装置、部件等进行控制，完成该机械装置或部件在任务中应该实现的功能，如流水线、吸盘工具等。本次拓展任务完成Smart组件线性传感器的建立，Smart组件信号与线性传感器、复制工件、Attacher、Detacher的连接，完成连接如图6-8所示。

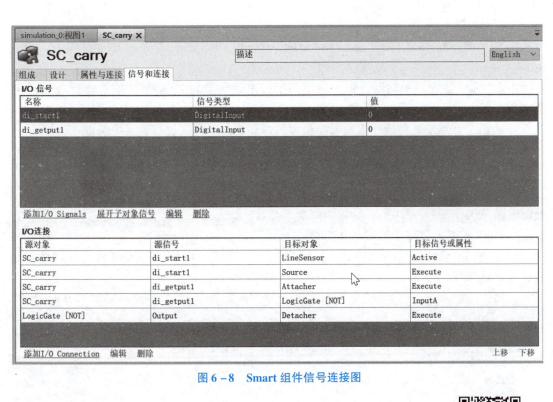

图6-8　Smart 组件信号连接图

知 识 测 试

一、单选题

1. 程序"TPReadFK reg1，" More?"，stEmpty，stEmpty，stEmpty，"Yes"，"No";"，如果选择"Yes"，则 reg1 的值为（　　）。

A. 1　　　　　　B. 2　　　　　　C. 3　　　　　　D. 4

2. 1 条 TPReadFK 指令最多可以组态多少个功能键?（　　）。

A. 2　　　　　　B. 3　　　　　　C. 4　　　　　　D. 5

3. 程序"TPReadFK reg2,"Please input num","3","6","9"，stEmpty，stEmpty;"，如果选择"6"，则 reg2 的值为（　　）。

A. 6　　　　　　B. 2　　　　　　C. 3　　　　　　D. 4

4. 使用人机交互指令（　　），可在示教器屏幕上显示指定内容。

A. TPReadFK　　　　　　　　　　B. ErrWrite

C. TPWrite　　　　　　　　　　　D. TPErase

5. 将机器人示教器屏幕上所有显示清除的指令是（　　）。

A. TPReadFK　　　　　　　　　　B. ErrWrite

C. TPWrite　　　　　　　　　　　D. TPErase

6. ABB 机器人时钟变量中存储的最长时间大约为（　　）。

A. 20 天　　　　　B. 49 天　　　　　C. 60 天　　　　　D. 365 天

7. ABB 机器人的时钟最高分辨率为（　　）。

A. 1 s　　　　　　B. 0.001 s　　　　　C. 0.000 001 s　　　　　D. 10 s

二、判断题

1. 如果例行程序为 "TPWrite " Execution started" ; TPErase ;"，则示教器上显示 "Execution started"。 （   ）

2. TPWrite 指令在示教器屏幕上显示的字符串最长为 80 个字节，屏幕每行可显示 40 个字节。 （   ）

3. 人机交互系统是使操作人员参与机器人控制并与机器人进行联系的装置。 （   ）

4. 交互系统是实现机器人与外部环境中的设备相互联系和协调的系统。 （   ）

5. TPReadNum 指令可直接读取输入值。 （   ）

6. ClkReset 用于重置作为定时用秒表的时钟，在使用时钟之前，必须使用此指令，以确保设置为 0。 （   ）

7. clock 时钟的分辨率一定是 0.001 s。 （   ）

8. "reg1 : = ClkRead(clock1) ;" 该语句用于读取时钟 clock1，并将时间（以秒计）存储在变量 reg1 中。 （   ）

任务 7

异常工况处理任务实现

异常工况处理
任务实现

职业技能等级证书要求

工业机器人应用编程职业技能等级证书（中级）		
工作领域	工作任务	技能要求
2. 工业机器人系统编程	2.2 工业机器人高级编程	2.2.2 能够根据工作任务要求进行中断、触发程序的编制。
工业机器人集成应用职业技能等级证书（中级）		
工作领域	工作任务	技能要求
2. 工业机器人系统程序开发	2.2 工业机器人典型工作任务示教编程	2.2.1 能熟练地调用工业机器人中断程序。 2.2.2 能正确使用动作触发指令。

任务引入

　　在实际工程应用中，生产现场往往存在一些可以预知的需要紧急处理的情况，或者一些可以预知的安全隐患，机器人必须做好这些预案。而一旦这些预知的情况突然出现，机器人就可以按预案执行，排除安全隐患。如在机器人工作期间，其工作区域是严禁人员进出的，所以用安全栅将工作区域隔离，而一旦有人打开安全栅的门，机器人必须停下来，确保人员不受伤害。这种情况就需要进行中断触发程序的编写以及中断处理程序的编写。

任务分解导图

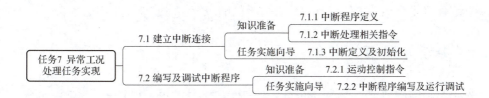

7.1 建立中断连接

知 识 准 备

视频 跟我学——中断 TRAP 相关编程指令

7.1.1 中断程序定义

中断是指计算机处理程序运行中出现的突发事件的整个过程。其工作示意图如图 7 – 1 所示。

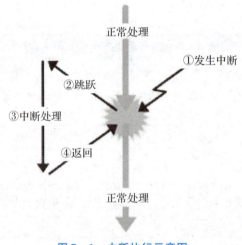

图 7 – 1 中断执行示意图

在工业机器人 RAPID 程序的执行过程中，如果发生需要紧急处理的情况，即中断触发信号出现，需要机器人中断当前程序的执行时，程序指针 PP 马上跳转到专门的中断处理程序中对紧急的情况进行相应的处理，结束了以后程序指针 PP 返回到原来被中断的地方，继续往下执行程序。这个专门用来处理紧急情况的程序，就是中断程序（TRAP）。而触发中断的信号为中断触发信号。中断程序与普通程序声明的方式是相同的，在"程序类型"选择"中断"即可。

中断的使用分为两个部分：一是中断处理程序的声明，即中断所执行的动作；二是中断的定义，即在运行程序中将中断触发条件关联到中断程序并启用。当中断条件为真时，启用相应的中断程序。

中断程序经常会用于出错处理、外部信号的响应等实时响应要求高的场合。

7.1.2 中断处理相关指令

中断信号所需的数据类型为 intnum，即中断识别号，用于识别一次中断。intnum 型变量同软中断程序相连时，会给出识别中断的特定值，随后，在处理中断的过程中使用该变量。注意在声明该变量时，必须始终在模块中声明 intnum 型变量为全局变量。可将多个中断识别号与相同的软中断程序相连。

系统支持的中断指令很多，即可以使用多种方式触发和管理中断。中断指令及其功能如表 7-1 所示。

表 7-1 中断相关指令及功能

序号	指令名称	功能类型	指令功能
1	CONNECT	连接中断	连接变量（中断识别号）与软中断程序
2	ISignalDI	触发中断	数字输入信号触发中断
3	ISignalDO		数字输出信号触发中断
4	ISignalGI		组输入信号触发中断
5	ISignalGO		组输出信号触发中断
6	ISignalAI		模拟输入信号触发中断
7	ISignalAO		模拟输出信号触发中断
8	ITimer		定时中断
9	TriggInt		固定位置触发中断
10	IPers		变更永久数据对象时触发中断
11	IError		出现错误时下达中断指令并启用中断
12	IRMQMessage		RMQ 收到指定数据类型时触发中断
13	IDelete	中断管理	取消（删除）中断
14	ISleep		使个别中断失效
15	IWatch		使个别中断生效
16	IDisable		禁用所有中断
17	IEnable		启用所有中断
18	GetTrapData	中断状态	用于软中断程序，获取被执行中断所有信息
19	ReadErrData		用于软中断程序，以获取导致软中断程序被执行的错误、状态变化或警告的数值信息

1. IDelete 取消中断指令

IDelete 用于取消中断预定。如果中断仅临时禁用，则应当使用指令 ISleep 或 IDisable。

例 1：

IDelete intno1；//intno1 为 intnum 类型的中断识别号

2. CONNECT 中断连接指令

CONNECT 用于发现中断识别号，并将其与软中断程序相连。

例 2：

```
VAR intnum intno1;   //首先新建 intnum 型的中断识别号
PROC rInitial()
    MoveJ home, v1000, z50, TCPAir \WObj:=wobj0;
    IDelete intno1;   //取消 intno1 的中断连接
    CONNECT intno1 WITH tMonitorDI2;
    //将中断识别号 intno1 与中断程序 tMonitorDI2 建立连接
    ISignalDI di_2, 0, intno1;//di_2 信号变为 0 时触发 intno1 连接的中断
ENDPROC
```

3. ISignalDI 数字输入信号触发中断

中断的下达指令，即中断的触发信号。ISignalDI 用于启用数字输入信号触发的中断指令。

例 3：

```
ISignalDI di1,1,intno1;
```

例 4：

```
ISignalDI \Single, di1,1, intno1;
```

例 4 中的指令与例 3 唯一不同的是增加了 \Single 这个可选变元，\Single 参数的意义是只捕捉第一次信号改变，即仅第一次信号发生变化时触发中断，例 3 中如果不加可变元 \Single，则表示每次 di1 由 0 变为 1 时都会触发中断，在实际应用中需要根据具体任务要求合理设置此可变元参数。

任务实施向导

中断指令应用 1

7.1.3　中断定义及初始化

中断程序的定义及初始化具体操作步骤如表 7-2 所示。

表 7-2　中断程序的定义及初始化具体操作步骤

操作步骤	操作说明	示意图
1	如果在机器人实训室，可按操作步骤直接操作。如果不具备真机实训条件，可解压提供的工作站 7-1interrupt_model，之后按操作步骤操作。首先在示教器中单击"程序数据"，打开其界面。	

续表

操作步骤	操作说明	示意图
2	单击"程序数据"窗口右下角"视图"按钮，选择"全部数据类型"选项，打开"全部数据类型"窗口。	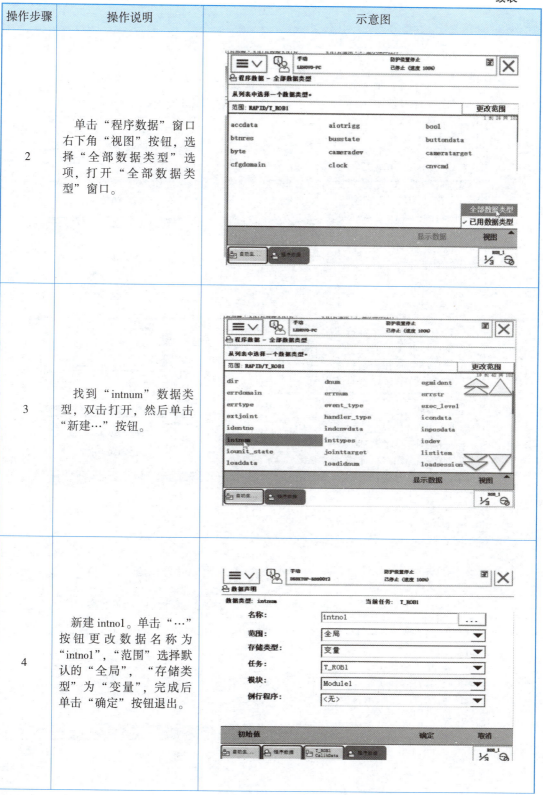
3	找到"intnum"数据类型，双击打开，然后单击"新建…"按钮。	
4	新建 intno1。单击"…"按钮更改数据名称为"intno1"，"范围"选择默认的"全局"，"存储类型"为"变量"，完成后单击"确定"按钮退出。	

操作步骤	操作说明	示意图
5	创建初始化例行程序。在主菜单中，单击"程序编辑器"打开程序编辑窗口。单击右上角的"例行程序"，打开例行程序窗口。单击左下角的"文件"按钮，选择"新建例行程序"命令打开新建例行程序窗口，如右图所示。单击"ABC…"按钮将例行程序名称更改为"rInitial"，然后单击"确定"按钮完成初始化例行程序的创建。	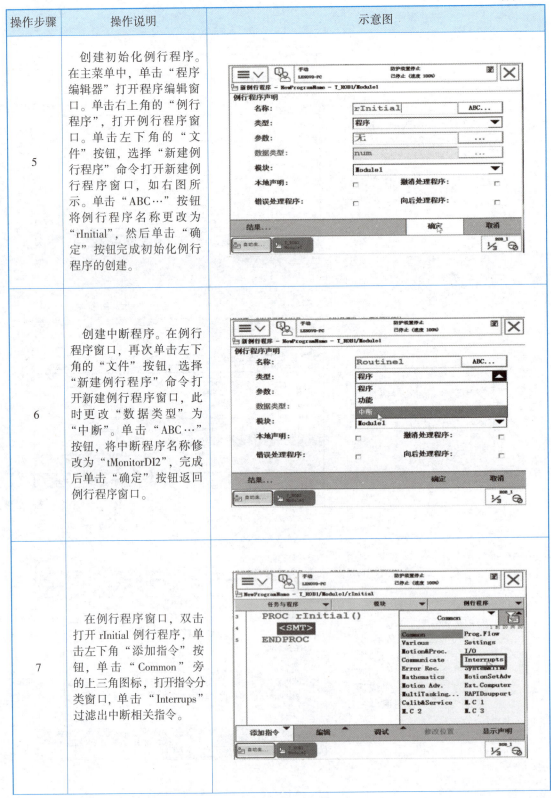
6	创建中断程序。在例行程序窗口，再次单击左下角的"文件"按钮，选择"新建例行程序"命令打开新建例行程序窗口，此时更改"数据类型"为"中断"。单击"ABC…"按钮，将中断程序名称修改为"tMonitorDI2"，完成后单击"确定"按钮返回例行程序窗口。	
7	在例行程序窗口，双击打开 rInitial 例行程序，单击左下角"添加指令"按钮，单击"Common"旁的上三角图标，打开指令分类窗口，单击"Interrups"过滤出中断相关指令。	

续表

操作步骤	操作说明	示意图
8	单击"IDelete"，取消中断标识符 intno1 的所有连接。完成后单击"确定"按钮。	
9	添加 CONNECT 指令。通过 CONNECT 指令将中断事件标识符 intno1 与 tMonitorDI2 中断程序进行连接。	
10	添加中断触发方式 ISignalDI，当 di_2 由 1 变为 0 时触发中断。默认添加了可选变元 \Single。即此中断仅响应一次 di_2 信号由 1 变为 0 的变化。如果需要每次变化都触发中断，则需去掉 \Single 可选变元参数。	

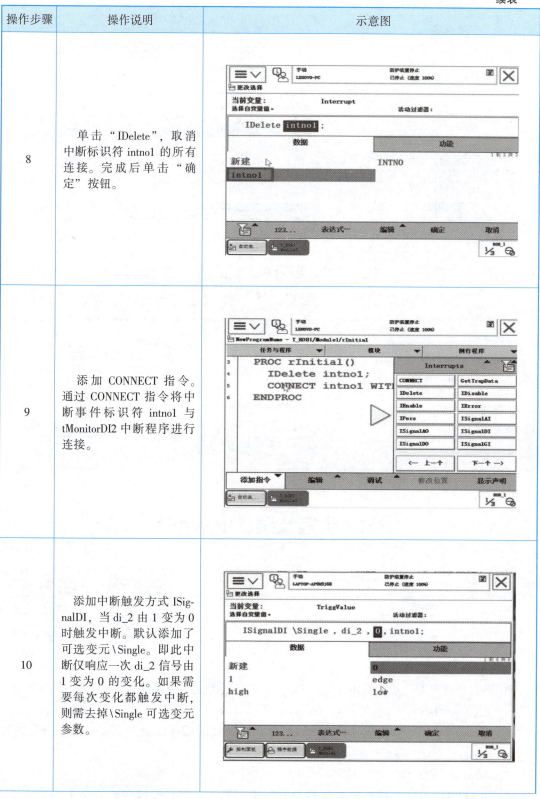

续表

操作步骤	操作说明	示意图
11	去掉 \Single 可选变元：鼠标单击程序编辑器中的 ISignalDI，打开"更改选择"窗口，单击右下角位置的"可选变量"，出现右图所示窗口，选择"\Single"，单击"不使用"按键，然后单击"关闭"按钮，返回程序编辑窗口。可以看到已删除可选变元\Single。	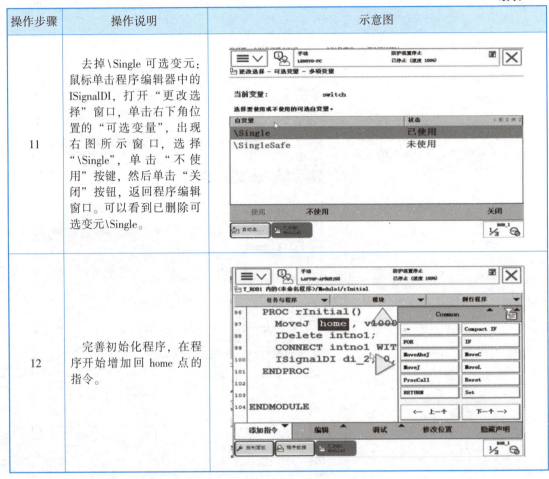
12	完善初始化程序，在程序开始增加回 home 点的指令。	

7.2　编写及调试中断程序

知识准备

7.2.1　运动控制指令

中断指令应用2　　视频　安全信号监控实现

ABB 工业机器人运动控制指令包括 StopMove、StorePath、RestoPath、StartMove 等指令。

1. StopMove 指令

StopMove 指令用于停止机械臂和外轴的移动以及暂时随附的过程。StopMove 指令格式如下：

StopMove [\Quick] [\AllMotionTasks]

可选参数\Quick 表示尽快停止本路径上的机械臂。在没有可选参数\Quick 的情况下，机械臂将在路径上停止，但是制动距离更长（与普通程序停止相同）。

可选参数\AllMotionTasks 用于停止系统中所有机械单元的移动。

2. StartMove 指令

在停止移动之后，StartMove 指令用于恢复工业机器人及外部轴的运动。

示例：

```
StopMove;
WaitDI di1 ,1;
StartMove;
```

上面语句表示当 di1 为 1 时，机械臂再次开始移动。

3. StorePath 指令

StorePath 指令用于存储执行中的移动路径，以供随后使用。例如，当出现错误或中断时，错误处理器或软中断程序可开始新的临时移动，最后再重启先前保存的原始移动。

4. RestoPath 指令

RestoPath 指令用于恢复在使用指令 StorePath 的前一阶段所存储的路径。本指令仅可用于主任务 T_ROB1，或者如果在 MultiMove 系统中，则可用于运动任务中。

5. CRobT 函数

CRobT 函数用于读取机械臂和外轴的当前位置。该函数返回 robtarget 值以及位置（x、y、z）、方位（q1，…，q4）、机械臂轴配置和外轴位置。如果仅读取机械臂 TCP（pos）的 x、y 和 z 值，则使用函数 CPos。

示例：

```
TRAP machine_ready
VAR robtarget p1;
StorePath;  //发生中断时存储机器人运动的当前路径
p1:= CRobT();  //存储机器人当前位置数据
MoveL p100,v100,fine,tool1;  //机器人执行其他指令
    …
MoveL p1,v100,fine,tool1;  //机器人回到触发中断时的位置点
RestoPath;  //恢复之前所存储的路径
StartMove;  //沿之前路径继续移动
ENDTRAP
```

任 务 实 施 向 导

7.2.2　中断程序编写及运行调试

在机器人工作期间，其工作区域是严禁人员进出的，所以用安全栅将工作区域隔离，一旦有人打开安全栅的门，机器人必须停下来，确保人员不受伤害。安全栅门关闭后，机器人继续运行。安全栅门的安全锁触发中断，该中断程序的编写及调试操作步骤如表 7 – 3 所示。

表7-3 安全锁触发中断程序的编写及调试操作步骤

操作步骤	操作说明	示意图
1	打开任务7.1.3新建的中断例行程序tMonitorDI2，单击左下角的"添加指令"按钮，选择"Motion Adv."指令分类，通过"下一个"或"上一个"按键翻页找到"StopMove"，单击添加该指令，或者通过指令过滤器直接搜索StopMove添加。	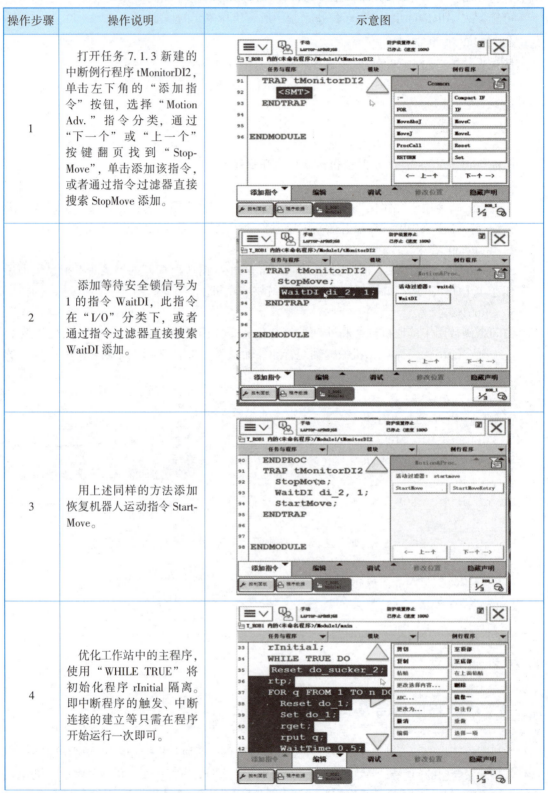
2	添加等待安全锁信号为1的指令WaitDI，此指令在"I/O"分类下，或者通过指令过滤器直接搜索WaitDI添加。	
3	用上述同样的方法添加恢复机器人运动指令StartMove。	
4	优化工作站中的主程序，使用"WHILE TRUE"将初始化程序rInitial隔离。即中断程序的触发、中断连接的建立等只需在程序开始运行一次即可。	

续表

操作步骤	操作说明	示意图
5	程序调试。单击示教器主菜单，选择"输入输出"选项，在"视图"中即可看到系统组态的数字量输入信号。	
6	选中要仿真的"di_2"信号，则示教器下方会出现"0""1"以及"消除仿真"按键，即可进行程序的仿真与调试。在真实工作站中，则可通过改变该传感器检测的实际信号进行调试。	

通过以上操作即可完成对安全门信号的监控等异常工况任务的处理。

跟我做：激光切割轨迹中断任务实现过程

任务拓展

机器人在运行某段轨迹的过程中，如果遇到紧急信号，需要保存原来的运动路径，而去紧急处理另一段轨迹。当紧急处理的轨迹运行完成后，则机器人回到原路径断点处继续执行。工作站示意图如图7-2所示。

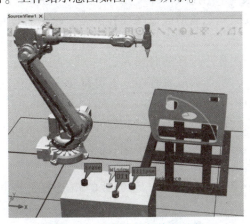

图7-2 路径中断与恢复任务

此任务的实施过程可参照"激光切割轨迹中断任务实现过程"视频，在提供的工作站 7 – 2 Lazercutting_model 中完成。

知 识 测 试

一、单选题

1. 关于"ISignalDI \Single，di_ 2，0，intno1；"描述正确的是（   ）。

A. 当 di_2 由 0 变为 1 时触发中断 intno1

B. 当 di_2 由 1 变为 0 时触发中断 intno1

C. 当 di_2 第一次由 0 变为 1 时触发中断 intno1

D. 当 di_2 第一次由 1 变为 0 时触发中断 intno1

2. 关于 StartMove 指令描述正确的是（   ）。

A. 用于启动机械臂和外轴的移动　　　　　B. 用于机器人程序的运行

C. 用于机器人的紧急启动　　　　　　　　D. 与 Start 指令作用相同

3. RAPID 编程中，取消（删除）中断指令是（   ）。

A. IDisable　　　　　　B. IDelete　　　　　　C. IError　　　　　　D. IPers

4. 关于 StopMove 指令描述正确的是（   ）。

A. 用于停止机械臂和外轴的运动

B. 其可选变元\Quick 用于快速停止机械臂的运动

C. 不与 StartMove 成对使用

D. 用于停止程序的运行

5. 关于中断程序 TRAP，以下说法不正确的是（   ）。

A. 中断程序执行时，原程序处于等待状态

B. 中断程序可以嵌套

C. 可以使用中断失效指令来限制中断程序的执行

D. 运动类指令能出现在中断程序中

二、判断题

1. StorePath 用于保存机器人的机械臂及外轴的当前移动路径。　　　　　　（   ）

2. RestoPath 用于恢复在使用指令 StorePath 的前一阶段所存储的路径。　　（   ）

3. 为了避免系统等候时间过长造成设备操作异常，中断程序应该尽量短小，从而减少中断程序的执行时间。　　　　　　　　　　　　　　　　　　　　　　　　　（   ）

4. 中断时需要在每一次程序循环的时候开启一次，否则运行过一次就失效了。（   ）

5. 中断程序中只可包含机器人运算程序，不可包含机器人运动程序。　　　　（   ）

6. "WHILE TRUE DO"语句会让机器人程序陷入死循环，不建议使用。　　　（   ）

7. 机器人程序中只能设定一个中断程序，作为最高优先级程序。　　　　　　（   ）

8. 可以使用中断失效指令来限制中断程序的执行。　　　　　　　　　　　　（   ）

9. 运动类指令可以出现在中断程序中。　　　　　　　　　　　　　　　　　（   ）

10. 中断指令 IWatch 用于激活机器人已失效的相应中断数据，一般情况下，与指令 ISleep 配合使用。　　　　　　　　　　　　　　　　　　　　　　　　　　　（   ）

任务 8

离线轨迹编程任务实现

离线轨迹编程
任务实现

职业技能等级证书要求

工业机器人应用编程职业技能等级证书（中级）		
工作领域	工作任务	技能要求
3. 工业机器人系统离线编程与测试	3.3　编程仿真	3.3.1　能够根据工作任务要求实现搬运、码垛、焊接、抛光、喷涂等典型工业机器人应用系统的仿真。 3.3.2　能够根据工作任务要求实现搬运、码垛、焊接、抛光、喷涂等典型应用工业机器人系统的离线编程和应用调试。
工业机器人集成应用职业技能等级证书（中级）		
工作领域	工作任务	技能要求
3. 工业机器人系统调试与优化	3.1　工作站虚拟仿真	3.1.3　能使用离线编程软件，进行工业机器人运动轨迹的模拟，避免工业机器人在运动过程中的奇异点或设备碰撞等问题。 3.1.4　能按照工作站应用要求，进行工作站应用的虚拟仿真。

任务引入

不规则轨迹切割
演示视频

在工业机器人轨迹应用过程中，如切割、涂胶、焊接等，常会处理一些不规则曲面或曲线，对于不规则路径轨迹，很难通过现场示教的方法完成。因为现场示教就是描点法，对于不规则图形的描点法，费时费力且不容易保证轨迹的精度。而在离线软件中利用曲线特征自动转换成机器人的运动轨迹，省时、省力且容易保证轨迹精度。因此，只要建立工件的精确模型，就可以利用离线编程的方法获取被加工工件精确的运动轨迹。

本任务要求以提供的工业机器人雕刻工作站为载体，完成工作站中指定窗口的轨迹曲线、路径的创建，对生成的目标点进行调整和轴配置，生成雕刻轨迹程序，如有配套实训设备，则下载到实际的工作站中验证程序运行。

任务分解导图

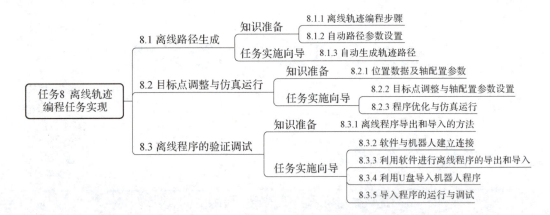

8.1 离线路径生成

知识准备

在 RobotStudio 软件中，工业机器人沿着某一路径运行，需要首先确定路径的轨迹。在"基本"选项卡的"路径"选项下有两种方式可以生成路径，一种是"空路径"，创建无指令的新路径，默认名称为"Path_10"，每选一次，生成一条新路径，依次为"Path_20""Path_30"等；另一种是"自动路径"，从几何体边缘创建一条路径或曲线。如图 8-1 所示为创建自动路径选项。

图 8-1　创建自动路径选项

两种方式生成路径各有特点，针对简单的平面上两点之间的直线运动路径，先生成"空路径"，再根据工艺精度要求选择关键点，使用示教"目标点"，较为方便。而对于工业机器人在复杂曲面上切割、焊接和写字等应用，使用示教"目标点的方法"费时、费力，且选择的目标点难以保证路径轨迹的精度。

"自动路径"是根据三维模型的曲线特征自动转换为工业机器人的运行轨迹。因此，针对特征较为明显的模型曲线，一般使用"自动路径"功能，根据工艺和运行要求设置参数，即可简便地生成路径。

RobotStudio 中支持导入的几何体模型主要格式包括 IGES、STEP、VRML、VDAFS、ACIS 和 CATIA 等。通过使用此类非常精确的 3D 模型数据，机器人程序设计员可以生成更为精确的机器人程序，从而提高机器人运行的精准度。

8.1.1　离线轨迹编程步骤

离线轨迹编程步骤如下：

（1）根据模型，捕捉边缘曲线，创建自动路径。在实际应用中，为了方便进行编程以及路径修改，通常需要创建用户坐标系，且用户坐标系的创建一般以加工工件的固定装置的定位销为基准，这样更容易保证其定位精度。

（2）进行目标点调整和轴配置参数设置。自动路径生成的轨迹机器人大多时候不能直接运行，因为部分目标点姿态机器人难以到达，因此需要进行目标点姿态的修改及轴配置参数调整，从而让机器人能够到达各个目标点。

（3）路径优化和仿真运行。轨迹完成后，需要添加轨迹起始接近点、轨迹结束离开点以及安全位置 home 点等，进行轨迹优化及程序完善。注意安全位置 home 点一般在系统提供的 Wobj0 工件坐标系中创建。

（4）完成整个轨迹调试并模拟仿真运行。

8.1.2　自动路径参数设置

生成自动路径时，需要在 RobotStudio 软件"基本"功能选项卡的"路径"选项下单击"自动路径"选项，此选项能打开自动路径相关参数的设置，其参数设置选项框如图 8 - 2 所示。

1. 反转

此参数设置轨迹运行方向是否反向。如果不勾选"反转"复选框，生成轨迹的运行方向是顺时针方向。如果勾选"反转"复选框，则轨迹为逆时针方向运行。

2. 参照面

生成的目标点 Z 轴方向与此处选择的表面处于垂直状态。

3. 开始偏移量和结束偏移量

"开始偏移量（mm）"和"结束偏移量（mm）"是路径起点和终点相对于选中的特征线的起点和终点的偏移距离。一般会根据工艺和运行精度要求设置偏移量。

4. 近似值参数

若"近似值参数"选择"圆弧运动"，机器人

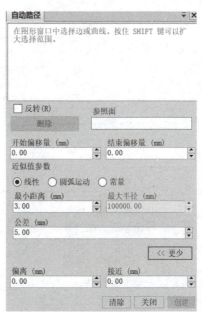

图 8 - 2　自动路径参数

则会自动调节在线性部分用 MoveL 指令，在圆弧部分用 MoveC 指令，在不规则的曲线部分则执行分段式的 MoveL 运动。"线性"和"常量"都是固定的模式，即如果选择"线性"则会为每个目标生成线性指令，对轨迹上的圆弧做分段线性处理。选择"常量"则会生成具有恒定间隔距离的点。

此参数选择不当则会产生大量的多余点位或者使路径精度不满足工艺要求。可以尝试切换不同的近似值参数类型，观察自动生成的目标点位，从而进一步理解各参数类型下所生成的路径的特点。

5. 最小距离（mm）

设置两生成点之间的最小距离，即小于该最小距离的点将被过滤掉。

6. 最大半径（mm）

在将圆弧视为直线前确定圆的半径大小，直线视为半径无限大的圆。

7. 公差（mm）

设置生成点所允许的几何描述的最大偏差。

8. 偏离（mm）

机器人沿路径运行完成时，离开末端轨迹点，垂直参照面的偏移距离。

9. 接近（mm）

机器人沿路径接近轨迹起始点时，垂直参照面的接近距离。

"偏离"和"接近"相当于设置了工业机器人工作任务的运行过渡点。

任 务 实 施 向 导

8.1.3　自动生成轨迹路径

1. 用户坐标系创建

用户坐标系创建操作步骤如表 8 - 1 所示。

视频　跟我做 –
离线轨迹曲线
及路径创建

表 8 - 1　用户坐标系创建操作步骤

操作步骤	操作说明	示意图
1	轨迹项目解压后的工作站如右图所示，要创建自动路径，首先需要建立工件坐标系，在"基本"选项卡中单击"其它"→"创建工件坐标"选项。	

续表

操作步骤	操作说明	示意图
2	将工件坐标名称命名为"Wobj_workpiece"，选择"用户坐标框架"，单击"取点创建框架"右侧的下三角按钮，选择"三点"法。	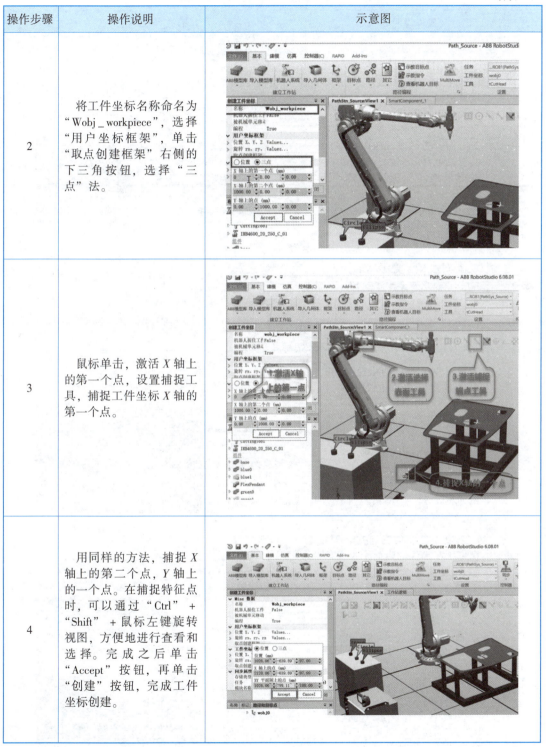
3	鼠标单击，激活 X 轴上的第一个点，设置捕捉工具，捕捉工件坐标 X 轴的第一个点。	
4	用同样的方法，捕捉 X 轴上的第二个点，Y 轴上的一个点。在捕捉特征点时，可以通过"Ctrl"＋"Shift"＋鼠标左键旋转视图，方便地进行查看和选择。完成之后单击"Accept"按钮，再单击"创建"按钮，完成工件坐标创建。	

2. 捕捉曲线、生成自动路径

捕捉曲线、生成自动路径，其具体操作步骤如表 8-2 所示。

表 8 – 2　捕捉曲线、生成自动路径操作步骤

操作步骤	操作说明	示意图
1	将工件坐标修改为"Wobj_workpiece"，工具选择"tCutHead"，修改指令模板，将运动指令修改为 MoveL，速度根据实际工程需要去修改，现在将其修改为 500 mm/s，转弯数据根据实际工况要求调整。	
2	在"基本"选项卡下，单击"路径"→"自动路径"选项。	
3	系统弹出"自动路径"对话框，激活捕捉工具"选择表面"和"捕捉边缘"，单击选择椭圆窗口的边缘，自动生成边_1、边_2、……、边_7。对于在一个部件的模型轮廓线，可以按住"Shift" + 鼠标左键进行整体选择。	
4	选中"参照面"，单击窗口所在部件的表面，参照面参数自动设定为"（Face）–工件"。"近似值参数"选择"圆弧运动"，"最小距离（mm）"设置为"1"，"公差（mm）"设置为"1"，"偏离（mm）"设置为"100"，"接近（mm）"设置为"100"。（备注：课程视频中没有设置"偏离"和"接近"距离，因此在路径优化时手动添加了接近等待点和离开等待点）。	

194

续表

操作步骤	操作说明	示意图
5	参数设置完成后，单击"创建"按钮，则生成自动路径"Path_10"。用同样的方法自动生成圆形窗口的"Path_20"。	

至此，自动生成了机器人的两条离线路径。在后面的任务中会对此路径进行处理，并转换成机器人程序代码，完成机器人轨迹程序的编写。

8.2 目标点调整与仿真运行

知 识 准 备

8.2.1 位置数据及轴配置参数

视频 跟我学——机器人目标点和轴配置参数

1. 位置数据构成

位置数据 robtarget（robot target）用于定义机械臂和附加轴的位置。

示例如下：

CONST robtarget p10 := [[600, 300, 225.3], [1, 0, 0, 0], [1, 1, 0, 0], [9E9, 9E9, 9E9, 9E9, 9E9, 9E9]];

robtarget 型数据由四部分组件构成，依次分别是：

（1）trans（translation）组件：如示例中的 [600, 300, 225.3]，用 mm 来表示工具中心点的位置（x、y 和 z）。用于规定相对于当前工件坐标系的 TCP 的位置。

（2）rot（rotation）组件：如示例中的 [1, 0, 0, 0]，以四元数的形式表示（q1，q2，q3，q4）工具方位。规定相对于当前工件坐标系的方位。

（3）robconf（robot configuration）组件：如示例中的 [1, 1, 0, 0]，是机械臂的轴配置参数（cf1，cf4，cf6，cfx）。它是以轴1、轴4和轴6当前四分之一旋转的形式进行定义的。机器人能够以多种不同的轴配置方式到达相同位置。

（4）extax（external axes）组件：表示附加轴的位置。如示例中的 6 个 9E9，表示没有附加轴。

2. 轴配置参数

常见的六轴串联机器人如图 8 - 3 所示。机器人轴2、轴3、轴5属于摆动轴，摆动轴的运动范围在机械结构上是有限制的，原理上不能无限旋转。机器人中的轴1、轴4、轴6属于旋转轴，旋转轴的运动范围在机械结构上是没有限制的，原理上可以无限旋转。

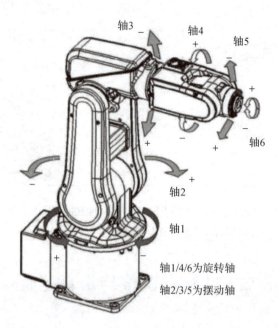

轴1/4/6为旋转轴

轴2/3/5为摆动轴

图8-3 常见的六轴串联机器人

"轴配置参数"是对旋转轴的活动范围通过划分象限进行约束。对于活动范围是 $-360° \sim +360°$ 时，它的象限划分如图8-4所示。

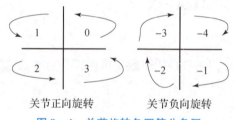

关节正向旋转   关节负向旋转

图8-4 关节旋转角四等分象限

（1）正转时：在 $0° \sim 90°$ 的时候对应象限0；在 $90° \sim 180°$ 的时候对应象限1；在 $180° \sim 270°$ 的时候对应象限2；在 $270° \sim 360°$ 的时候对应象限3。

（2）反转时：在 $0° \sim -90°$ 的时候对应象限 -1；在 $-90° \sim -180°$ 的时候对应象限 -2；在 $-180° \sim -270°$ 的时候对应象限 -3；在 $-270° \sim -360°$ 的时候对应象限 -4。

示例中轴配置参数 $[1, 1, 0, 0]$，分别表示 $cf1 = 1$，$cf4 = 1$，即轴1、轴4旋转角为 $90° \sim 180°$；$cf6 = 0$，即轴6旋转角为 $0° \sim 90°$，cfx为机械臂类型。

工业六轴机器人只有8种姿态，cfx取值范围为 $0 \sim 7$，对应的8种姿态如图8-5所示。这8种姿态适用于所有品牌的六轴串联机器人。因此cfx参数是约束机器人姿态的。示例中 $cfx = 0$ 是最常见的最普通的一种机器人姿态。

3. 目标点调整的旋转角度

机器人旋转角度方向符合右手定则，如图8-6所示。当参考坐标选择为本地坐标时，大拇指指向锁定轴的正方向。旋转方向如果与四指指向相同，旋转角度则为正（也就是旋转箭头所指方向为正），反之为负。

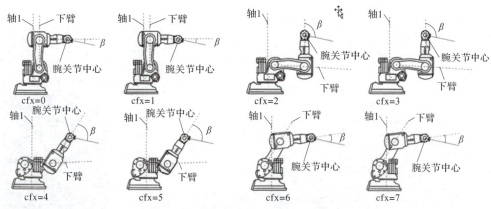

图 8 – 5　六轴串联机器人的机械臂类型

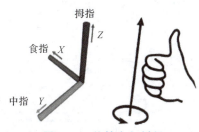

图 8 – 6　旋转方向判断

视频　跟我做——
机器人目标点
和轴配置参数

任务实施向导

8. 2. 2　目标点调整与轴配置参数设置

前面已经生成了机器人自动路径 Path_10 和 Path_20，但是机器人还不能直接按照此轨迹运行，因为部分目标点姿态机器人还难以达到。下面通过修改目标点姿态，使机器人能够到达各个目标点。

1. 目标点调整

目标点调整具体步骤如表 8 – 3 所示。

表 8 – 3　目标点调整具体步骤

操作步骤	操作说明	示意图
1	在"基本"选项卡下单击"路径和目标点"，然后单击"T_ROB1"→"工件坐标 & 目标点"→"Wobj_workpiece"→"Wobj_workpiece_of"，即可看到自动生成的各个目标点。	1. 在"基本"功能选项卡中单击 2. 依次单击T_ROB1、工件坐标&目标点、Wobj_workpiece、Wobj_workpiece_of。

操作步骤	操作说明	示意图
2	在调整目标点过程中，为了便于查看工具在此姿态下的效果，选择在目标点位置处显示工具。右击"Target_10"，选择"查看目标处工具"选项，勾选所使用的工具名称"Cutting Tool"，就可以看到在视图中出现了工具的位姿。	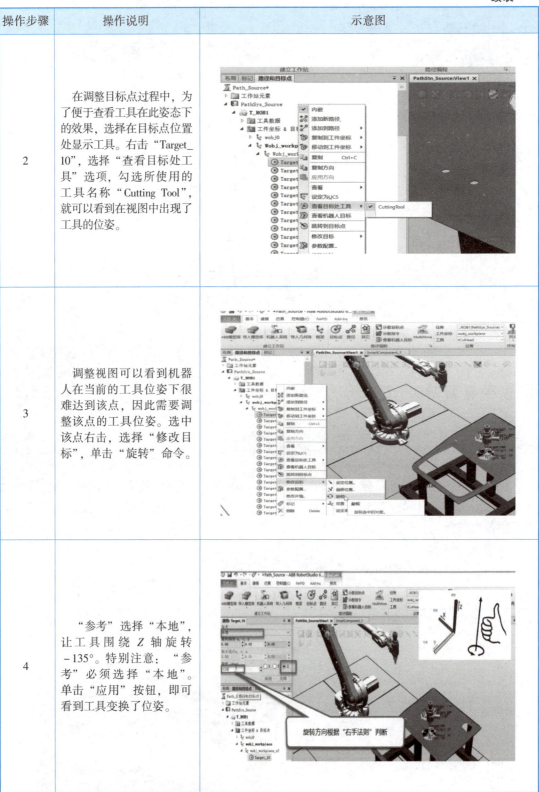
3	调整视图可以看到机器人在当前的工具位姿下很难达到该点，因此需要调整该点的工具位姿。选中该点右击，选择"修改目标"，单击"旋转"命令。	
4	"参考"选择"本地"，让工具围绕 Z 轴旋转 −135°。特别注意："参考"必须选择"本地"。单击"应用"按钮，即可看到工具变换了位姿。	

续表

操作步骤	操作说明	示意图
5	批量修改其他目标点。利用 Shift 键以及鼠标左键，选中"Path_10"中剩余的所有目标点，右键单击，选择"修改目标"→"对准目标点方向"命令。	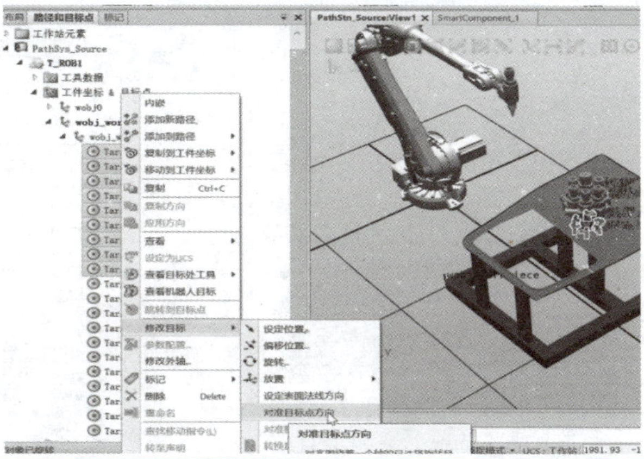
6	设定"锁定轴"为"Z"轴，"对准轴"为"X"轴，参考点选择调整的"Target_10"，单击"应用"按钮，即可看到机器人的工具位姿都统一到了目标点的位姿。	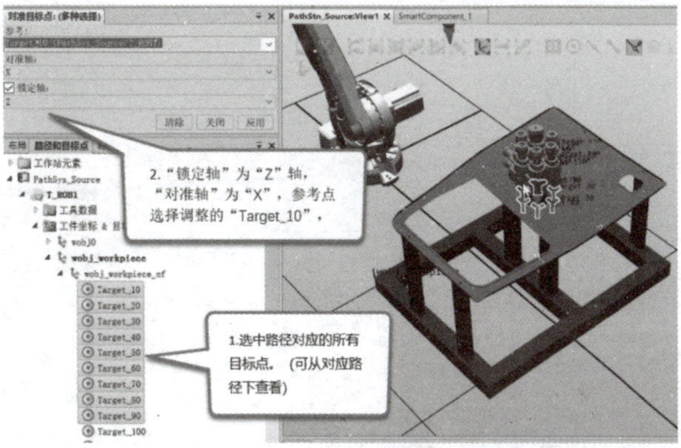

用同样的方法调整"Path_20"中的目标点。

2. 轴配置参数调整

机器人达到目标点，可能存在多种轴配置参数，需要为自动生成的目标点调整轴配置参数。具体操作步骤如表 8－4 所示。

表 8－4　轴配置参数调整具体操作步骤

操作步骤	操作说明	示意图
1	选择目标点"Taget_10"，右键单击，选择"参数配置"可以查看该目标点的轴配置参数。通过"配置参数"属性框中的"关节值"可以提供参考选择。	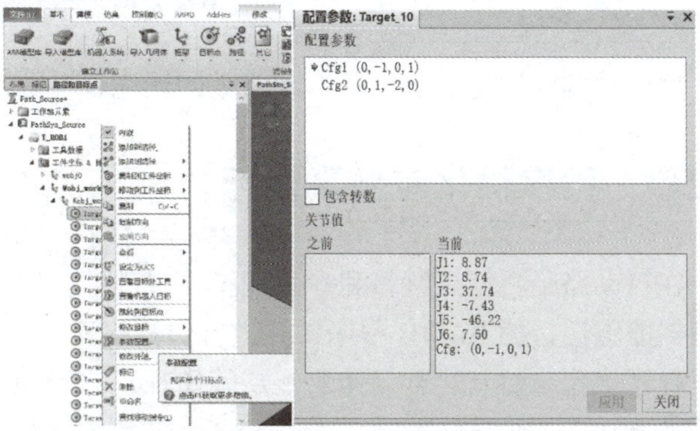

操作步骤	操作说明	示意图
2	选中"Path_10"路径下指令前的黄色叹号，提示当前配置无法到达目标点。右键单击路径名称，选择"自动配置"，单击"线性/圆周移动指令"，弹出"选择机器人配置"界面。单击"配置参数"下的每一项配置，在"关节值"选项下会显示对应的配置信息。	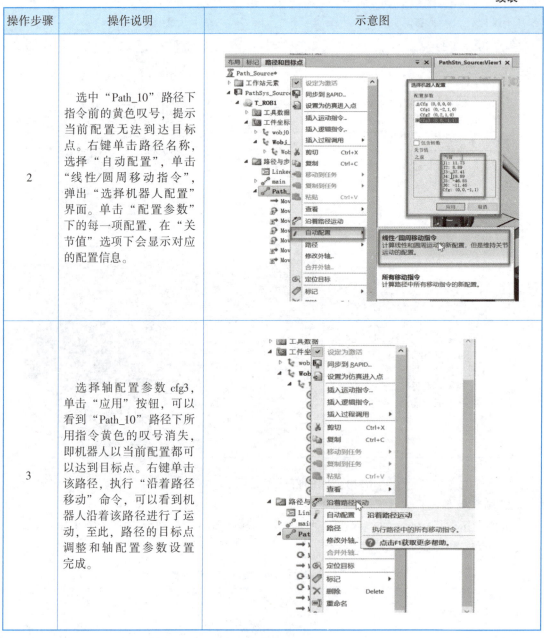
3	选择轴配置参数 cfg3，单击"应用"按钮，可以看到"Path_10"路径下所用指令黄色的叹号消失，即机器人以当前配置都可以达到目标点。右键单击该路径，执行"沿着路径移动"命令，可以看到机器人沿着该路径进行了运动，至此，路径的目标点调整和轴配置参数设置完成。	

　　用同样的方法完成第二条自动路径的轴配置参数设置。

8.2.3　程序优化与仿真运行

　　在自动路径目标点调整和参数配置的基础上，进行路径优化，生成虚拟控制器能够运行的 RAPID 程序，并进行仿真验证。

　　程序优化与仿真运行具体实施步骤如表 8-5 所示。

视频　跟我做——
路径优化与
仿真运行

表 8 – 5　程序优化与仿真运行具体实施步骤

操作步骤	操作说明	示意图
1	右键单击路径名称，选择"重命名"命令，将路径名称分别修改为"rCircle"和"rEllipse"。 　增加机器人等待进入的等待点：选中"Target_10"并右键单击，选择"复制"命令，选中工件坐标"wobj_workpieceof"，单击"粘贴"命令，增加"Target_10_3"点。	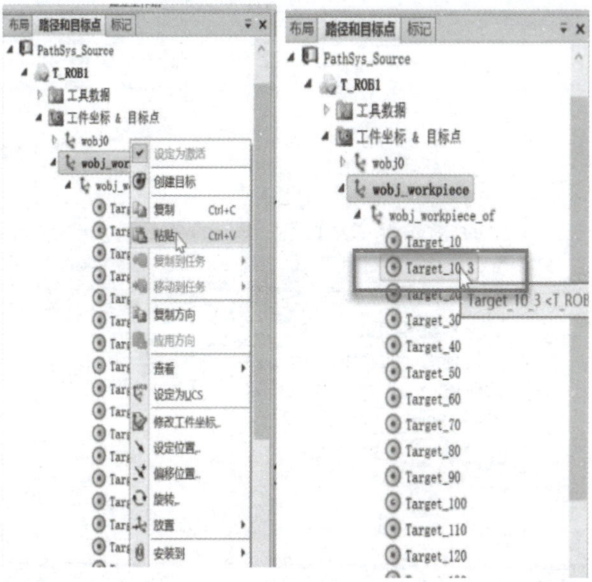
2	右键单击复制的目标点，选择"修改目标"→"偏移位置"，弹出1位置所示对话框。"参考"设置为"本地"，即以工具坐标为参考，工具向上抬升 50 mm，因此修改 Z 值为"–50"，单击"应用"按钮则可看到工具向上抬升了 50 mm。	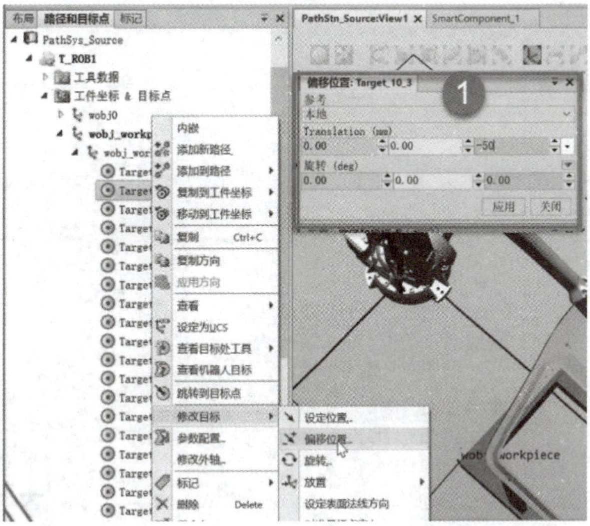
3	单击图中1位置的指令模板，将其修改为 MoveJ。选中增加的"Target_10_3"，右键单击，选择"添加到路径"→"rCircle"→"第一"，即可看到 rCircle 第一条指令增加了关节运动到等待点。	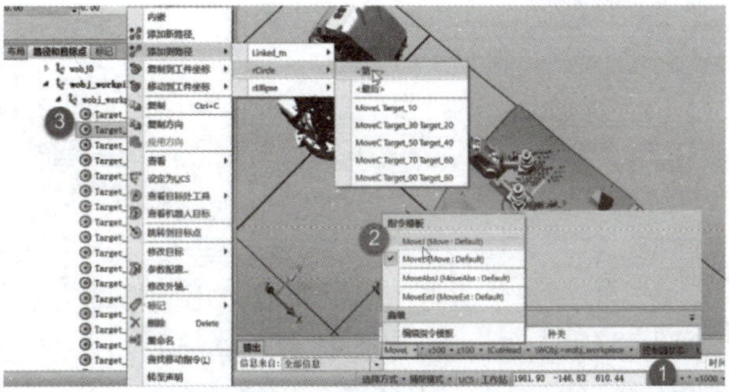

续表

操作步骤	操作说明	示意图
4	增加路径运动结束之后的机器人等待点。选择增加的这条指令，右键单击，选择"复制"命令。选中该路径的最后一行指令，右键单击，选择"粘贴"命令，因为等待位置无须修改，因此在弹出的"创建新目标点"对话框中，单击"否"按钮。	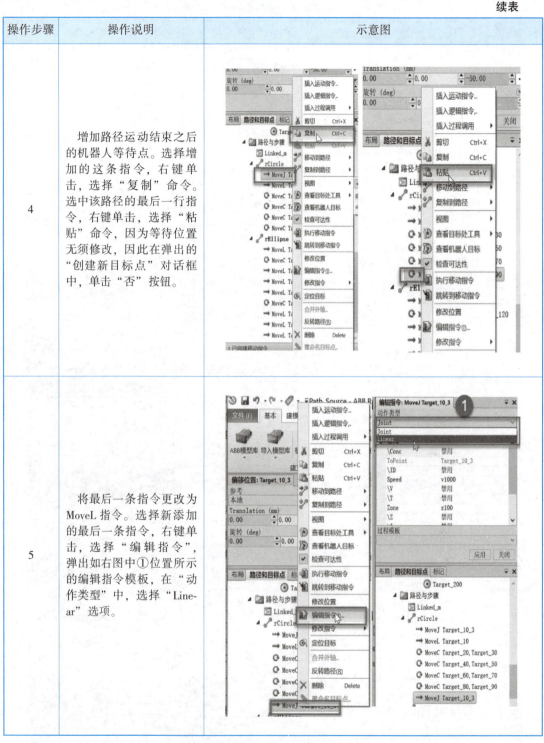
5	将最后一条指令更改为MoveL指令。选择新添加的最后一条指令，右键单击，选择"编辑指令"，弹出如右图中①位置所示的编辑指令模板，在"动作类型"中，选择"Linear"选项。	

至此，第一条自动路径优化完成。用同样的方法优化第二条路径。

实际工程应用时，机器人有一个等待的 home 位，而 home 位通常是在默认的工件坐标系 wobj0 下。增加 home 点的操作步骤如表 8-6 所示。

表 8 – 6 增加 home 点的操作步骤

操作步骤	操作说明	示意图
1	单击"布局"选项卡，选择机器人，右键单击，选择"回到机械原点"选项。	
2	将右图中①位置的"工件坐标"设为"wobj0"，单击②位置的"示教目标点"，弹出③位置的对话框。在④位置单击"是"按钮，即可看到在 wobj0 下生成的目标点，右键单击该目标点，重命名为"pHome"。	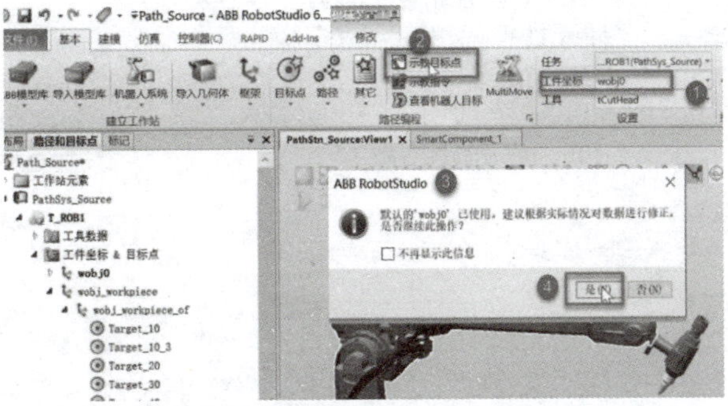
3	在"路径与目标点"选项卡下，选择"路径与步骤"，右键单击，选择"创建路径"命令，添加一条新的路径，将路径重命名为"main"。	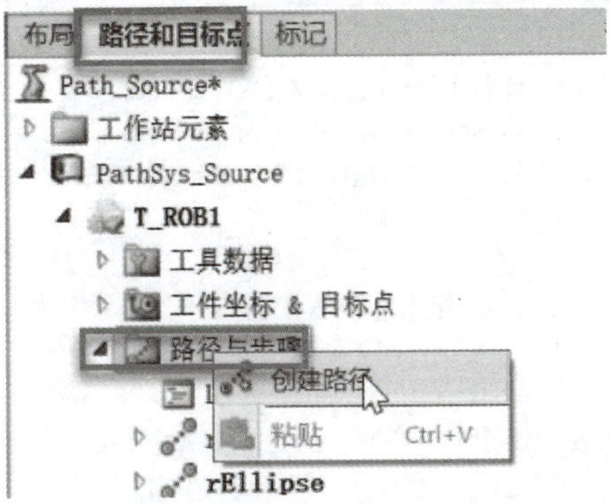

操作步骤	操作说明	示意图
4	选择上面创建的"pHome"，右键单击，选择"添加到路径"→"main"→"<第一>"选项。	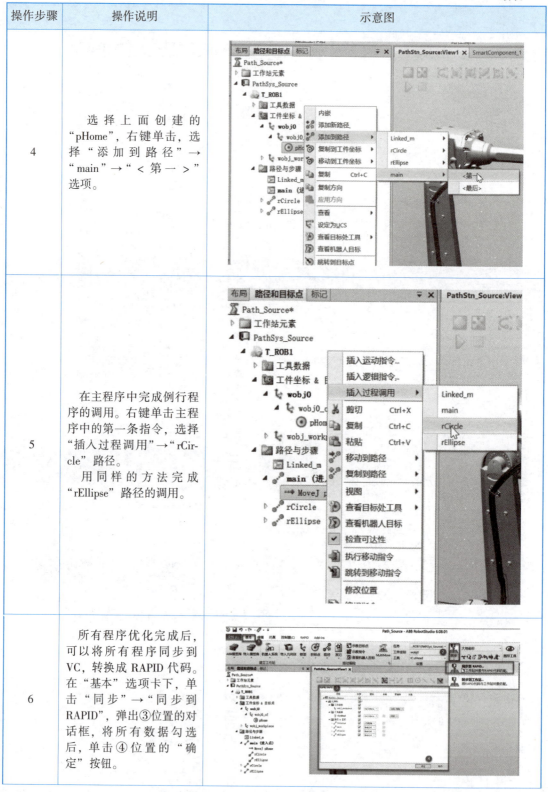
5	在主程序中完成例行程序的调用。右键单击主程序中的第一条指令，选择"插入过程调用"→"rCircle"路径。用同样的方法完成"rEllipse"路径的调用。	
6	所有程序优化完成后，可以将所有程序同步到VC，转换成RAPID代码。在"基本"选项卡下，单击"同步"→"同步到RAPID"，弹出③位置的对话框，将所有数据勾选后，单击④位置的"确定"按钮。	

续表

操作步骤	操作说明	示意图
7	同步完成后，单击右图中①位置的"RAPID"选项，依次打开图中②位置的 RAPID，则可以看到转换的 RAPID 代码。在此可以进一步对代码进行优化。修改完成后，单击图中③位置的"应用"按钮。	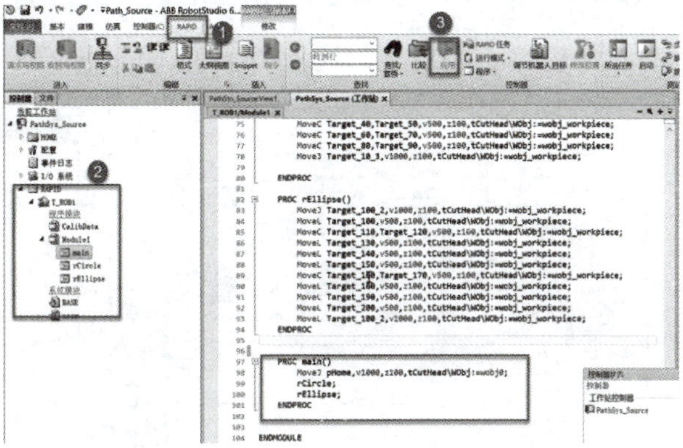
8	仿真运行设定。单击"仿真"→"仿真设定"，在"仿真设定"窗口中，单击"T_ROB1"，设置"进入点"为"main"，选中"PathSys_Source"，将"运行模式"修改为"连续"。完成后再单击"播放"按钮，即可仿真运行。	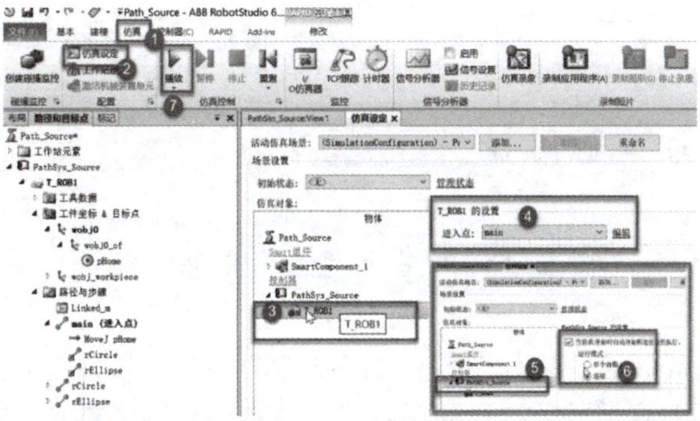

8.3　离线程序的验证调试

知 识 准 备

8.3.1　离线程序导出和导入的方法

把离线程序导入真实的工业机器人控制器中，通过操作真实工业机器人，标定工具坐标系和工件坐标系，运行从软件中导出的离线程序，从而完成工业机器人离线程序的调试。

工业机器人程序的导出和导入方式有两种，一种是通过网线将 RobotStudio 软件与机器人连接起来，将机器人程序导出与导入；另一种是通过 U 盘插入示教器 USB 接口，将机器人程序导出和导入。

示例：RobotStudio 软件与工业机器人的连接。

将 RobotStudio 软件与工业机器人建立连接，如果要通过软件对工业机器人进行程序的导入、程序的编写和参数的修改等，为防止软件中的误操作对机器人造成损坏，需要在真实机器人控制器获取"写权限"。将机器人控制柜的手动/自动选择开关旋至"手动"状态，在软件的"控制器"选项下，单击"请求写权限"，弹出"请求写权限"对话框，如图8-7所示。

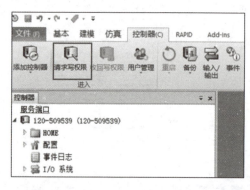 

图 8-7　请求写权限操作

任务实施向导

8.3.2　软件与机器人建立连接

RobotStudio 软件具有在线作业功能，将软件与真实的工业机器人连接起来，可对机器人进行便捷的监控、程序修改、参数设定、文件传送机备份系统等操作，使调试与维护工作更轻松。RobotStudio 与机器人建立连接的步骤如表8-7所示。

表 8-7　RobotStudio 与机器人建立连接具体步骤

操作步骤	操作说明	示意图
1	使用网线将计算机与工业机器人的控制柜连接，网线一端插入计算机网络端口，另一端插入控制柜的 X2 LAN1（Service）端口。	

操作步骤	操作说明	示意图
2	在以太网属性中选择计算机 IP 地址为"自动获得 IP 地址"。	
3	在"控制器"选项卡下单击"添加控制器",再单击"一键连接…",即可通过服务端口连接真实工业机器人控制器。	
4	在"控制器"选项卡下,单击"请求写权限"。	
5	在示教器上会弹出"请求写权限"窗口。在示教器上单击"同意"按钮,软件即获得对控制器的写权限。	

8.3.3 利用软件进行离线程序的导出和导入

RobotStudio 软件与机器人控制柜建好连接后，软件导出和导入程序步骤如表 8－8 所示。

表 8－8 离线程序导出和导入具体步骤

操作步骤	操作说明	示意图
1	选中要导出程序的"控制器"，单击"RAPID"→"T_ROB1"，打开程序模块。选中需要导出的程序模块，右键单击，在弹出的选项中选择"保存模块为"命令（或者选择要导出的程序，右键单击，在弹出的选项中选择"保存程序为…"命令）。	
2	将程序模块（或程序）保存到计算机中指定位置，完成离线程序的导出。	
3	选中要导入程序的"控制器"，单击"RAPID"，选中"T_ROB1"，右键单击，在弹出的选项中选择"加载模块…"命令（如果导出程序文件，则在弹出的选项中选择"加载程序…"命令）。	

续表

操作步骤	操作说明	示意图
4	选择计算机中存储的程序模块，扩展名为 .mod（如果是加载程序，则其扩展名为 .pgf），将其选中后，单击"打开"按钮，即可将其导入工业机器人系统中。	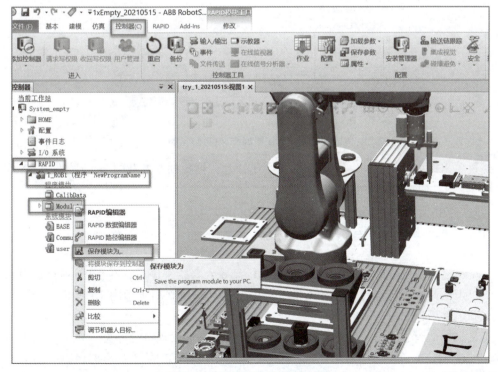

将程序模块导入后，即可在示教器上收回写权限，之后就可以利用示教器进行操作了。

8.3.4　利用 U 盘导入机器人程序

在 RobotStudio 中，在"控制器"选项卡下，单击"RAPID"→"T_ROB1"，选择要导出的程序"Module1"，再右键单击，选择"保存模块为…"命令，将机器人离线程序导出并保存到 U 盘中，导出操作如图 8-8 所示。

图 8-8　离线程序模块导出操作

将 U 盘插入示教器 USB 接口，在示教器主菜单中，单击"程序编辑器"打开"程序编辑"窗口，单击"模块"打开"模块"显示窗口，如图 8-9 所示。

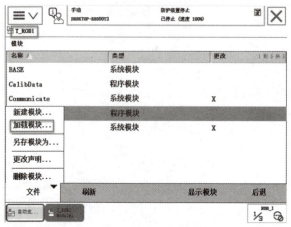

图 8-9 "模块"显示窗口

单击"文件"，选择"加载模块…"，弹出"添加新的模块后，您将丢失程序指针。是否继续?"对话框，单击"是"按钮，弹出选择文件窗口，如图 8-10 所示。

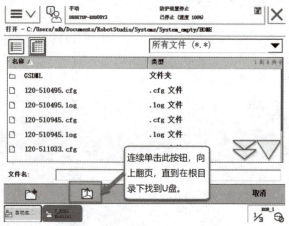

图 8-10 示教器加载文件选择窗口

通过单击向上翻页按钮，在根目录下找到 U 盘，再找到要加载的 .mod 文件，然后单击"确定"按钮，即完成程序的导入。

8.3.5 导入程序的运行与调试

无论通过 RobotStudio 软件导入或者通过 U 盘导入离线程序后，在程序运行调试前，需要在真机工作站中进行工具坐标和工件坐标的标定。即建立离线程序中所用到的同名的工具坐标和工件坐标。

工具坐标的建立方法一般采用四点法或六点法，具体实现过程参见"机器人技术基础"课程相关视频。特别注意：工具坐标名称一定要与离线程序中的工具坐标名称一致。

建好工具坐标后，再利用三点法建立工件坐标，其实现过程见任务 3.1.4 工具坐标系的标定。注意工件坐标的位置要与离线编程中工件坐标相对位置一致。

　　标定好工具坐标和工件坐标后，就可以在示教器中进行程序的运行与调试任务了，其调试步骤与方法与之前所用的示教器现场编程的调试步骤方法完全一致。

任 务 拓 展

　　在工业机器人应用编程考核设备虚拟工作站中，完成"山"字离线轨迹的编写。工作站示意图如图 8 – 11 所示。完成"山"字离线轨迹，仿真运行无误后，将离线程序导入真实的工业机器人控制器中，通过操作真实工业机器人，标定工具坐标系和工件坐标系，运行从软件中导出的离线程序，完成工业机器人写字应用的调试。（空工作站打包文件下载链接为：1xEmpty_20210515. rspag；"山"字离线轨迹完成后的打包文件下载链接为：words-han_20210515. rspag。）

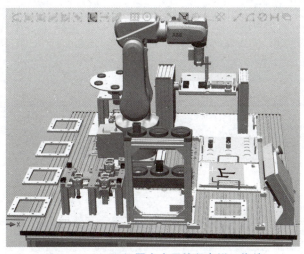

图 8 – 11　工业机器人应用编程虚拟工作站

知 识 测 试

知识测试参考答案

一、单选题

1. 默认生成的"自动路径"的运行方向是（　　　）。

A. 顺时针方向运行 　　　　　　　　　　B. 逆时针方向运行

C. 随机方向运行 　　　　　　　　　　　D. 顺时针和逆时针交替

2. RobotStudio 软件中，不属于捕捉模式的是（　　　）。

A. 捕捉末端　　　　　B. 捕捉对象　　　　　C. 捕捉中点　　　　　D. 捕捉表面

3. ABB 机器人示教点的数据类型是（　　　）。

A. tooldata　　　　　B. string　　　　　C. robtarget　　　　　D. signaldata

4. RobotStudio 软件的测量功能不包括（　　　）。

A. 直径　　　　　　　B. 角度　　　　　　C. 重心　　　　　　D. 最短距离

5. 操作人员因故离开设备工作区域前应按下（　　　），避免突然断电或者关机零位丢失，并将示教器放置在安全位置。

A. 急停开关　　　　　B. 限位开关　　　　　C. 电源开关　　　　　D. 停止开关

二、判断题

1. 选择参照面后，生成的目标点 Z 轴方向与选定表面处于平行状态。　　　（　　）

2. 创建工件坐标时，应选择"工件坐标框架"中的"取点创建框架"。　　（　　）

3. RobotStudio 软件离线编程中，示教的目标点 Target_10 只能添加到路径第一行。（　　）

4. 机器人的编程方式有在线编程和离线编程两种。　　　　　　　　　　（　　）

5. 机器人调试人员进入机器人工作区域范围内时需佩戴安全帽。　　　　（　　）

6. 离线编程软件目前可完全替代手动示教编程。　　　　　　　　　　（　　）

7. RobotStudio 软件中创建自动路径的参数"最小距离"和"公差"设置不同，生成的轨迹目标点的个数也不同。　　　　　　　　　　　　　　　　　　（　　）

8. 机器人的 TCP，不一定安装在机器人法兰的工具上。　　　　　　（　　）

9. 通过 RobotStudio 软件在线导入程序，必须在"控制器"选项卡下选择"请求写权限"。　　　　　　　　　　　　　　　　　　　　　　　　　（　　）

10. 当机器人运行轨迹相同、工件位置不同时，只需更新工件坐标系即可，无须重新编程。　　　　　　　　　　　　　　　　　　　　　　　　　（　　）

任务 9

多任务处理程序

多任务处理程序

任务引入

在计算机应用中，我们经常通过"Ctrl"+"Alt"+"Delete"组合功能键打开任务管理器，查看或关闭当前运行的多个任务。工业机器人是否也能像计算机一样同时处理多个任务呢，答案是肯定的，机器人控制器也是一台计算机，也可以同时运行处理多个任务。通常，机器人的后台任务处理程序可以用于机器人与 PC、PLC、相机等设备不间断的通信处理，也可以在后台任务中将机器人作为一个简单的 PLC 进行逻辑运算。机器人能够多任务运行的前提是在机器人控制系统中有 623 – 1 Multitasking 选项包。多任务程序处理具体任务要求详见任务工单。

213

任务分解导图

知识准备

9.1 Multitasking 多任务处理

视频　跟我学—
Multitasking 多
任务程序

1. Multitasking 介绍

在生成机器人控制系统时，如果勾选了"623 – 1 Multitasking"功能选项包，机器人就可以使用多任务程序处理。值得注意的是，在真实机器人中，这一功能选项包是选配功能包，需要付费购买。增加了 623 – 1 Multitasking 选项包的机器人控制器，就可以同时运行处理多个任务。增加 623 – 1 Multitasking 选项包如图 9 – 1 所示。

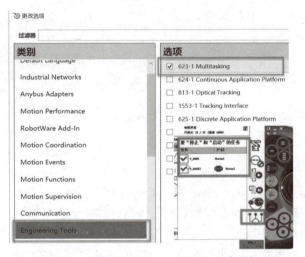

图 9 – 1　增加 623 – 1 Multitasking 选项包

多任务处理程序具有以下特点：

（1）多任务程序 Multitasking 就是在前台运行用于控制机器人逻辑运算和运动的 RAPID 程序的同时，后台还有与前台并行运行的 RAPID 程序，也就是通常所说的多任务程序。

（2）多任务程序最多可以有 20 个不带机器人运动指令的后台并行的 RAPID 程序。

（3）后台任务处理程序可用于机器人与 PC、PLC、相机等设备不间断的通信处理，也可以作为一个简单的 PLC 进行逻辑运算。

（4）后台多任务处理程序在系统启动的同时就开始连续运行，不受机器人控制状态的影响。

2. 查看或加载系统选项的方法

在添加新任务之前，要确认机器人系统是否具有了 623 - 1 Multitasking 选项包，在 RobotStudio 中查看、加载步骤如图 9 - 2 所示。

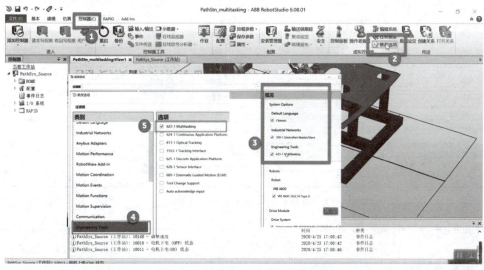

图 9 - 2　查看和加载多任务选项包

在图 9 - 2 中①位置单击"控制器"功能选项卡，在②位置单击"修改选项"，在打开的更改选项窗口中去查看图中③位置的一个概况。如果包含 623 - 1 Multitasking，就可以直接关闭此窗口，进行后续操作。如果不包含，则单击图中④位置的"Engineering Tools"，打开图中⑤位置的选项卡，勾选"623 - 1 Multitasking"复选框，勾选之后生成新的机器人系统。

3. 增加新任务的方法

在"控制面板"→"配置"→主题"Controller"下添加一个新任务实例的方法如图 9 - 3 所示。任务的类型"Type"需先定义为"Normal"，因为默认"启动"和"停止"按钮仅会启动和停止 Normal 任务；当程序调试完成后，再将其设置为"Semistatic"，开机自动运行。

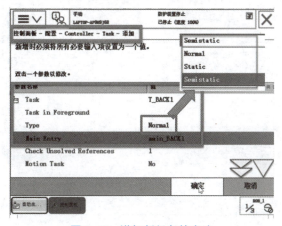

图 9 - 3　增加新任务的方法

4. 任务间共享变量的规则

默认多个任务间数据是不互通的，要实现任务间的数据互通，例如欲将 Counter_do4 高电平脉冲统计数据传递到前台主任务中，可以通过共享变量的方式实现。共享变量建立的规则是，必须是同名、同类型的可变量，如图 9-4 所示。

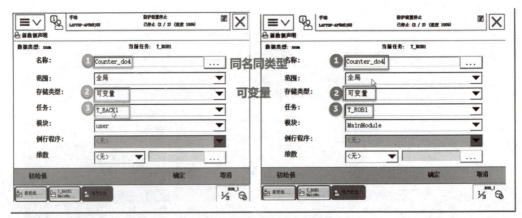

图 9-4　任务间共享数据规则

任务间共享数据规则如下：

（1）在需要交换数据的不同任务当中建立同名同类型的变量，如图 Counter_do4 在定义时必须是同类型的 num 数据。

（2）变量存储类型必须为可变量，这样在一个任务中修改了数据的值后，另一个任务中名字相同的数据也会随之更新。

后台任务调试步骤如图 9-5 所示。首先单击图中①位置示教器右下角快捷菜单按钮，调出任务选择，在图中②位置单击任务选择按钮，勾选所需要调试的任务。当然这样选择的前提是所建立的后台任务"Type"类型必须为"Normal"。选中任务后即可按正常任务调试步骤进行程序调试。

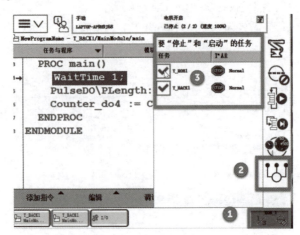

图 9-5　后台任务调试步骤

5. Event Routine 事件例行程序

Event Routine 是指使用 RAPID 指令编写的例行程序去响应系统事件的功能。当发生事件时，系统便会自动执行所连接的事件例程。一个事件例行程序由一条或多条指令组成。

注意：Event Routine 中是不能有移动指令的，也不能有太复杂的逻辑判断指令，防止程序死循环，影响系统的正常运行。

如表 9 – 1 所示，有以下 7 种事件可以应用，分别为 POWER_ON、START、STOP、QSTOP、RESTART、RESET、STEP 事件，对应的 event_type 值分别为 1 ~ 7。

表 9 – 1 例行程序对应事件表

RAPID 常量	值	所执行事件类型
EVENT_NONE	0	未执行任何事件
EVENT_POWER_ON	1	POWER_ON 事件
EVENT_START	2	START 事件
EVENT_STOP	3	STOP 事件
EVENT_QSTOP	4	QSTOP 事件
EVENT_RESTART	5	RESTART 事件
EVENT_RESET	6	RESET 事件
EVENT_STEP	7	STEP 事件

任务实施向导

视频 跟我做—
**Multitasking
任务实现 1**

9.2 建立后台任务

根据任务要求，建立后台任务具体操作步骤如表 9 – 2 所示。

表 9 – 2 建立后台任务具体操作步骤

操作步骤	操作说明	示意图
1	首先将机器人控制器打到"手动"，接着打开示教器的"控制面板"，再单击"配置"→"主题"→"Controller"。	

操作步骤	操作说明	示意图
2	单击"Task"→"显示全部"按钮。	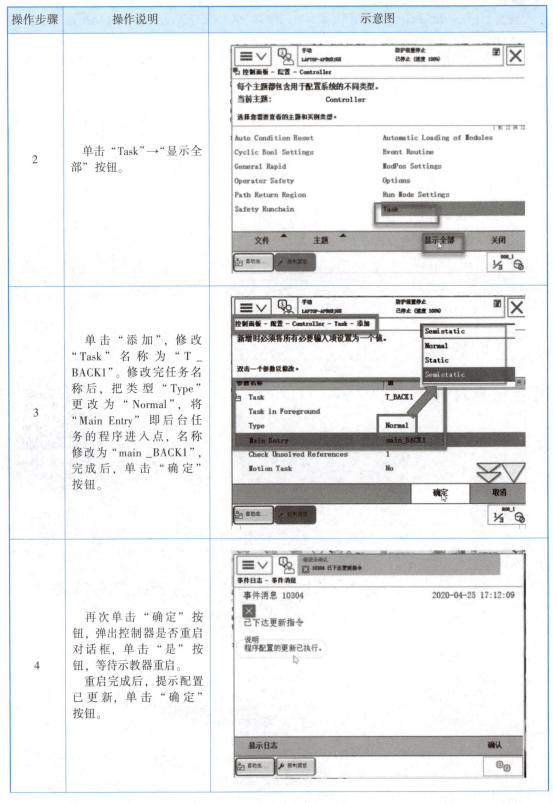
3	单击"添加"，修改"Task"名称为"T_BACK1"。修改完任务名称后，把类型"Type"更改为"Normal"，将"Main Entry"即后台任务的程序进入点，名称修改为"main_BACK1"，完成后，单击"确定"按钮。	
4	再次单击"确定"按钮，弹出控制器是否重启对话框，单击"是"按钮，等待示教器重启。重启完成后，提示配置已更新，单击"确定"按钮。	

操作步骤	操作说明	示意图
5	示教器重启后，就可看到现在的控制器已经有两个任务——"T_BACK1"和之前系统默认的前台程序"T_ROB1"。	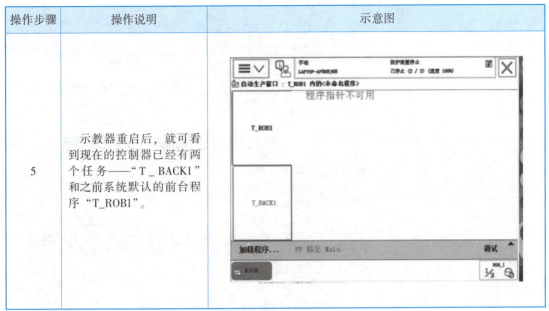

接下来我们在后台任务 T_BACK1 中编写后台程序。

9.3　后台任务程序编写

T_BACK1 后台任务程序编写具体操作步骤如表 9 - 3 所示。

表 9 - 3　后台任务程序编写具体操作步骤

操作步骤	操作说明	示意图
1	打开"程序编辑器"，选择新建立的"T_BACK1"任务，单击"新建"，选中"MainModule"，单击"显示模块"→"例行程序"。新建主程序"main"，再单击"文件"→"重命名"命令，将其修改为新建任务 T_BACK1 时定义的程序名"main_BACK1"，修改完成后单击"确定"按钮。	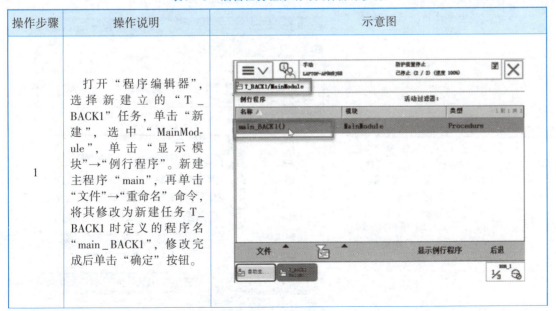

操作步骤	操作说明	示意图
2	双击打开此程序，写入每秒产生一个高电平脉冲信号程序，程序写入完成后的结果如右图所示。	
3	定义一个传递脉冲统计值的数值型变量。单击"主菜单"图标→"程序数据"→"num"→"显示数据"，单击"新建"按钮新建"Counter_do4"，"范围"选择"全局"，"存储类型"务必更改为"可变量"，"任务"选择"T_BACK1"，"模块"选择"MainModule"，完成后单击"确定"按钮。	
4	在"T_ROB1"任务中，新建 num 型共享数据"Counter_do4"，"范围"选择"全局"，"存储类型"务必更改为"可变量"，"任务"选择"T_ROB1"，"模块"选择"MainModule"，完成后单击"确定"按钮。	

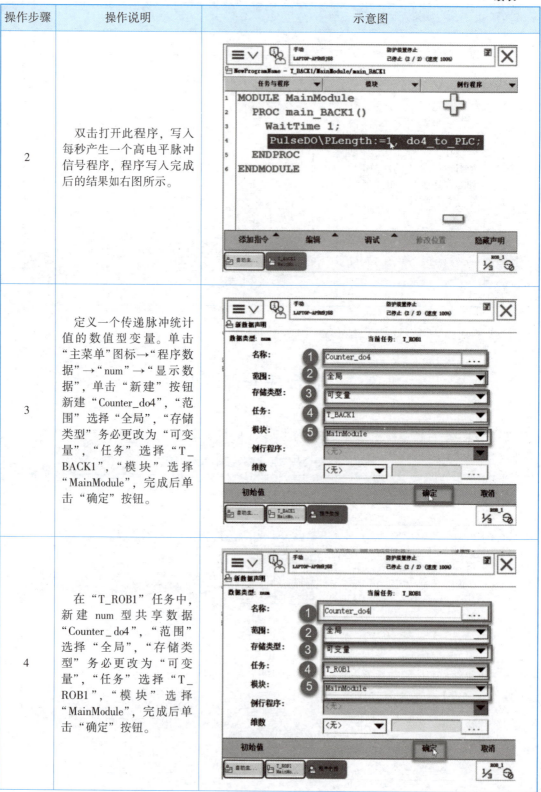

续表

操作步骤	操作说明	示意图
5	在主任务"T_ROB1"下，查看建立的 Counter_do4 的数值型变量，它的初始值为0。	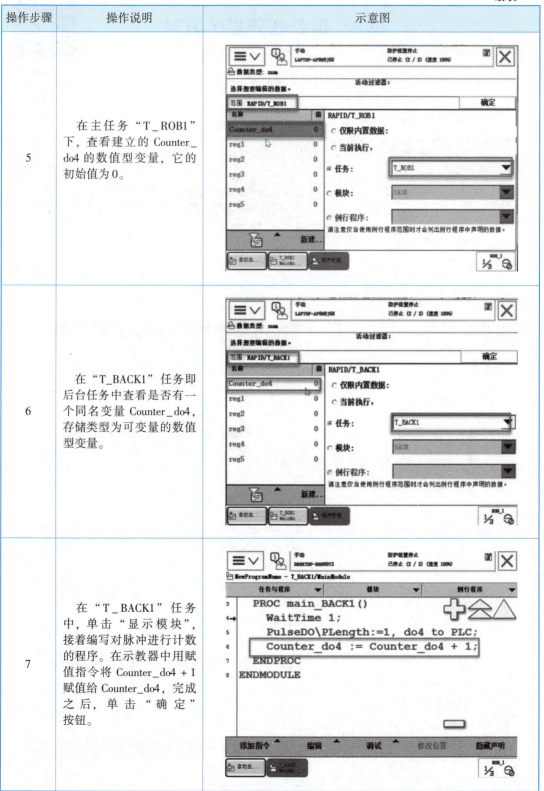
6	在"T_BACK1"任务即后台任务中查看是否有一个同名变量 Counter_do4，存储类型为可变量的数值型变量。	
7	在"T_BACK1"任务中，单击"显示模块"，接着编写对脉冲进行计数的程序。在示教器中用赋值指令将 Counter_do4 + 1 赋值给 Counter_do4，完成之后，单击"确定"按钮。	

9.4 前台任务程序编写

视频 跟我做——
Multitasking
任务实现 2

回到前台任务"T_ROB1"，编写前台任务程序。具体操作步骤如表 9 - 4 所示。

表 9 - 4 前台任务程序编写具体操作步骤

操作步骤	操作说明	示意图
1	在程序编辑器中，选择"T_ROB1"，单击"显示模块"；选中"MainMoudle"，单击"显示模块"。	
2	主程序完成后台任务传递过来的数据"Counter_do4"要在屏幕上显示，则需添加可选变元\Num。	
3	选中"\Num"，单击"使用"，再单击"关闭"按钮，将这个\Num 可选变元值显示出来。	

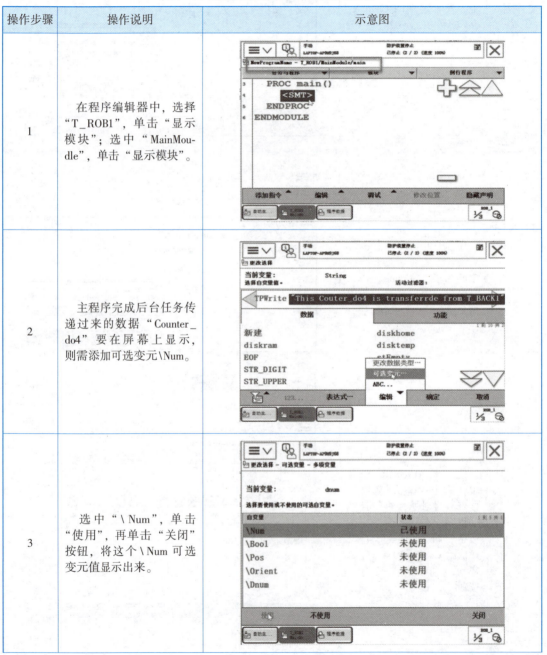

操作步骤	操作说明	示意图
4	TPWrite 屏写指令中将 \Num 可选变元值显示出来，单击选择表达式"＜EXP＞"→"Counter_do4"，然后单击"确定"按钮。	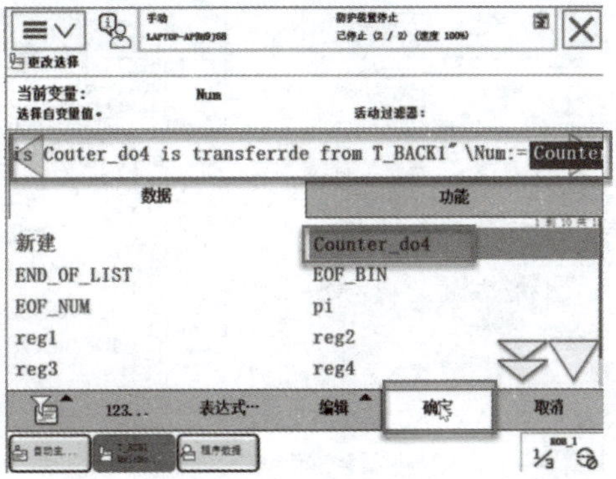
5	完成屏写后，让输出等待1 s。增加等待1 s指令"WaitTime 1;"，前台程序如右图所示。	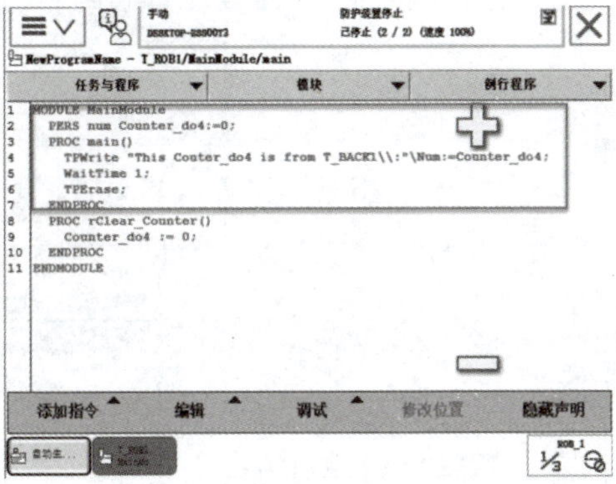

9.5　任务程序调试

任务调试具体操作步骤如表9－5所示。

表9－5　任务调试具体操作步骤

操作步骤	操作说明	示意图
1	单击右下角快捷菜单按钮，先把主任务关掉，只调试"T_BACK1"任务。	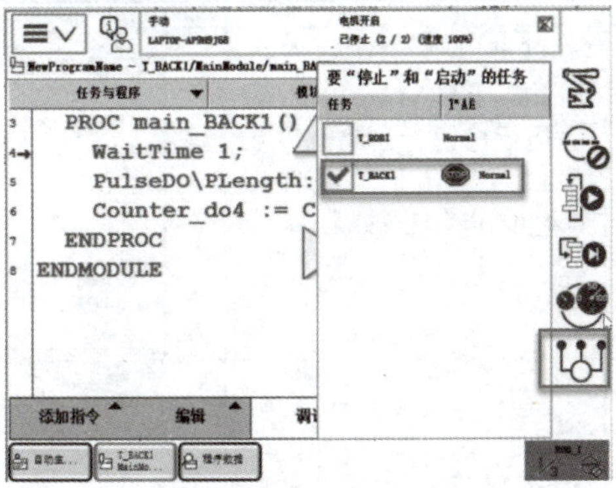

操作步骤	操作说明	示意图
2	将运行模式修改为"连续"运行。	
3	单击主菜单按钮打开主菜单，单击"输入输出"→"视图"→"数字输出"。	
4	打开"T_BACK1"的"main_BACK1"，单击程序运行按钮，在此窗口观察信号输出值。可看出do4_to_PLC是每隔1 s产生一个1 s的高电平信号。	

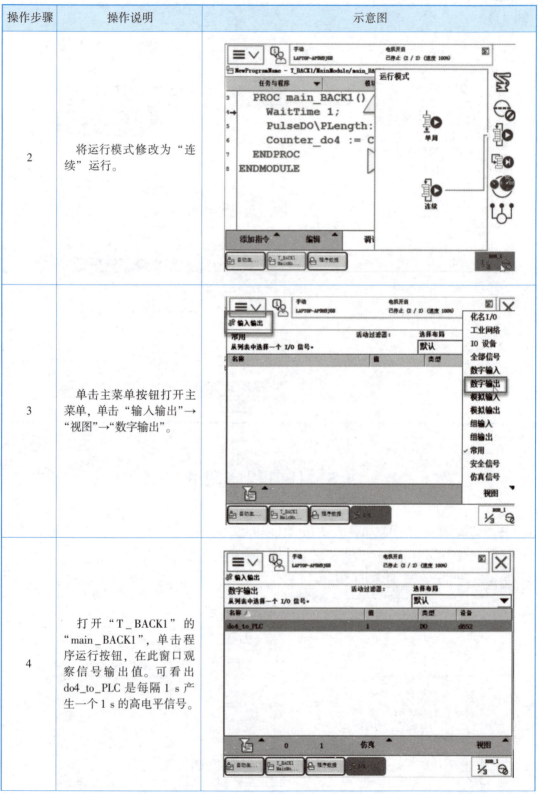

续表

操作步骤	操作说明	示意图
5	检查后台程序中传递到前台任务的数据 Counter_do4 是否一直在进行计数。用同样的方法检查前台任务"T_ROB1"中的 Counter_do4 是否一直在同步更新。	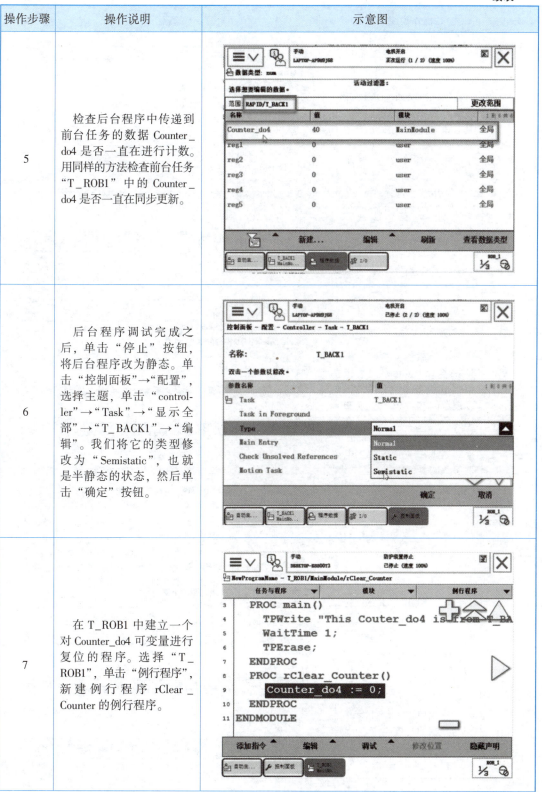
6	后台程序调试完成之后，单击"停止"按钮，将后台程序改为静态。单击"控制面板"→"配置"，选择主题，单击"controller"→"Task"→"显示全部"→"T_BACK1"→"编辑"。我们将它的类型修改为"Semistatic"，也就是半静态的状态，然后单击"确定"按钮。	
7	在 T_ROB1 中建立一个对 Counter_do4 可变量进行复位的程序。选择"T_ROB1"，单击"例行程序"，新建例行程序 rClear_Counter 的例行程序。	

操作步骤	操作说明	示意图
8	新建"POWER_ON"事件例行程序，实现让电机上电和"停止"按钮停止程序时调用 rClear_Counter。首先打开"控制面板"，单击"配置"→"Controller"，选择"Event Routine"，单击"显示全部"按钮。	
9	单击"添加"按钮，事件选择"Power On"，也就是电机上电自动执行，要调用的例行程序一定和定义的例行程序名称完全相同，为"rClear_Counter"。至此，完成电机上电对参数的复位操作。	
10	增加"STOP"事件例行程序。事件"Event"的值选择"Stop"，"Routine"事件例行程序选择"rClear_Counter"，单击"确定"按钮；"Task"任务选择"T_ROB1"。至此，完成单击"停止"按钮对参数的复位操作。	

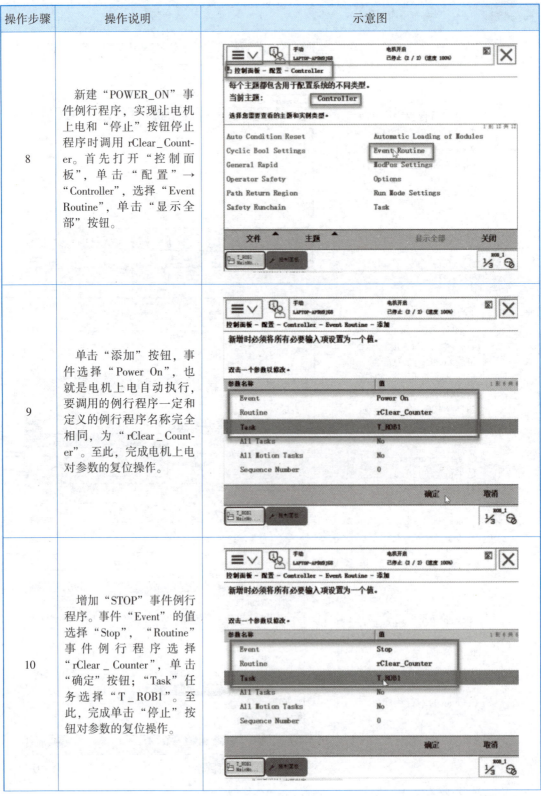

续表

操作步骤	操作说明	示意图
11	完成后根据提示进行重启操作，单击"确认"按钮，完成程序配置的更新执行。	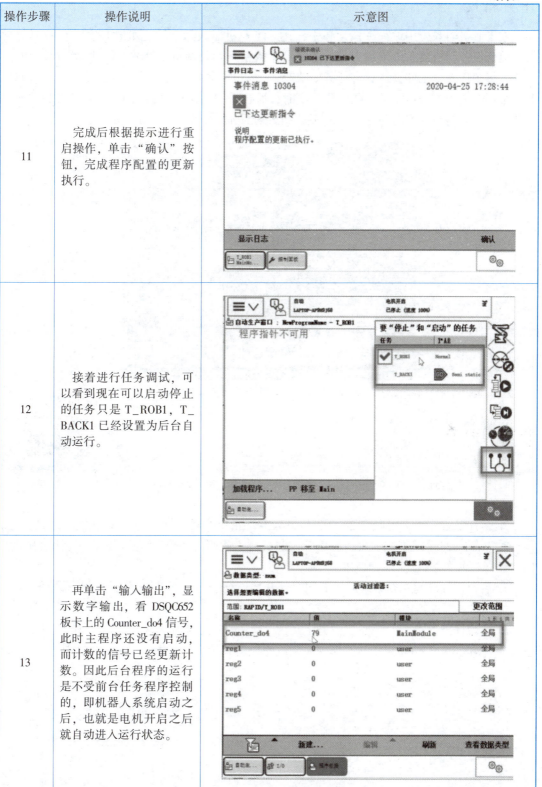
12	接着进行任务调试，可以看到现在可以启动停止的任务只是 T_ROB1，T_BACK1 已经设置为后台自动运行。	
13	再单击"输入输出"，显示数字输出，看 DSQC652 板卡上的 Counter_do4 信号，此时主程序还没有启动，而计数的信号已经更新计数。因此后台程序的运行是不受前台任务程序控制的，即机器人系统启动之后，也就是电机开启之后就自动进入运行状态。	

任 务 拓 展

在工业机器人应用编程考核设备中，建立工业机器人后台数据处理任务，任务具体要求：前台任务将机器人的末端夹具状态（加紧或松开）及搬运工件的个数共享给后台任务，机器人每搬运 5 个工件，在后台任务中就产生一个 1 s 的打包装箱信号发送给 PLC，每当机器人重新上电时，搬运工件个数清零。同时，后台任务中完成机器人 16 个自定义数据的打包和解包，并将数据实时与 PLC 工作站进行 Socket 通信，如图 9 – 6 所示。

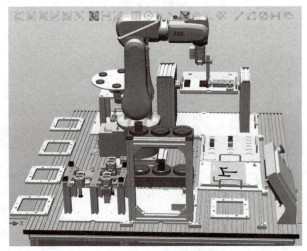

图 9 – 6　工业机器人应用编程虚拟工作站

知 识 测 试

知识测试参考答案

判断题

1. 机器人多任务运行需要的功能选项包是 623 – 1 Multitasking。

（　　　）

2. 多任务程序最多可以有 20 个带机器人运动指令的后台并行的 RAPID 程序。（　　　）

3. Multitasking 就是在前台运行用于控制机器人逻辑运算和运动的 RAPID 程序的同时，后台还有与前台并行运行的 RAPID 程序。

（　　　）

4. 后台多任务程序在系统启动的同时就开始连续运行，不受机器人控制状态的影响。

（　　　）

5. 后台任务的类型"Type"需先定义为"Normal"，因为默认"启动"和"停止"按钮仅会启动和停止 Normal 任务，当程序调试完成后，再将其设置为"Semistatic"。（　　　）

任务 10

机器人与 PLC 的 Socket 通信任务实现

机器人与 PLC 的
SOCKET 通信任务实现

职业技能等级证书要求

工业机器人应用编程职业技能等级证书（中级）		
工作领域	工作任务	技能要求
2. 工业机器人系统编程	2.3　工业机器人系统外部设备通信与编程	2.3.1　能够根据工作任务要求，编制工业机器人与 PLC 等外部控制系统的应用程序。
		2.3.5　能够根据工作任务要求，编制工业机器人单元人机界面程序。
工业机器人应用编程职业技能等级证书（高级）		
2. 工业机器人系统编程	2.3　外部设备通信与应用程序编制	2.3.1　能够根据工作任务要求，运用现有通信功能模块，设置接口参数，编制外部设备通信程序。
		2.3.3　能够根据工作任务要求，实现机器人与外部设备联动下的系统应用程序。
	2.4　工业机器人生产线综合应用编程	2.4.2　能够根据工作任务要求，开发工业机器人生产线人机界面程序。
工业机器人集成应用职业技能等级证书（中级）		
2. 工业机器人系统程序开发	2.3　工业机器人周边设备编程	2.3.1　能使用 PLC 简单的功能指令完成工业机器人典型工作任务（如搬运码垛、装配等）的程序编写。
		2.3.2　能根据工业机器人典型应用（如搬运码垛、装配等）的任务要求，在触摸屏编程软件上创建相应工程。
工业机器人集成应用职业技能等级证书（高级）		
2. 工业机器人系统程序开发	2.1　工业机器人高级编程	2.1.2　能应用通信指令，实现工业机器人与周边设备的协同。
	2.2　工业机器人周边设备编程	2.2.1　能编制典型工艺任务的 PLC 控制程序。
		2.2.2　能编制典型工艺任务的人机交互程序。

任务引入

在实际工程应用中，工业机器人作为自动化生产系统的控制器与执行器，需要与 PLC、HMI、相机等外围设备进行通信。ABB 工业机器人提供了丰富的 I/O 通信接口，如基于 ABB 标准板的 ABB 标准通信，基于 Profinet、Profibus 的总线通信，基于 Socket、串口的数据通信。Socket 通信又称为套接字通信，是基于应用级的接口通信，数据包大，使用方便，容错性强。本任务通过学习 Socket 通信原理、通信指令，掌握数据通信及数据打包、解包程序的编写，实现工业机器人与 PLC 之间的数据通信，通过触摸屏组态人机交互界面，深刻领会数据大端模式和小端模式存储数据的解析规则。

任务分解导图

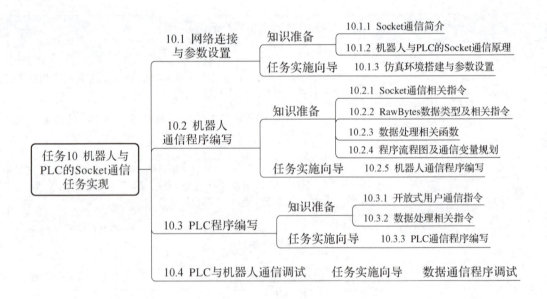

10.1 网络连接与参数设置

知识准备

10.1.1 Socket 通信简介

Socket 通信是一种基于 TCP 的通信，是面向客户/服务器模型而设计的。Socket 的中文翻译为"套接字"，它的英文本义是"插座"。Socket 就像一个电话插座，负责连通两端的电话，进行点对点通信。端口就像插座上的孔，端口不能同时被其他进程占用。建立

Socket 连接就像把插头插在这个插座上，创建一个 Socket 实例开始监听后，这个电话插座就时刻监听着消息的传入，谁拨通这个"IP 地址和端口"，就可以接通谁。

实际上，Socket 是在应用层和传输层之间的一个抽象层，如图 10 - 1 所示。它把 TCP/IP 层复杂的操作抽象为几个简单的接口，供应用层调用，实现进程在网络中的通信。Socket 起源于 UNIX 操作系统，在 UNIX 操作系统"一切皆文件"的思想下，进程间通信就被冠名为文件描述符（File Descriptor）。Socket 是一种"打开—读/写—关闭"模式的实现，服务器和客户端各自维护一个"文件"，在建立连接打开后，可以向自己文件写入内容供对方读取或者读取对方内容，通信结束时关闭文件。

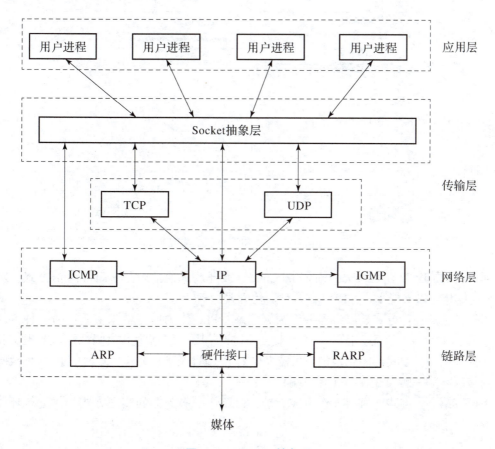

图 10 - 1　Socket 抽象层

Socket 属于门面通信，它把复杂的 TCP/IP 协议族隐藏在 Socket 接口后面，对用户来说，一组简单的接口就是全部，让 Socket 去组织数据，以符合指定的协议。Socket 通信可以收发指定的数据，包括字符串（string）、数值（num）、字符（char）等。

10.1.2　机器人与 PLC 的 Socket 通信原理

Socket 通信有客户端和服务端的区分。客户端（Client）是对被动等待 TCP 连接的对方设备执行主动信息处理的一方，是发送请求（request）的。而服务端是被动等待 TCP 连接，侦听等待的一方，响应请求（response），返回相应的信息数据。协议就是服务器与客户端交互信息的一种规则。

Socket 通信时需定义客户端和服务器套接字设备，一个套接字服务器设备可以连接多个套接字客户端，服务器通过不同的端口号区分连接的客户端。

机器人和 PLC 进行 Socket 通信的前提是机器人配置有 616 – 1PC Interface 选项。可通过机器人示教器查看机器人的系统配置查看系统选项，如图 10 – 2 所示。

图 10 – 2　查看机器人系统选项

西门子的 OUC（Open User Communication）或开放式通信就是 Socket 通信方式，对于 Socket 通信是可以支持 TCP、UDP 等多种通信方式的。

通信实现的一种方式是以机器人作为客户端，PLC 作为服务器来实现；另一种方式是以 PLC 作为客户端，机器人作为服务器来实现。无论哪一侧作为开放侧都可以实现交互通信。无论采用哪种方式都需要指定：机器人侧的 IP 地址及端口号；PLC 侧的 IP 地址及端口号；通信双方哪一侧为开放侧（客户端）。

下面以第一种方式即机器人作为客户端，PLC 作为服务器的实现方式为例进行环境搭建和参数设置。

任 务 实 施 向 导

10.1.3　仿真环境搭建与参数设置

1. RobotStudio 软件系统环境搭建与参数设置

本实例中 RobotStudio 软件为 RobotStudio 6.08.01，具体操作如表 10 – 1 所示。

表 10 - 1　RobotStudio 软件系统环境搭建与参数设置步骤

操作步骤	操作说明	示意图
1	查看机器人系统是否有 616 - 1 PC Interface 选项。 机器人示教器查看：单击机器人示教器主菜单，然后单击"系统信息"。	
2	依次选择"系统属性"→"控制模块"→"选项"，右侧则会展示目前机器人系统安装的选项。如果有 616 - 1 PC Interface 选项，则直接关闭，如果没有则继续下一步。	 跟我做：查看机器人系统安装的选项包
3	在 RobotStudio 软件中查看机器人系统是否有 616 - 1 PC Interface 选项：选择"控制器"→"修改选项"。	

续表

操作步骤	操作说明	示意图
4	弹出更改选项框，在"概况"下查看系统的选项包。	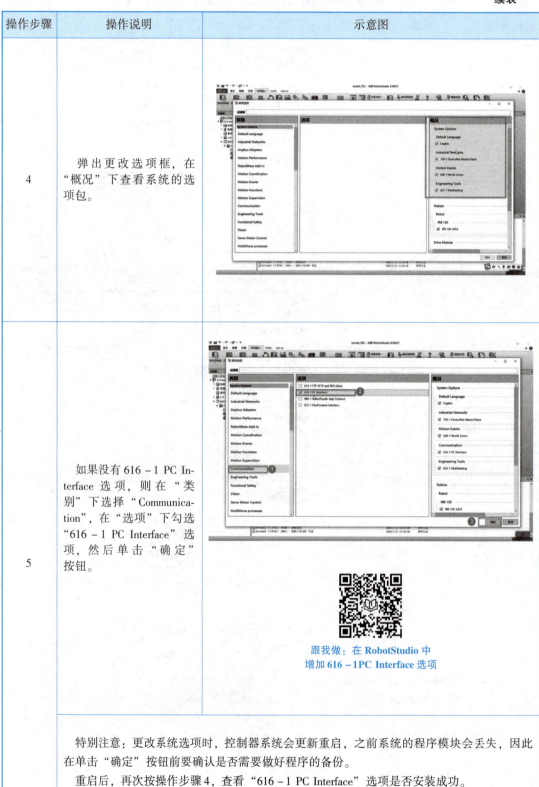
5	如果没有 616 – 1 PC Interface 选项，则在"类别"下选择"Communication"，在"选项"下勾选"616 – 1 PC Interface"选项，然后单击"确定"按钮。	跟我做：在 **RobotStudio** 中增加 **616 –1PC Interface** 选项

特别注意：更改系统选项时，控制器系统会更新重启，之前系统的程序模块会丢失，因此在单击"确定"按钮前要确认是否需要做好程序的备份。

重启后，再次按操作步骤4，查看"616 – 1 PC Interface"选项是否安装成功。

续表

操作步骤	操作说明	示意图
6	利用示教器配置机器人 LAN3 口的 IP 地址。 　　单击示教器的主菜单，然后单击"控制面板"。	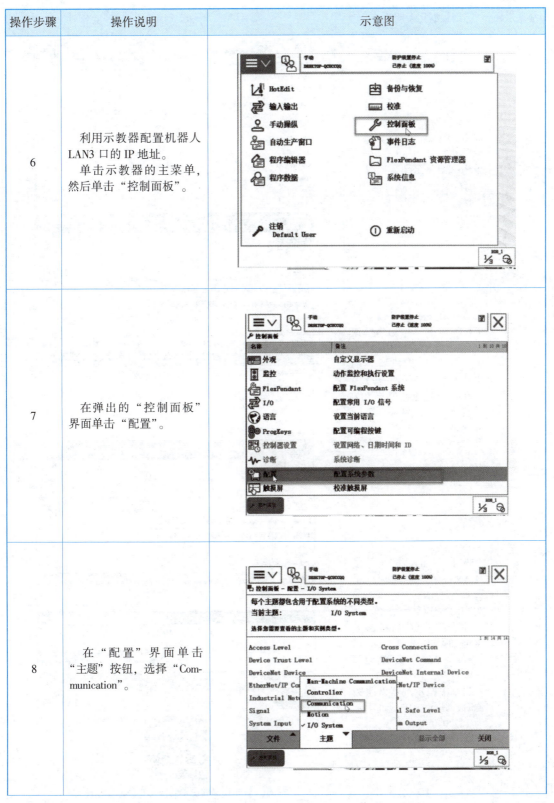
7	在弹出的"控制面板"界面单击"配置"。	
8	在"配置"界面单击"主题"按钮，选择"Communication"。	

操作步骤	操作说明	示意图
9	在"Communication"界面下，双击"IP Setting"，或单击"IP Setting"后再单击"显示全部"按钮。	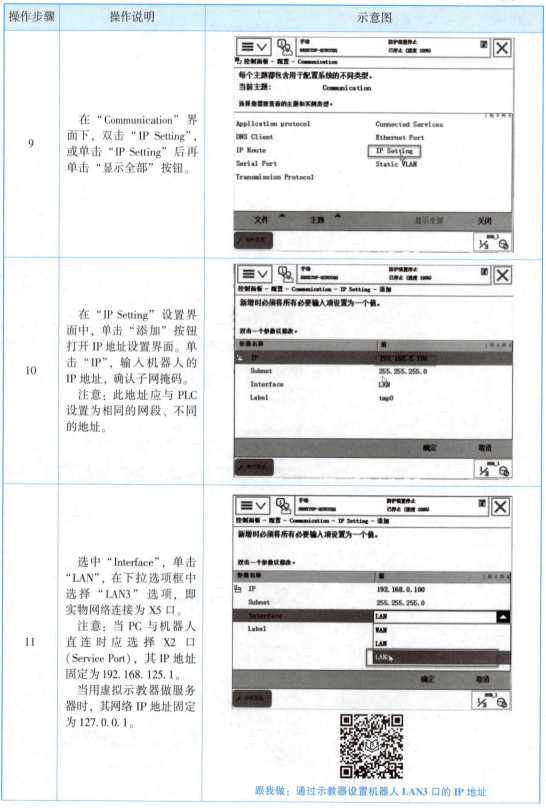
10	在"IP Setting"设置界面中，单击"添加"按钮打开IP地址设置界面。单击"IP"，输入机器人的IP地址，确认子网掩码。注意：此地址应与PLC设置为相同的网段、不同的地址。	
11	选中"Interface"，单击"LAN"，在下拉选项框中选择"LAN3"选项，即实物网络连接为X5口。注意：当PC与机器人直连时应选择X2口（Service Port），其IP地址固定为192.168.125.1。当用虚拟示教器做服务器时，其网络IP地址固定为127.0.0.1。	

跟我做：通过示教器设置机器人 **LAN3** 口的 **IP** 地址

操作步骤	操作说明	示意图
12	修改"Label"为"Socket",参数设置完成后的界面如右图所示。确认无误后,单击"确定"按钮,弹出"重新启动"对话框,单击"是"按钮,完成 IP 地址设置。	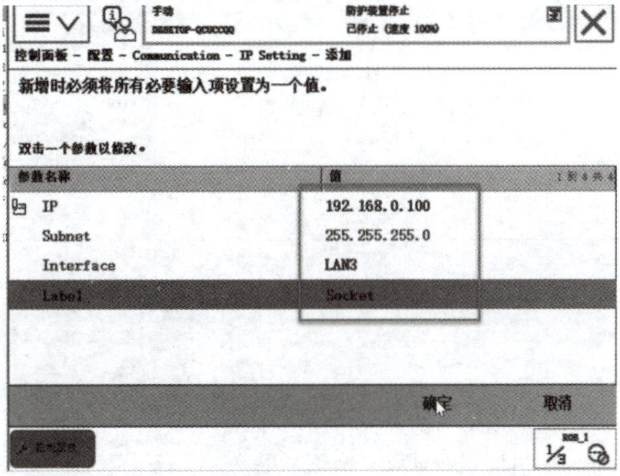
13	利用 RobotStudio 软件配置机器人 LAN3 口的 IP 地址。 依次选择"控制器"→"配置"→"Communication"选项,打开通信配置界面。	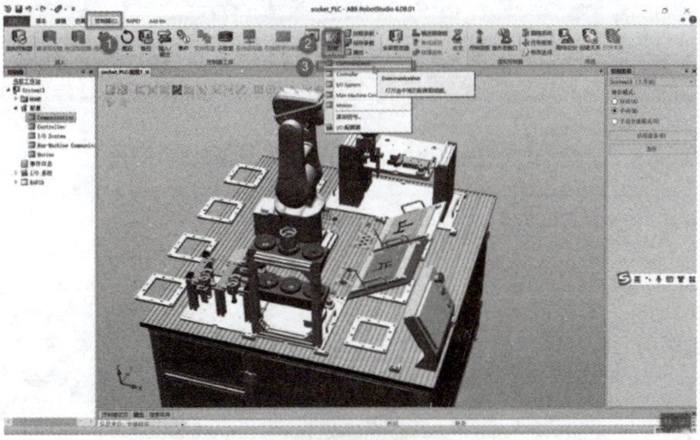 跟我做:通过 ROBOTSTUDIO 软件设置机器人 LAN3 口的 IP 地址
14	右键单击"IP Setting",弹出"新建 IP Setting"选项,单击"新建 IP Setting",弹出 IP 地址设置对话框。	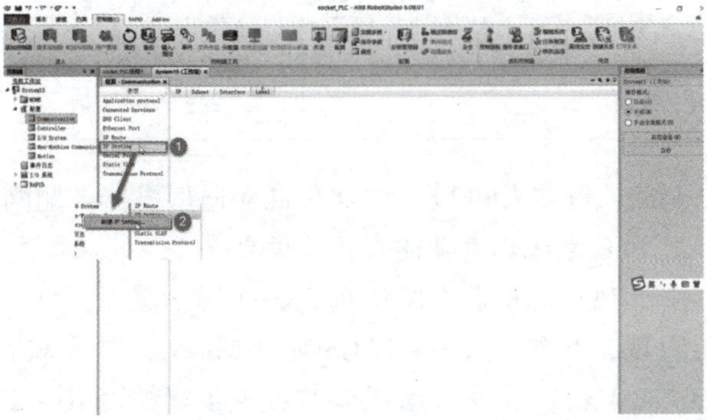

操作步骤	操作说明	示意图
15	按操作步骤 10～12 参数设置方法，修改 LAN3 口的 IP 地址及标签。	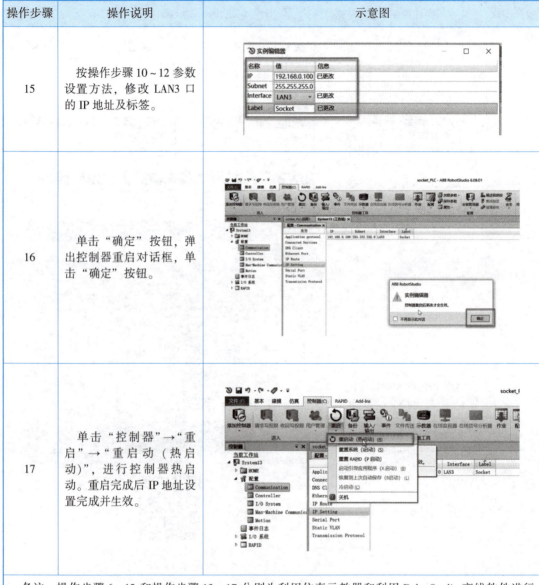
16	单击"确定"按钮，弹出控制器重启对话框，单击"确定"按钮。	
17	单击"控制器"→"重启"→"重启动（热启动）"，进行控制器热启动。重启完成后 IP 地址设置完成并生效。	

备注：操作步骤 6～12 和操作步骤 13～17 分别为利用仿真示教器和利用 RobotStudio 离线软件进行 LAN3 口的 IP 地址设置，操作时任选一种方法进行即可。

在真实机器人示教器中的设置方法与操作步骤 13～17 一致。如果真实机器人中已经存在 IP 地址设置，可选中该 IP Setting 的名称，单击"编辑"，进行参数修改。参数修改后将控制器重启，参数设置生效。

至此，机器人和 PLC 仿真 Socket 通信机器人侧网络参数设置完成。

2. PLC 系统环境搭建与参数设置

由于 PLC 和机器人的仿真 Socket 通信是基于 TCP 的通信，西门子 PLC 的 S7 – PLCSIM 不能实现，必须用 S7 – PLCSIM Advanced 仿真软件，本实例中采用的是 S7 – PLCSIM Advanced V3.0。软件安装及参数设置步骤如表 10 – 2 所示。

表 10－2 软件安装及参数设置步骤

操作步骤	操作说明	示意图
1	首先以管理员身份安装 WinPcap 软件，再安装 SIMATIC_PLCSIM_Advanced_V3。按系统提示的"下一步"到最后完成即可，完成 PLC 仿真软件的安装。	
2	在 Automation License Manager 安装 PLCSIM Advanced_V3 软件的授权。安装完成后如右图所示。	
3	设置虚拟网卡的 IP 地址：安装 PLCSIM Advanced 软件后，在网络连接下出现虚拟网卡"Siemens PLCSIM Virtual Ethernet Adapter"。 注意：计算机系统不同，虚拟网卡的网络名称不同。	跟我做：虚拟网卡 IP 地址设置
4	双击虚拟网卡，弹出以太网设置对话框，单击"属性"按钮。	

操作步骤	操作说明	示意图
5	双击"Internet 协议版本 4（TCP/IPv4）"，打开 TCP/IPv4 属性设置窗口。选中"使用下面的 IP 地址"，输入 IP 地址和子网掩码。完成后单击"确定"按钮返回。 特别提醒：此 IP 地址必须与"1. RobotStudio 软件系统环境搭建与参数设置"一节中操作步骤 10 或步骤 15 中设置的 IP 地址相同。	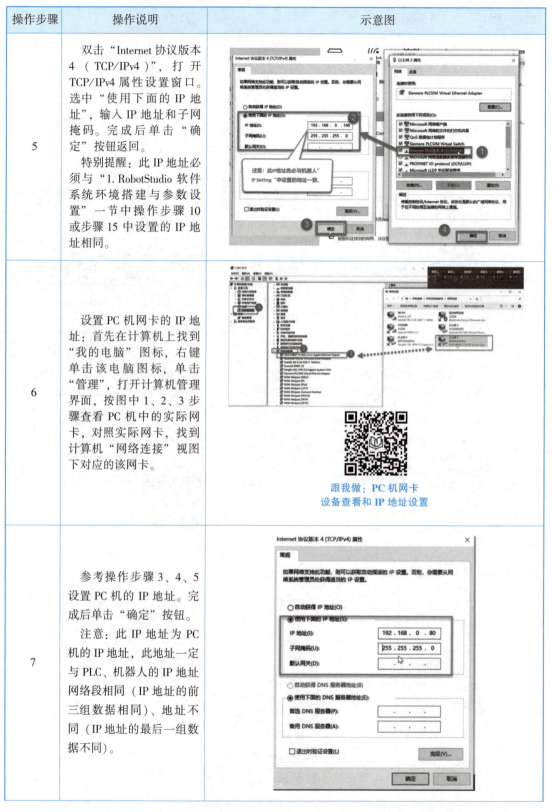
6	设置 PC 机网卡的 IP 地址：首先在计算机上找到"我的电脑"图标，右键单击该电脑图标，单击"管理"，打开计算机管理界面，按图中 1、2、3 步骤查看 PC 机中的实际网卡，对照实际网卡，找到计算机"网络连接"视图下对应的该网卡。	跟我做：PC 机网卡 设备查看和 IP 地址设置
7	参考操作步骤 3、4、5 设置 PC 机的 IP 地址。完成后单击"确定"按钮。 注意：此 IP 地址为 PC 机的 IP 地址，此地址一定与 PLC、机器人的 IP 地址网络段相同（IP 地址的前三组数据相同）、地址不同（IP 地址的最后一组数据不同）。	

续表

操作步骤	操作说明	示意图
8	设置 PLCSIM Advanced 的参数。 　　以管理员身份运行 PLCSIM Advanced 软件，在右图中①"Online Access"下选择"PLCSIM Virtual Eth. Adapter"虚拟网卡。图中②TCP/IP 通信接口选择"以太网 5"。注：此接口选择应根据电脑硬件配置选择实际的通信网卡。图中③设置虚拟 PLC 的名称、IP 地址、子网掩码，此 IP 地址设置规则与机器人、PC 机 IP 地址设置规则相同。在"PLC type"下选择 1500 系列 PLC，设置完成后，单击图中④"Start"按钮即可运行 PLC 的仿真。	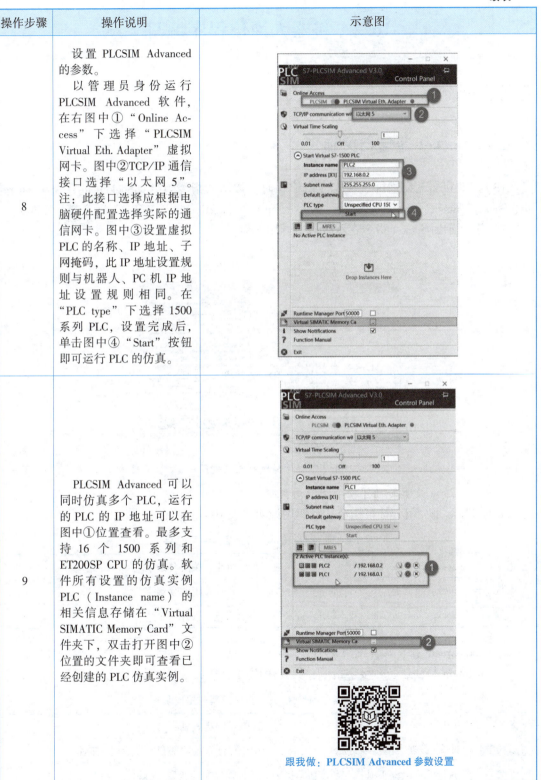
9	PLCSIM Advanced 可以同时仿真多个 PLC，运行的 PLC 的 IP 地址可以在图中①位置查看。最多支持 16 个 1500 系列和 ET200SP CPU 的仿真。软件所有设置的仿真实例 PLC（Instance name）的相关信息存储在"Virtual SIMATIC Memory Card"文件夹下，双击打开图中②位置的文件夹即可查看已经创建的 PLC 仿真实例。	跟我做：PLCSIM Advanced 参数设置

10.2　机器人通信程序编写

知识准备

10.2.1　Socket 通信相关指令

ABB 工业机器人在进行 Socket 通信编程时，常用的指令包括：SocketClose、SocketCreate、SocketConnect、SocketGetStatus、SocketSend、SocketReceive、StrPar、StrToVal 和 StrLen。如图 10 − 3 所示为 Socket 指令在示教器中调用画面。

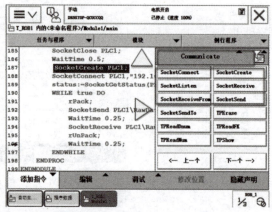

图 10 − 3　Socket 指令（部分）

1. SocketClose 关闭套接字指令及使用说明

SocketClose 是关闭套接字指令，其使用说明如表 10 − 3 所示。

表 10 − 3　SocketClose 指令及其使用说明

指令	SocketClose Socket	功能：关闭套接字
参数	Socket 数据类型：socketdev	有待关闭的套接字
示例	SocketClose Socket1；//关闭套接字，且不能再进行使用	

2. SocketCreate 指令及其使用说明

SocketCreate 是创建新套接字指令，其使用说明如表 10 − 4 所示。

表 10 − 4　SocketCreate 指令及其使用说明

指令	SocketCreate Socket	功能：创建 Socket 套接字
参数	Socket 数据类型：socketdev	用于存储系统内部套接字数据的变量
示例	SocketCreate Socket1；//创建新套接字设备，并分配到变量 Socket1	

3. SocketConnect 指令及其使用说明

SocketConnect 是连接远程计算机指令，其使用说明如表 10 – 5 所示。

表 10 – 5　SocketConnect 指令及其使用说明

指令	SocketConnect Socket，Address，Port	功能：用于连接远程计算机。仅限客户端使用。
参数	Socket 数据类型：socketdev	有待连接的服务器套接字，必须创建尚未连接的套接字
	Address 数据类型：string	远程计算机的 IP 地址，必须将远程计算机指定为一个 IP 地址。不能使用远程计算机的名称
	Port 数据类型：num	位于远程计算机上的端口。通常可自由使用端口 1025 ~ 4999
	［\Time］数据类型：num	程序执行等待接收或否定连接的最长时间量。如果未使用参数"\Time"，则等待时间为 60 s。为了永久等待，则使用预定义常量 WAIT_MAX
示例	SocketConnect Socket1 ,"192.168.0.1" ,1025； //尝试与 IP 地址 192.168.0.1 和端口 1025 处的远程计算机相连	

4. SocketSend 指令及其使用说明

SocketSend 是向远程计算机发送数据指令，其使用说明如表 10 – 6 所示。

表 10 – 6　SocketSend 指令及其使用说明

指令	SocketSend Socket［\Str］\［\RawData］\［\Data］	功能：发送数据至远程计算机
参数	Socket 数据类型：socketdev	在套接字接收数据的客户端应用中，必须已经创建和连接套接字
	［\Str］数据类型：string，将 String 发送到远程计算机。 ［\RawData］数据类型：rawbytes，将 RawBytes 数据发送到远程计算机。 ［\Data］数据类型：array of byte，将 Byte 数组中的数据发送到远程计算机	将数据发送到远程计算机。同一时间只能使用可选参数 \Str、\RawData 或\Data 中的一个
示例	SocketSend Socket1 \Str ：= "Hello world"；//将消息"Hello world"发送给远程计算机	

5. SocketReceive 指令及其使用说明

SocketReceive 是接收来自远程计算机数据的指令，其使用说明如表 10 –7 所示。

表 10 – 7　SocketReceive 指令及其使用说明

指令	SocketReceive Socket［\Str］\［\RawData］\［\Data］	功能：接收远程计算机数据
参数	Socket 数据类型：socketdev	在套接字接收数据的客户端应用中，必须已经创建和连接套接字
	［\Str］数据类型：string，存储接收 string 数据的变量。可处理最多 80 个字符。 ［\RawData］数据类型：rawbytes，存储接收原始数据字节数据的变量。可处理最多 1 024 个 RawBytes。 ［\Data］数据类型：array of byte，存储接收字节数据的变量。可处理最多 1 024 个 Byte	应当存储接收数据的变量。同一时间只能使用可选参数 \Str、\RawData 或 \Data 中的一个
示例	SocketReceive Socket1 \Str : = str_data；//从远程计算机接收数据，并将其存储在字符串变量 str_data 中	

6. SocketGetStatus 指令及其使用说明

SocketGetStatus 是获得当前套接字状态的指令，其使用说明如表 10 – 8 所示。

表 10 – 8　SocketGetStatus 指令及其使用说明

指令	SocketGetStatus（Socket）	功能：获取套接字当前的状态
参数	Socket 数据类型：socketdev	用于存储系统内部套接字数据的变量
示例	state : = SocketGetStatus(Socket1)；//返回 Socket1 套接字当前状态	
套接字状态	Socket _ CREATED、Socket _ CONNECTED、Socket _ BOUND、Socket _ LISTENING、Socket_CLOSED	

10.2.2　RawBytes 数据类型及相关指令

RawBytes 是一种非数值的复合数据类型，用作一个通用数据容器与 I/O 设备进行通信。通过相关指令/函数，可将 num、byte、string 类型的数据填充 rawbytes 类型数据，其最大长度为 1 024 字节。在 rawbytes 变量中，也包含各种数据的有效字节的长度。声明 rawbytes 变量时，将 rawbytes 中的所有字节设置为 0，并将变量中的当前有效字节长度设置为 0。

常用的 rawbytes 数据相关指令/函数有 PackRawBytes、UnPackRawBytes、ClearRawBytes、RawBytesLen 等。

1. PackRawBytes 指令及使用说明

PackRawBytes 是（打包）将数据装入 rawbytes 原始数据的指令，其使用说明如表 10 – 9 所示。

表 10 － 9　PackRawBytes 指令及其使用说明

指令	PackRawBytes Value RawData［\Network］StartIndex［\Hex1］|［\IntX］［\Float4］|［\ASCII］	
参数	Value 数据类型：anytype	有待装入 RawData 的数据。容许的数据类型包括 num、dnum，byte 或 string。无法使用数组
	RawData 数据类型：rawbytes	用于打包数据的容器变量
	［\Network］数据类型：switch	数值打包方式，即大端法或小端法，默认为小端法。该参数仅与选项参数 \ IntX － UINT、UDINT、INT、DINT 和\Float4 相关
	StartIndex 数据类型：num	打包数据的起始位置，该值介于 1 和 1 024 之间
	［\Hex1］数据类型：switch	若待打包的 Value 具有 byte 格式，应使用 \ Hex1 参数标记，每个 Byte 数据使 RawData 长度增加 1 个字节
	［\IntX］数据类型：inttypes	若待打包的数据为 num 或 dnum 格式的整数，应使用参数\IntX：= xx 标记，xx 的值与对应数据类型的关系如下： usint：无符号短整型，占用 1 个字节； uint：无符号整型，占用 2 个字节； udint：无符号双整型，占用 4 个字节； ulint：无符号长整型，占用 8 个字节； sint：有符号短整型，占用 1 个字节； int：有符号整型，占用 2 个字节； dint：有符号双整型，占用 4 个字节； lint：有符号长整型，占用 8 个字节
	［\Float4］数据类型：switch	若待打包的数据为 num 格式的实数，则使用\Float4 参数标记，占用 4 个字节
	［\ASCII］数据类型：switch	若待打包的数据为 string 格式，则使用\ASCII 参数标记。String 数据包含 1 ~ 80 个字符
功能	将 byte、num、dnum 或 string 类型变量的值装入 rawbytes 数据类型的变量中	
示例	VAR rawbytes raw_send； VAR num def1_out：= 0； PackRawBytes def1_out,raw_send,1\IntX：= 2； 示例说明：将 int 型数据 def1_out 打包到 raw_send 变量第一个字节开始的位置中，字节长度为 2	

2. UnPackRawBytes 指令及其使用说明

UnPackRawBytes 是（解包）打开来自 rawbytes 原始数据的指令，其使用说明如表 10 － 10 所示。

表 10 – 10　UnPackRawBytes 指令及其使用说明

指令	UnPackRawBytes RawData［\Network］StartIndex Value ［\Hex1］｜［\IntX］［\Float4］｜［\ASCII］	
参数	RawData 数据类型：rawbytes	用于解包数据的 rawbytes 容器变量
	［\Network］数据类型：switch	解包整数和浮点数的网络顺序，Profibus 和 Interbus 使用大端法。默认此开关不启用，为小端法。该参数仅与选项参数\IntX – UINT、UDINT、INT、DINT 和\Float4 相关
	StartIndex 数据类型：num	打包数据的起始位置，该值介于 1 和 1 024 之间
	Value 数据类型：anytype	从 RawData 解包数据的变量。容许的数据类型包括 num、dnum、byte 或 string。无法使用数组
	［\Hex1］数据类型：switch	若待解包的 Value 具有 byte 格式，应使用\Hex1 参数标记，每个 Byte 数据使 RawData 长度增加 1 个字节
	［\IntX］数据类型：inttypes	若待解包的数据为 num 或 dnum 格式的整数，应使用参数\IntX：= xx 标记，xx 的值与对应数据类型的关系同 PackRawBytes 中的\IntX 参数说明
	［\Float4］数据类型：switch	若待解包的数据为 num 格式的实数，则使用\Float4 参数标记，占用 4 个字节
	［\ASCII］数据类型：switch	若待解包的数据为 string 格式，则使用\ASCII：= x 的参数标记。x 为字符串长度
功能	按顺序将 rawbytes 数据类型的变量解包到 byte、num、dnum 或 string 类型的变量中	
示例	VAR rawbytes raw_receive； VAR num def1_in：=0； UnPackRawBytes raw_receive,3,def1_in\IntX：=2； 示例说明：解包 raw_receive，将从字节 3 开始的两个字节数据保存到 def1_in 中	

3. ClearRawBytes 指令及其使用说明

ClearRawBytes 是（清包）清除 rawbytes 类型原始数据内容的指令，其使用说明如表 10 – 11 所示。

表 10 – 11　ClearRawBytes 指令及其使用说明

指令	ClearRawBytes RawData ［\FromIndex］	
参数	RawData 数据类型：rawbytes	RawData 是将被清除的数据容器
	［\FromIndex］数据类型：num	清除 RawData 数据容器的起始位置。如果未指定\FromIndex，则清除始于索引 1 的所有数据
功能	将 RawData 数据容器指定起始位置后的所有数据清零，如果不指定起始位置则清除整个数据容器	
示例	VAR rawbytes raw_send； ClearRawBytes raw_send\\FromIndex：=3； 示例说明：将 raw_send 数据容器中的第 3 个字节开始的数据清零	

10.2.3　数据处理相关函数

1. StrPart 指令及其使用说明

StrPart 是获取指定位置开始长度的字符串指令，其使用说明如表 10 – 12 所示。

表 10 – 12　StrPart 指令及其使用说明

指令	StrPart（Str ChPos Len）	功能：获取指定位置开始长度的字符串
参数	Str 数据类型：string	字符串数据，有待发现其组成部分
	ChPos（Character Position）	字符串开始位置
	Len 数据类型：num	截取字符串的长度
示例	Part：= StrPart（"Robotics"，1，5）； 示例说明：从"Robotics"字符串的第一个字符开始截取 5 个字符赋给变量 Part，值为"Robot"	

2. StrLen 指令及其使用说明

StrLen 是获取字符串长度的指令，其使用说明如表 10 – 13 所示。

表 10 – 13　StrLen 指令及其使用说明

指令	StrLen（Str）	功能：获取指定位置开始长度的字符串
参数	Str 数据类型：string	获取字符串的长度
示例	n：= StrLen（"hbcit"）； 示例说明：求取字符串 hbcit 的长度，返回值5赋给变量 n	

3. RawBytesLen 指令及其使用说明

RawBytesLen 是获取 rawbytes 数据长度的指令，其使用说明如表 10 – 14 所示。

表 10 – 14　RawBytesLen 指令及其使用说明

指令	RawBytesLen（RawData）	功能：获取 rawbytes 变量中有效字节的当前长度，返回值为 num
参数	RawData 数据类型：rawbytes	RawData 是将被清除的数据容器
示例	PackRawBytes def1_out，raw_send，RawBytesLen（raw_send）+ 1\IntX：= 2； 示例说明：将 def1_out 数据打包到 raw_send，位置是 raw_send 的最后一位数据后的 2 个字节（数据长度 + 1 字节地址开始的 2 个字节）	

4. Trunc 指令及其使用说明

Trunc 是截断一个数值指令，其使用说明如表 10 – 15 所示。

表 10 – 15　Trunc 指令及其使用说明

指令	Trunc(Val[\Dec])	功能：将数值截断至规定位数的小数，返回值为 num
参数	Val 数据类型：num	有待截断的数值
	\Dec 数据类型：num	小数位数。如果指定的小数位数为 0，或者如果省略参数，则将值截断为一个整数
示例	VAR num val； val ：= Trunc(0. 3852138 \Dec：= 3)； 示例说明：将变量 val 的值截取 3 位小数赋予变量 val，结果为 0. 385	

10. 2. 4　程序流程图及通信变量规划

工业机器人与 PLC 之间 Socket 通信的流程图如图 10 – 4 所示。

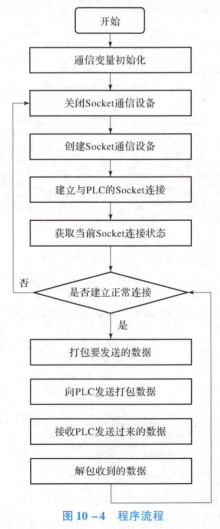

图 10 – 4　程序流程

　　根据任务工单要求，机器人和 PLC 之间完成 string、array of byte、num（int、float）等类型的数据通信。工业机器人与 PLC 的通信需要设计相应的输入与输出通道，为保证通信正常，工业机器人和 PLC 之间交换的数据必须一一对应。以工业机器人侧描述，PLC 发送到工业机器人的为输入，工业机器人发送到 PLC 的为输出，各通信数据变量的规划定义如表 10－16 所示。

表 10－16　机器人数据变量表

序号	变量名称	变量数据类型说明	变量工程应用说明
1	stack_out	一维数组，数据元素个数为 2 个，数据格式为 byte	模拟机器人侧发送给 PLC 的 bool 型数据，如设备是否启动、装配是否完成等
2	int1_out	num 格式的整数，占 2 个字节	模拟机器人侧发送给 PLC 的 num 格式的整数，如设备控制字、生产统计数据等
3	float1_out	num 格式的实数，占 4 个字节	模拟机器人侧发送给 PLC 的 num 格式的实数，如位置数据、生产数据信息等
4	name1_out	string	模拟机器人侧发送给 PLC 的 string 型数据，如操作员姓名、产品标识码等
5	stack_in	一维数组，数据元素个数为 2 个，数据格式为 byte	模拟 PLC 侧反馈给机器人的 bool 型数据，如设备是否启动、设备是否到位等开关量信号
6	int1_in	num 格式的整数，占 2 个字节	模拟 PLC 侧反馈给机器人的 num 格式的整数，如生产数据、设备状态反馈字等
7	float1_in	num 格式的实数，占 4 个字节	模拟 PLC 侧反馈给机器人的 num 格式的实数，如生产数据、设备位置信息等
8	name1_in	string	模拟 PLC 侧反馈给机器人的 string 型数据，如操作员姓名、产品标识码等

　　注意：由于 SocketReceive、SocketSend 收发数据指令的收发数据参数无 bool 型数据。因此在工程应用中如果需要收发 bool 型数据，可以通过编写数据处理程序，首先将发送的 bool 型转化为 byte 型数据再进行发送，收到的 byte 型数据通过程序转化为 bool 型，再进行应用。

　　由于 PackRawBytes、UnPackRawBytes 打包和解包指令无法对数组进行直接操作，因此需对数组中的每一个元素进行单独操作。

　　机器人通信数据定义完成后，在工业机器人与 PLC 建立 Socket 通信前，必须对通信数据变量进行初始化，防止通信建立完成后，机器人将未初始化的通信数据变量发送给 PLC，造成系统出错或误操作。

　　由于机器人示教器编程添加指令及修改参数需要多步操作，效率低，但能保证语法正确，所以初学者建议使用示教器编程。而离线编程在 RobotStudio 软件中利用计算机键盘输入，操作简单，效率高，适合有一定基础的学习者和机器人编程工程师使用。示教编程步骤在此不再赘述，本任务实施步骤展示的是 RobotStudio 离线编程实现过程。

任务实施向导

10.2.5　机器人通信程序编写

视频　10-9 通信
变量定义及
变量初始化
程序编写

1. 机器人通信程序变量定义及初始化

机器人通信程序变量定义及初始化程序操作步骤如表 10-17 所示。

表 10-17　机器人通信程序变量定义及初始化程序操作步骤

操作步骤	操作说明	示意图
1	在"RAPID"菜单下，选中任务"T_ROB1"，右键单击，在弹出的菜单中单击"新建模块"，弹出"新建模块"对话框，输入模块名称"Module1"，单击"确定"按钮，创建新模块。如果模块存在，此步省略即可。	
2	在弹出的模块编辑窗口中进行变量的定义。根据工单通信数据的要求，参照创建的变量如右图所示。	MODULE Module1 　VAR socketdev PLC1; 　VAR string name1_out; 　VAR byte stack_out{2}; 　VAR num int1_out; 　VAR num float1_out; 　VAR string name1_in; 　VAR byte stack_in{2}; 　VAR num int1_in; 　VAR num float1_in; 　VAR rawbytes raw_send; 　VAR rawbytes raw_receive; 　VAR socketstatus status;
3	在程序编辑区，输入新建例行程序的关键字"proc"，选择"PROC...ENDPROC"，在图中②< ID >位置输入例行程序名称。在图中③< SMT >位置输入数据初始化代码。	

续表

操作步骤	操作说明	示意图
| 4 | 参照数据初始化代码如右图所示。 | ```
15 ⊟    PROC rInitial()
16          name1_out:="*********";
17          stack_out:=[0,0];
18          int1_out:=0;
19          float1_out:=0.0;
20          name1_in:="*********";
21          stack_in:=[0,0];
22          int1_in:=0;
23          float1_in:=0.0;
24      ENDPROC
``` |
| 5 | 在程序编写过程中，可单击"格式"→"对文档进行格式化"命令，对程序进行格式化处理。 | ```
6     VAR num int1_out;
7     VAR num float1_out;
8     VAR string name1_in;
9     VAR byte stack_in{2};
10    VAR num int1_in;
11    VAR num float1_in;
12    VAR rawbytes raw_send;
13    VAR rawbytes raw_receive;
14    VAR socketstatus status;
``` |
| 6 | 程序编写完成后，单击如图中①位置的"应用"→"全部应用"，则模块中程序左侧代码行旁的黄色标识符变为绿色。此时单击②位置的"检查程序"，可在下方输出窗口中查看程序是否存在错误。 | |

2. 通信数据打包程序

在程序编辑窗口新建打包例行程序 rPack，参照图 10 - 5 数据打包程序完成数据处理和打包程序的编写。其具体实现过程参照微课视频。

注意：打包数据的顺序及数据类型一定与 PLC（服务器）接收数据的顺序及数据类型严格一致。

视频　10 - 10 数据
打包程序编写

```
PROC rPack()
    ClearRawBytes raw_send;
    stack_out{1}:=trunc(stack_out{1});
    stack_out{2}:=trunc(stack_out{2});
    IF StrLen(name1_out)<8 THEN
        name1_out:=name1_out+StrPart("********",1,8-StrLen(name1_out));
    ELSE
        name1_out:=StrPart(name1_out,1,8);
    ENDIF
    PackRawBytes stack_out{1},raw_send,RawBytesLen(raw_send)+1\hex1;
    PackRawBytes stack_out{2},raw_send,RawBytesLen(raw_send)+1\hex1;
    PackRawBytes int1_out,raw_send,RawBytesLen(raw_send)+1\IntX:=2;
    PackRawBytes float1_out,raw_send,RawBytesLen(raw_send)+1\Float4;
    PackRawBytes name1_out,raw_send,RawBytesLen(raw_send)+1\ASCII;
ENDPROC
```

图 10 - 5　数据打包程序

3. 通信数据解包程序

在程序编辑窗口新建解包例行程序 rUnPack，参照图 10 - 6 数据解包程序完成数据解包程序的编写。其具体实现过程参照微课视频。

```
PROC rUnPack()
    UnpackRawBytes raw_receive,1,stack_in{1}\Hex1;
    UnpackRawBytes raw_receive,2,stack_in{2}\Hex1;
    UnpackRawBytes raw_receive,3,int1_in\IntX:=2;
    UnpackRawBytes raw_receive,5,float1_in\Float4;
    UnpackRawBytes raw_receive,9,name1_in\ASCII:=8;
ENDPROC
```

图 10 - 6　数据解包程序

注意：解包数据的顺序及数据类型一定与 PLC（服务器）发送数据的顺序及数据类型严格一致。

4. Socket 通信主程序编写

在程序编辑窗口新建 Socket 通信主程序 main，参照图 10 - 7 完成主程序的编写。其具体实现过程参照微课视频。

跟我做：数据解包
程序编写

```
PROC main()
    rInitial;
    SocketClose PLC1;
    WaitTime 0.5;
    SocketCreate PLC1;
    SocketConnect PLC1,"192.168.0.1",2000;
    status:=SocketGetStatus(PLC1);
    WHILE status=SOCKET_CONNECTED DO
        rPack;
        SocketSend PLC1\RawData:=raw_send;
        WaitTime 0.2;
        SocketReceive PLC1\RawData:=raw_receive;
        WaitTime 0.2;
        rUnPack;
    ENDWHILE
ERROR
    IF status=ERR_SOCK_TIMEOUT THEN
        RETRY;
    ENDIF
ENDPROC
```

图 10 - 7　Socket 通信主程序

注意：SocketConnect 指令中的"192.168.0.1"为机器人要连接的 PLC（服务器）的 IP 地址，后面的参数端口号 2000 为 PLC（服务器）设置开放的端口号。

10.3　PLC 程序编写

知 识 准 备

10.3.1　开放式用户通信指令

1. 开放式用户通信简介

OUC（Open User Communication,）通信即为开放式用户通信，采用开放式标准，适用于西门子 PLC 设备之间以及西门子 PLC 与第三方设备的通信。开放式用户通信主要包含以下三种通信：

（1）TCP 通信，是面向数据流的通信，为设备之间提供全双工、面向连接、可靠安全的连接服务，传送数据时需要制定 IP 地址和端口号。TCP/IP 是面向连接的通信协议，通信的传输需要经过建立连接、数据传输、断开连接三个阶段。是使用最广泛的通信，适用于大量数据的传输。

（2）ISO – on – TCP 通信，是面向消息的协议，是在 TCP 中定义了 ISO 传输的属性，是面向连接的通信协议，通过数据包进行数据传输。ISO – on – TCP 是面向消息的协议，数据传输时传送相关消息长度和消息结束标志。

（3）UDP 通信，是一种非面向连接的通信协议，发送数据之前无须建立连接，传输数据时只需要制定 IP 地址和端口号作为通信端点，不具有 TCP 中的安全机制，数据的传输无须伙伴方应答，因而数据传输的安全不能得到保障，数据传输时传送相关消息长度和结束的信息。

开放式用户通信是双边通信，即客户端与服务器端都需要写程序，比如客户端写发送指令和接收指令，那服务器端也要写接收指令和发送指令，发送与接收指令是成对出现的。

2. 开放式用户通信指令

在 S7 – 1200/1500 PLC 中，提供了两种开放式通信指令，一种是集成了连接功能的指令，另一种是需要进行单独使用连接指令进行连接后才可使用的指令，如图 10 – 8 所示。

自带连接功能的指令有 TSEND_C（建立连接并发送数据）和 TRCV_C（建立连接并接收数据），自带连接的通信指令适用于 TCP、ISO – on – TCP、UDP 三种通信协议；不自带连接功能的指令有 TCON（建立通信连接）、TDISCON（断开通信连接）、TSEND（发送数据 TCP/ISO – on – TCP）、TRCV（接收数据 TCP/ISO – on – TCP）、TUSEND（发送数据 UDP）、TURCV（接收数据 UDP）。

（1）建立连接并发送数据指令 TSEND_C。

指令格式如图 10 – 9 所示。用于建立一个 TCP 或 ISO – on – TCP 通信连接并发送通信数据，各端子的功能见表 10 – 18。

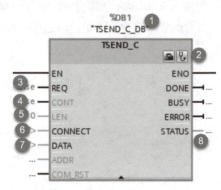

图 10-8　开放式用户通信相关指令　　　　图 10-9　TSEND_C 指令格式

表 10-18　TSEND_C 指令各端子说明

序号	端子标识	说明
1	TSEND_C_DB	调用 TSEND_C 指令时指定的背景数据块
2		指令的配置工具与诊断工具
3	REQ	REQ 的上升沿启动发送作业
4	CONT	控制通信连接：0—断开通信连接；1—建立并保持通信连接
5	LEN	可选参数（隐藏），是指要通过作业发送的最大字节数。如果在 DATA 参数中使用具有优化访问权限的发送区，LEN 参数值必须为"0"
6	CONNECT	指向连接描述结构的指针。对于现有连接，使用 TCON_Configured 系统数据类型
7	DATA	指向发送区的指针，该发送区包含要发送数据的地址和长度。传送结构时，发送端和接收端的结构必须相同
8	输出端子	标识指令执行的结果、状态、错误代码及错误信息

注意：

①当执行完成时，"DONE"位仅接通一个扫描周期。当出现错误时，错误位"ERROR"仅接通一个扫描周期。

②CONNECT 指向连接描述用于设置通信连接，通过 CONT = 1 设置并建立通信连接，成功建立连接后，参数"DONE"将被设置为"1"并持续一个周期。CPU 进入 STOP 模式后，将终止现有连接并移除已设置的连接。

③参数 DATA 定义发送数据区域，包括要发送数据的地址和长度。不可以在参数 DATA 中使用数据类型为 Bool 或 Array of bool 的数据区。注意：发送数据的长度和数据类型等要与接收端的数据长度和类型相匹配。其数据格式一般使用指针形式。

④发送数据（在参数 REQ 的上升沿）时，参数 CONT 的值必须为"1"才能建立或保持连接。在发送作业完成前不允许编辑要发送的数据。如果发送作业成功执行，则参数 DONE 将被设置为"1"，但参数 DONE 的信号状态"1"不能确定通信伙伴已读取所发送的数据。

⑤错误代码及错误信息可以通过帮助系统查询。

（2）建立连接并接收数据指令 TRCV_C。

指令格式如图 10 - 10 所示。各端子功能与 TSEND_C 指令类似。

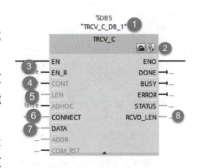

图 10 - 10　TRCV_C 指令格式

其中"EN_R"是启用接收功能。接收数据（在参数 EN_R 的上升沿）时，参数 CONT 的值必须为"1"才能建立或保持连接。

"DATA"是指向接收区的指针。传送结构时，发送端和接收端的结构必须相同。接收数据区长度通过参数"LEN"指定（LEN ≠ 0 时），或者通过参数"DATA"的长度信息指定（LEN = 0 时）。如果在参数 DATA 中使用纯符号值，则 LEN 参数的值必须为"0"。

（3）不带连接功能的通信指令。

TCON 指令用于建立通信连接，TSEND 指令通过通信连接发送数据。二者联合使用时功能与 TSEND_C 相同。TRCV 指令通过连接接收数据，此指令与 TCON 指令联合使用时功能与 TRCV_C 功能相同。各指令端子定义也与 TSEND_C 和 TRCV_C 类似。

10.3.2　数据处理相关指令

由于 ABB 机器人数据存储格式为小端法，西门子 PLC 数据存储格式为大端法，因此对于存储空间等于或大于 2 个字节的数据需要进行数据解析。由于 Socket 通信传输的是字符，因此对于数据源是字符串类型的数据需要进行数据处理或数据解析，同时浮点数是以 DWord 型数据进行传输的，因此对于数据源是浮点型的数据也需要进行数据处理或数据解析。

PLC 侧进行数据处理和数据解析用到的指令有 SWAP、CONV、Chars_TO_Strg、Strg_TO_Chars、TRUNC、FILL_BLK 等。相关指令如表 10 - 19 所示。

表 10 - 19　数据处理相关指令及其使用说明

指令	使用说明		
指令名称：交换 SWAP Word EN　ENO <???>　IN　OUT　<???> 功能：使用"交换"指令更改输入 IN 中字节的顺序，并在输出 OUT 中查询结果。 注意：输入输出的数据类型有 Word、DWord、LWord（仅 S7 - 1500）。	端子	数据类型	说明
	EN	Bool	使能输入
	IN	Word, DWord	要交换其字节的操作数
	OUT	Word, DWord	结果输出
	示意： 31...　...24 23...　...16 15...　...8 7...　...0 IN　0101 1100 1110 0001 1100 0101 1010 0110 　①　②　③　④ 31...　...24 23...　...16 15...　...8 7...　...0 OUT　1010 0110 1100 0101 1110 0001 0101 1100 　④　③　②　①			

指令	使用说明
指令名称：转换操作 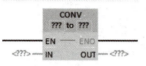 功能：在对话框中指定转换的源数据类型和目标数据类型。将读取源值并将其转换为指定的目标数据类型。 注意：在转换过程中，源值的位模式以右对齐的方式原样传递到目标数据类型中。	<table><tr><th>端子</th><th>数据类型</th><th>说明</th></tr><tr><td>EN</td><td>Bool</td><td>使能输入</td></tr><tr><td>IN</td><td>位字符串、整数、浮点数、Char、WChar、BCD16、BCD32</td><td>要转换的值</td></tr><tr><td>OUT</td><td>位字符串、整数、浮点数、Char、WChar、BCD16、BCD32</td><td>转换结果</td></tr></table>示例： 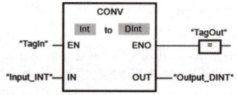 将 16 位整数转换为 32 位整数
指令名称：Array of Char 转换为字符串 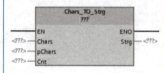 功能：将字符串从 Array of Char 或 Array of Byte 复制到数据类型为 String 的字符串中。或将字符串从 Array of WChar 或 Array of Word 复制到数据类型为 WString 的字符串中。 复制操作仅支持 ASCII 字符。 注意：如果字符串长度小于源域中的字符个数，则将在字符串中写入最大长度的字符数。	<table><tr><th>端子</th><th>数据类型</th><th>说明</th></tr><tr><td>Chars</td><td>Variant</td><td>复制操作的源。从 Array of (W) Char/Byte/Word 位置处开始复制字符</td></tr><tr><td>pChars</td><td>DInt</td><td>Array of (W) Char/Byte/Word 结构中的位置，从该位置处开始复制字符</td></tr><tr><td>Cnt</td><td>UInt</td><td>要复制的字符数。使用值"0"将复制所有字符</td></tr><tr><td>Strg</td><td>String，WString</td><td>复制操作的目标</td></tr></table>示例：

| Char[0] | Char[1] | Char[2] | Char[3] | Char[4] | Char[5] |

Array [0..5] of Char： T | E | S | T | $00 | A

pChars=2

String[6]： S | T

Byte 0 | Byte 1 | Byte 2 | Byte 3 | Byte 4 | Byte 5

指令	使用说明
指令名称：字符串转换为 Array of Char 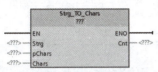 功能：将数据类型为 String 的字符串复制到 Array of Char 或 Array of Byte 中；或将数据类型为 WString 的字符串复制到 Array of WChar 或 Array of Word 中。 该操作只能复制 ASCII 字符。 注意：如果目标域包含的字符数少于源字符串中的字符数，则只写入最多与目标域最大长度相同的字符数。	<table><tr><th>端子</th><th>数据类型</th><th>说明</th></tr><tr><td>Strg</td><td>String, WString</td><td>复制操作的源</td></tr><tr><td>pChars</td><td>DInt</td><td>Array of（W）Char/Byte/Word 结构中的位置，从该位置处开始写入字符串的相应字符</td></tr><tr><td>Chars</td><td>Variant</td><td>复制操作的目标。将字符串复制到 Array of（W）Char/Byte/Word 数据类型的结构中</td></tr><tr><td>Cnt</td><td>UInt</td><td>移动的字符数量</td></tr></table> 示例： 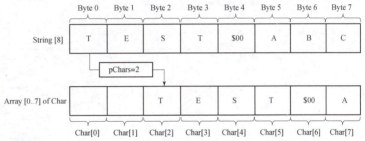
指令名称：截尾取整 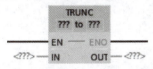 功能：直接从输入值中截取整数。	<table><tr><th>端子</th><th>数据类型</th><th>说明</th></tr><tr><td>IN</td><td>浮点数</td><td>输入值为浮点数</td></tr><tr><td>OUT</td><td>整数、浮点数</td><td>结果为浮点数的整数部分</td></tr></table>
指令名称：填充块  功能：用 IN 输入的值填充一个存储区域（目标范围）。 注意：仅当源范围和目标范围的数据类型相同时，才能执行该指令。	<table><tr><th>端子</th><th>数据类型</th><th>说明</th></tr><tr><td>IN</td><td>二进制数、整数、浮点数、定时器、TOD、Date、Char、WChar</td><td>用于填充目标范围的元素</td></tr><tr><td>COUNT</td><td>USInt、UInt、UDInt</td><td>移动操作的重复次数</td></tr><tr><td>OUT</td><td>二进制数、整数、浮点数、定时器、TOD、Date、Char、WChar</td><td>目标范围中填充的起始地址</td></tr></table>

任务实施向导

10.3.3 PLC 通信程序编写

视频 通信数据块创建

（1）根据机器人侧收发数据的数据类型和顺序，创建通信数据块。具体说明及操作步骤如表 10－20 所示。

表 10－20 PLC 侧通信数据块创建操作步骤

操作步骤	操作说明	示意图
1	说明：S7－PLCSIM Advanced 不仅能仿真逻辑控制程序，仿真通信功能也非常强大，但只能仿真 S7－1500/ET 200SP CPU。因此本任务基于 S7－1500 CPU 创建工程文件，如果实训条件有 S7－1200 的 PLC 硬件，需根据实际硬件进行组态。	
2	PLC 工作站硬件组态过程在此不做赘述。	视频 PLC 工作站创建
3	使用"TIA Portal"软件时，务必以管理员身份运行。首次使用可按右图进行设置。	
4	硬件组态时，设置 PLC 的 IP 地址务必与机器人程序 SocketConnect 指令中连接的 PLC 的 IP 地址一致。	

操作步骤	操作说明	示意图
5	单击"常规"→"防护与安全"→"连接机制"选项，勾选"允许来自远程对象的 PUT/GET 通信访问"。	
6	在 PLC 站点下，新建通信数据 DB 块。在 DB 块中根据机器人侧打包数据顺序和数据类型创建 PLC 接收原始数据的结构体数据。	
7	对应接收的机器人侧的原始数据顺序和类型，创建 PLC 侧规定的数据类型的结构体数据。	

259

续表

操作步骤	操作说明	示意图
8	创建 PLC 发送给机器人的原始数据，数据顺序和数据类型与机器人接收数据的顺序和数据类型严格对应。	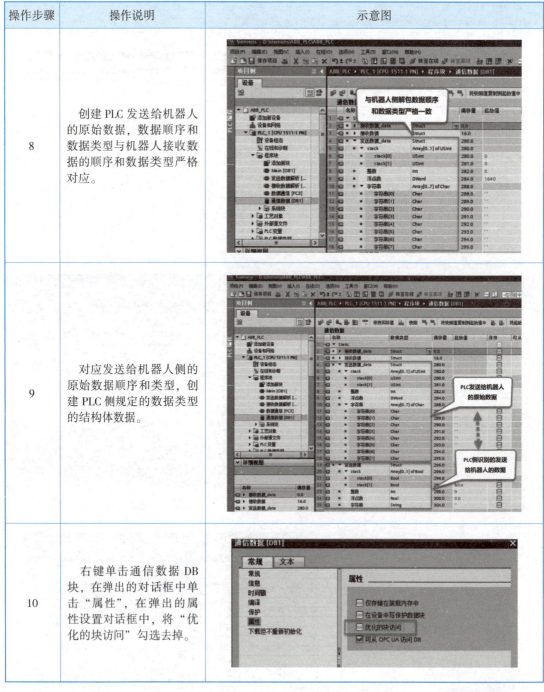
9	对应发送给机器人侧的原始数据顺序和类型，创建 PLC 侧规定的数据类型的结构体数据。	
10	右键单击通信数据 DB 块，在弹出的对话框中单击"属性"，在弹出的属性设置对话框中，将"优化的块访问"勾选去掉。	

（2）编写接收数据解析程序，具体说明及操作步骤如表 10－21 所示。

视频　PLC 接收
数据解析
程序编写

表 10 – 21　接收数据解析程序编写操作步骤

操作步骤	操作说明	示意图
1	新建接收数据解析程序 FC 块。	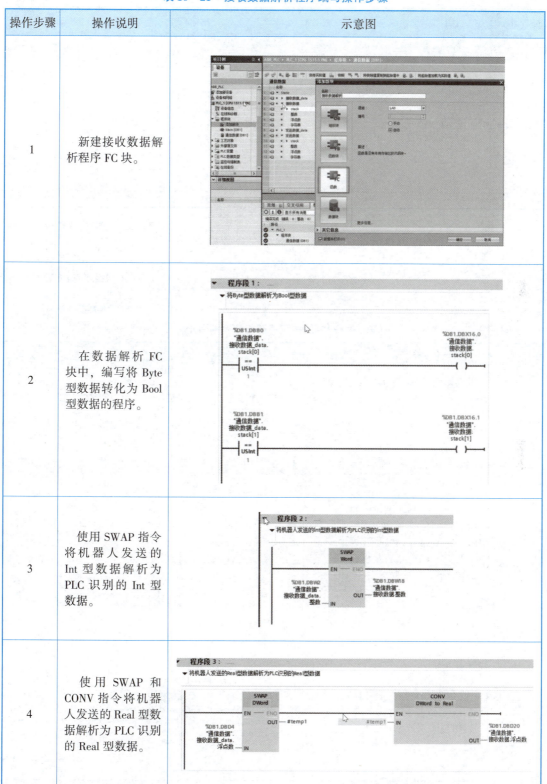
2	在数据解析 FC 块中，编写将 Byte 型数据转化为 Bool 型数据的程序。	
3	使用 SWAP 指令将机器人发送的 Int 型数据解析为 PLC 识别的 Int 型数据。	
4	使用 SWAP 和 CONV 指令将机器人发送的 Real 型数据解析为 PLC 识别的 Real 型数据。	

续表

操作步骤	操作说明	示意图
5	使用 Chars＿TO＿Strg 指令将机器人发送的 Array of Char 解析为 PLC 识别的 String。	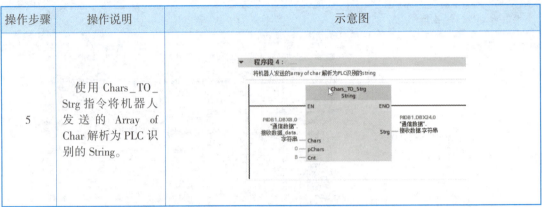

（3）编写发送数据解析程序，具体说明及操作步骤如表 10－22 所示。

视频　PLC 发送数据解析程序编写

表 10－22　发送数据解析程序编写步骤

操作步骤	操作说明	示意图
1	新建发送数据解析程序 FC 块。	
2	使用 MOVE 指令将 PLC 侧 Bool 型数据解析为发送给机器人侧的 Byte 型数据，因为 TSEND/TRCV 的 DATA 区不能直接使用 Bool 或 Array of Bool 的数据区。用同样的方法处理发送的第 2 个数据。	
3	使用 SWAP 指令将 PLC 侧 Int 型数据解析为机器人侧的 Int 型数据。	

续表

操作步骤	操作说明	示意图
4	使用 CONV 指令和 SWAP 指令将 PLC 侧 Real 型数据解析为发送给机器人侧 DWord 型数据。	程序段 4： ▼ 将PLC侧Real型数据解析为发送给机器人侧DWord型数据
5	使用 FILL_BLK 指令用 "＊" 补位，使用 Strg_TO_Chars 指令将 PLC 侧 String 数据解析为发送给机器人侧的 Array of Char。	程序段 5： ▼ 将PLC侧String数据解析为发送给机器人侧的Array of char 并对Array of char中的字符用"补位

（4）编写数据通信程序，具体说明及操作步骤如表10－23所示。

视频
PLC 通信程序编写

表 10－23　数据通信程序编写步骤

操作步骤	操作说明	示意图
1	新建数据通信程序 FC 块。	
2	对通信指令 TRCV＿C 进行组态。具体组态步骤如右图所示。设置机器人客户端，则务必选中机器人侧 "主动建立连接" 单选按钮。	

续表

操作步骤	操作说明	示意图
3	使用 TRCV_C 指令接收数据，调用数据解析程序。	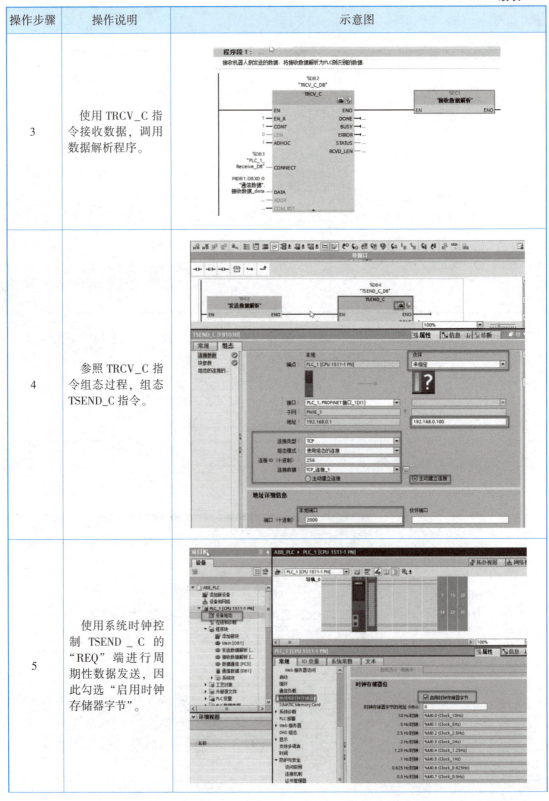
4	参照 TRCV_C 指令组态过程，组态 TSEND_C 指令。	
5	使用系统时钟控制 TSEND_C 的"REQ"端进行周期性数据发送，因此勾选"启用时钟存储器字节"。	

续表

操作步骤	操作说明	示意图
6	调用发送数据解析程序块，使用 TSEND_C 指令进行数据发送。	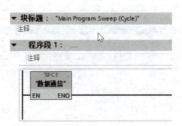

（5）编写主程序。在主程序中只需调用数据通信程序，具体调用如图 10 – 11 所示。

图 10 – 11　数据通信程序调用

10.4　PLC 和机器人通信调试

任务实施向导

数据通信程序调试

跟我做：HMI 监控
通信调试

PLC 和机器人通信调试前环境准备如表 10 – 24 所示。

表 10 – 24　数据通信测试环境准备操作步骤

操作步骤	操作说明	示意图
1	说明：如果是真实设备联调，确保机器人和 PLC 网络物理连接正常，并且在同一个网络段。如果是用仿真软件联调 PLC 的仿真软件需用 PLCSIM Advanced，机器人的仿真软件需用 RobotStudio，环境具体参数设置可参考 10.1.3 仿真环境搭建与参数设置。 下面的操作以仿真软件联调为例进行讲解。	

操作步骤	操作说明	示意图
2	打开电脑的控制面板，双击"设置PG/PC接口"，在弹出的对话框中将S7ONLINE（STEP7）指向电脑的虚拟网卡。	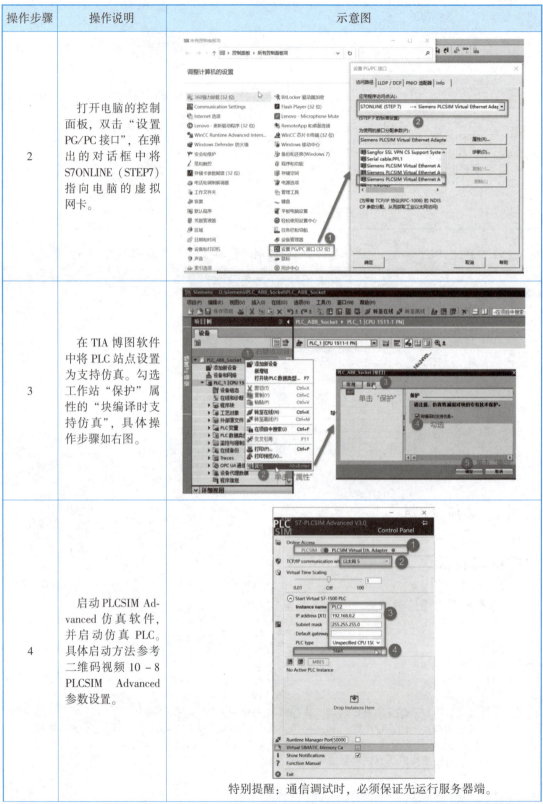
3	在TIA博图软件中将PLC站点设置为支持仿真。勾选工作站"保护"属性的"块编译时支持仿真"，具体操作步骤如右图。	
4	启动PLCSIM Advanced仿真软件，并启动仿真PLC。具体启动方法参考二维码视频10-8 PLCSIM Advanced参数设置。	特别提醒：通信调试时，必须保证先运行服务器端。

续表

操作步骤	操作说明	示意图
5	下载 PLC 工作站到仿真 PLC。	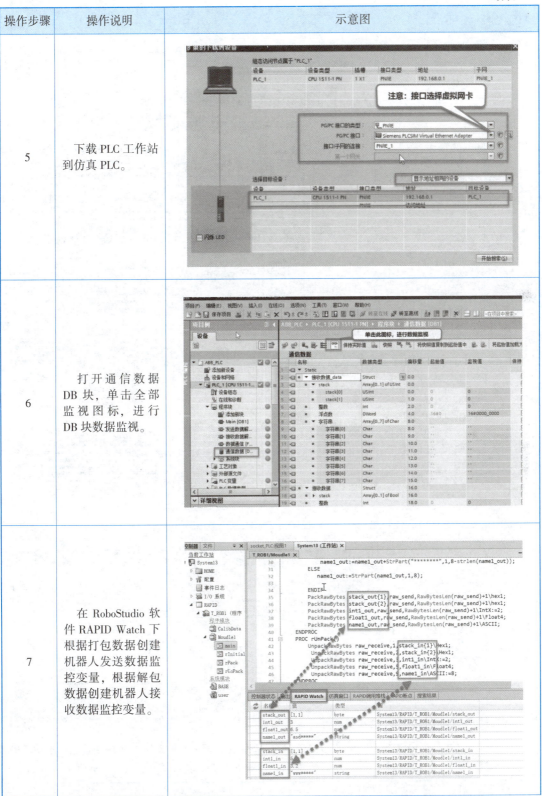
6	打开通信数据 DB 块，单击全部监视图标，进行 DB 块数据监视。	
7	在 RoboStudio 软件 RAPID Watch 下根据打包数据创建机器人发送数据监控变量，根据解包数据创建机器人接收数据监控变量。	

操作步骤	操作说明	示意图
8	将程序指针指向主程序，启动 RAPID 程序运行。	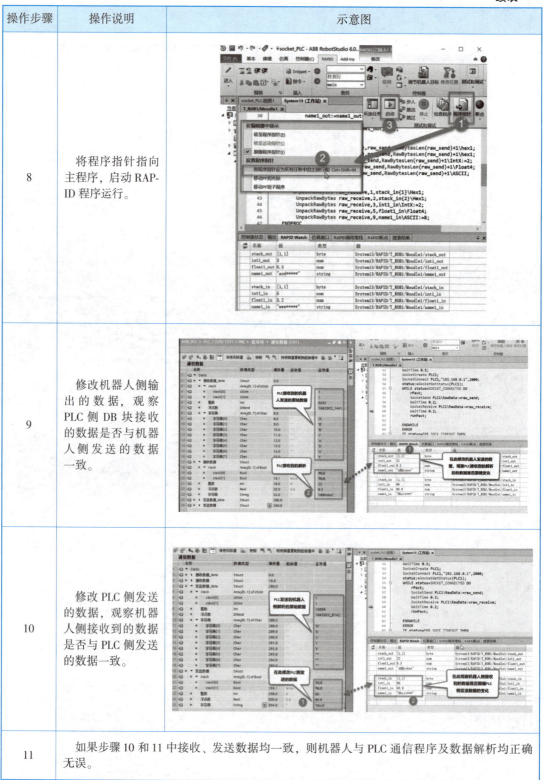
9	修改机器人侧输出的数据，观察 PLC 侧 DB 块接收的数据是否与机器人侧发送的数据一致。	
10	修改 PLC 侧发送的数据，观察机器人侧接收到的数据是否与 PLC 侧发送的数据一致。	
11	如果步骤 10 和 11 中接收、发送数据均一致，则机器人与 PLC 通信程序及数据解析均正确无误。	

任 务 拓 展

在实际工程中，为了更加直观地监控机器人与 PLC 的通信数据，通常需要将监控数据在 HMI 画面中组态。因此在机器人和 PLC 通信任务完成后，将通信数据在触摸屏中进行组态，使触摸屏画面中显示机器人发送到 PLC 的数据，并可以在触摸屏上修改 PLC 发送给机器人的数据。

任务具体要求：在监控画面中显示 PLC 接收的原始数据和解析后的数据，数据类型包含但不限于 Byte 型数据、Int 型数据、Real 型数据和 String 型数据。监控画面能修改 PLC 发送给机器人的数据和解析后的数据，数据类型同样包含常见数据类型。组态完成后进行联机或仿真调试。组态监控界面如图 10－12 所示。

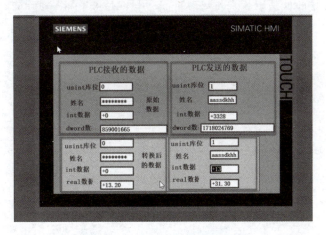

图 10－12　HMI 监控通信数据

调试过程视频参考二维码拓展任务：10－19 HMI 监控通信调试。
（参考 TIA 工程文档和 RobotStdio 工程文档见课程资源包）

知识测试参考答案

知 识 测 试

一、单选题

1. 声明 RawBytes 变量时，将变量的当前有效字节长度设置为（　　）。

A. 0　　　　　　　　B. 1　　　　　　　　C. 2　　　　　　　　D. 3

2. 声明 RawBytes 变量时，将 RawBytes 中的所有字节设置为（　　）。

A. 0　　　　　　　　B. 1　　　　　　　　C. 2　　　　　　　　D. 3

3. 清除 RawBytes 数据类型变量内容的指令是（　　）。

A. DelRawBytes　　　　B. ClearRawBytes　　　　C. SocketClose　　　　D. SocketGetStatus

4. ABB 机器人与其他设备进行 Socket 通信时，机器人系统需有以下哪个选项？（　　）

A. 709－1DeviceNet Master/Slaver 选项

B. 616－1PC Interface 选项

C. 623－1 Multitasking 选项

D. 608－1 World Zones 选项

5. 关于 SocketConnect 指令描述不正确的是（　　）。

A. 该指令用于 Socket 通信的服务器端使用

B. 该指令的 Address 参数是服务器端的 IP 地址

C. 该指令的 Port 端口通常可以自由使用 1025 ~ 4999

D. 如果未使用参数\Time，则等待时间为 60 s

二、判断题

1. 开放式用户通信能传送的数据类型有 Bool、Byte、Word 等。　　　　（　　）

2. ABB 机器人和西门子 PLC 数据存储都采用大端格式。　　　　　　（　　）

3. TSEND 指令的 REQ 端头一直保持高电平才能正常发送数据。　　　（　　）

4. TRCV 指令的数据接收区与 TSEND 指令的数据发送区的数据类型和数据长度必须一致。　　　　　　　　　　　　　　　　　　　　　　　　　　　　（　　）

5. 当发送区和接收区数据均为符号寻址时，数据长度 LEN 参数必须设置为 0。（　　）

参 考 文 献

[1]张金红,李建朝.ABB 工业机器人编程(活页式教材)[M].北京:北京理工大学出版社,2023.

[2]张明文.工业机器人离线编程[M].武汉:华中科技大学出版社,2017.

[3]叶晖.工业机器实操与应用技巧[M].2 版.北京:机械工业出版社,2018.

[4]叶晖.工业机器人工程应用虚拟仿真教程[M].北京:机械工业出版社,2017.

[5]北京赛育达科教有限责任公司.工业机器人应用编程(ABB)初级[M].北京:高等教育出版社,2020.

[6]北京赛育达科教有限责任公司.工业机器人应用编程(ABB)中级[M].北京:高等教育出版社,2020.

[7]蒋正炎,陈永平,汤晓华.工业机器人应用技术[M].3 版.北京:高等教育出版社,2023.

[8]张春芝,钟柱培,许妍妩.工业机器人操作与编程[M].北京:高等教育出版社,2018.

工业机器人应用技术（ABB）

工单册

任务1　工业机器人基本操作

任 务 工 单

任务名称	工业机器人基本操作		
职业岗位	工业机器人系统操作员、工业机器人系统运维员、智能制造工程技术人员、自动控制工程技术人员等职业（中华人民共和国职业分类大典（2022 年版））		
实施方式	实际操作	考核方式	操作演示
工单难度	中等	工单分值	100
前序工单	无	后序工单	建立 ABB 机器人虚拟工作站
完成时限	2 学时		
设备和工具	六轴工业机器人本体、控制柜、示教器等，安全帽、劳保鞋、工作服等常用安全护具。	实施场地	具有 ABB 六轴工业机器人工作站的实训室。
任务目的	1. 通过对工业机器人的初步认知，了解相关安全规范和安全防护； 2. 通过对示教器的基本参数设置，了解示教器的基本功能； 3. 通过对机器人手动运动的学习，了解机器人坐标系的概念，会熟练进行单轴、线性、重定位、系统备份与恢复等操作。		
任务描述	能够遵守安全操作规范，进行工业机器人的开关机、单轴、线性、重定位、转数计数器更新、系统的备份与恢复等操作。		
素质目标	1. 培养学生安全规范意识、纪律意识； 2. 培养学生主动探究新知的意识； 3. 培养学生严谨规范的工匠精神。		
知识目标	1. 牢记工业机器人手动操作安全规范； 2. 了解工业机器人系统的基本组成； 3. 熟练描述坐标系的概念及分类； 4. 掌握转数计数器更新操作的应用场合； 5. 掌握机器人系统备份与恢复的意义。		
能力目标	1. 会在安全操作前提下，进行正确的机器人开关机操作； 2. 会进行示教器必要操作环境参数设置； 3. 能灵活使用机器人的单轴、线性、重定位操作快速调整机器人位姿； 4. 会进行机器人转数计数器更新操作； 5. 会进行机器人系统的备份和恢复操作。		
验收要求	能遵守安全操作规程，进行机器人的开关机、单轴、线性、重定位以及系统的备份和恢复操作。详见任务实施记录及验收单。		

任务实施记录及验收单

任务名称	工业机器人基本操作	实施日期	
任务要求	遵守安全操作规程，正确给工业机器人实验台上电；使用工业机器人示教器，进行机器人单轴运动、线性运动和重定位运动；完成操作后，进行正确的关机操作。		
计划用时		实际用时	
组别		组长	
组员姓名			
成员任务分工			
实施场地			
所用设备（或环境）清单	请列写所需设备或环境，并记录准备情况。若列表不全，请自行增加需补充部分。 	记录列表	记录要点
机器人本体型号	
机器人控制柜电源	
其他外围设备	
	| 补充：		
成本核算	（完成任务涉及的工程成本） 所用工时： 电能消耗： 设备损耗： 机器人系统价格（包含本体、示教器、控制柜等必需设备）：		
实施步骤与信息记录	（任务实施过程中重要的信息记录，是撰写工程说明书和工程交接手册的主要文档资料） 机器人开机操作步骤： 手动操纵机器人进行单轴运动操作步骤： 手动操纵机器人进行线性运动操作步骤： 手动操纵机器人进行重定位运动操作步骤： 机器人关机操作步骤：		

续表

任务名称	工业机器人基本操作	实施日期	

遇到的问题及解决方案	列写本任务完成过程中遇到的问题及解决方案。

自我检测评分点

项目列表	自我检测要点	配分	得分
基本素养	纪律（无迟到、早退、旷课）	10	
	安全规范操作，符合 5S 管理	10	
	团队协作能力、沟通能力	10	
理论知识	网教平台理论知识测试	10	
工程技能	能正确进行机器人系统开机操作	10	
	能正确修改示教器语言	10	
	能操纵机器人 1~3 轴或 4~6 轴	10	
	会操纵机器人沿 $X/Y/Z$ 方向运动	10	
	会操纵机器人进行重定位运动	10	
	撰写机器人系统开关机的操作说明书	10	

总评得分

综合评价
1. 目标完成情况：

2. 存在的问题：

3. 改进方向：

任务2 建立 ABB 机器人虚拟工作站

任 务 工 单

任务名称	建立 ABB 机器人虚拟工作站		
职业岗位	工业机器人系统操作员、工业机器人系统运维员、智能制造工程技术人员、自动控制工程技术人员等职业（中华人民共和国职业分类大典（2022 年版））		
实施方式	实际操作	考核方式	操作演示
工单难度	中等	工单分值	100
前序工单	工业机器人基本操作	后序工单	单工件搬运任务实现
完成时限	4 学时		
设备和工具	个人电脑：最低配置要求 Win7 或以上操作系统，i7 或以上 CPU，8 GB 或以上内存，20 GB 以上空闲硬盘，独立显卡。	实施场地	具备电脑、能上网即可，也可以在机房、ABB 机器人实训室（后续任务大都可以在具备条件的实训室或装有软件的机房完成）。
任务目的	1. 通过学习软件的官网下载与安装，初步搭建学习机器人的环境； 2. 通过机器人系统的建立，初步了解机器人系统的组成； 3. 通过工作站的解包和打包操作，初步建立机器人编程应用平台。		
任务描述	能够在 ABB 官网上找到 RobotStudio 软件的安装包，下载并正确安装在个人电脑中。能够使用"从布局……"方式生成工业机器人系统，并打包成工作站文件。同时能够解包课程提供的机器人工作站，为后续任务实施搭建机器人系统应用平台。		
素质目标	1. 培养学生安全规范意识、纪律意识； 2. 培养学生主动探究新知的意识； 3. 培养学生严谨规范的工匠精神。		
知识目标	1. 了解 ABB 机器人编程软件 RobotStudio 的功能； 2. 了解 RobotStudio 软件界面及功能； 3. 了解其他品牌机器人常用仿真软件； 4. 了解机器人工作站的构成； 5. 了解 ABB 机器人常用功能选项包。		
能力目标	1. 会在 ABB 官网进行 RobotStudio 软件的下载； 2. 能正确安装 RobotStudio 软件； 3. 会生成机器人基本系统； 4. 会进行机器人工作站的解包操作； 5. 会进行机器人工作站的打包操作。		
验收要求	能遵守安全操作规程，进行机器人的开关机、单轴、线性、重定位以及系统的备份和恢复操作。详见任务实施记录及验收单。		

任务实施记录及验收单 1

任务名称	在 RobotStudio 软件中创建机器人系统	实施日期	
任务要求	自己下载 RobotStudio 软件，并成功安装在自己的笔记本电脑或台式机上；在软件中创建机器人系统。		
计划用时		实际用时	
组别		组长	
组员姓名			
成员任务分工			
实施场地			

所需设备（或环境）清单

请列写所需设备或环境，并记录准备情况。若列表不全，请自行增加需补充部分。

清单列表	要点记录	清单列表	要点记录
网络环境		CPU	
电脑硬盘		内存	
操作系统		显卡	
RobotStudio 软件版本		RobotStudio 软件授权	

补充：

成本核算

（完成任务涉及的工程成本）
所用工时：
电能消耗：
设备损耗：
机器人系统价格（包含本体、示教器、控制柜等必需设备）：
……

实施步骤与信息记录

（任务实施过程中重要的信息记录，是撰写工程说明书和工程交接手册的主要文档资料）
软件资源下载地址：

程序安装路径：

软件授权：

机器人系统选项：

上机操作安全：

任务名称	在 RobotStudio 软件中创建机器人系统	实施日期	
遇到的问题及解决方案	列写本任务完成过程中遇到的问题及解决方案，并提供纸质或电子文档。		

项目列表	自我检测要点	配分	得分
基本素养	纪律（无迟到、早退、旷课）	10	
	安全规范操作，符合 5S 管理	10	
	团队协作能力、沟通能力	10	
理论知识	网教平台理论知识测试	10	
工程技能	能找到软件资源	10	
	能正确成功地安装 RobotStudio 软件	10	
	会创建机器人系统	10	
	会打开虚拟示教器并操作机器人运行	10	
	撰写软件安装及机器人系统生成的操作说明书	10	
	撰写成本核算清单，并且依据充分、合理	10	

自我检测评分点

总评得分

综合评价
1. 目标完成情况：

2. 存在的问题：

3. 改进方向：

任务实施记录及验收单 2

任务名称	机器人工作站的解包和打包	实施日期	
任务要求	要求：下载课程提供的工作站 task1_1，解包后，录制工程的仿真视频文件和视图文件，文件名称为 task1_小组号，之后将工作站文件打包为 task1_小组号。		
计划用时		实际用时	
组别		组长	
组员姓名			
成员任务分工			
实施场地			

课程提供搬运工作站所需硬件设备（或环境）清单	请列写所需设备或环境，并记录准备情况。若列表不全，请自行增加需补充部分。

清单列表	主要器件及辅助配件
机器人系统	
传感系统	
执行系统	
其他辅助系统	

成本核算	（搬运工作站的硬件组成工程成本） 机器人系统： 传感系统： 执行系统： 其他辅助系统：

实施步骤与信息记录	（任务实施过程中重要的信息记录，是撰写工程说明书和工程交接手册的主要文档资料） 解包工作站文件及存放路径： 解包系统存放路径： 录制的视频文件及存放路径： 录制的视图文件及存放路径： 打包后的工作站文件：

续表

任务名称	机器人工作站的解包和打包	实施日期	

遇到的问题及解决方案	列写本任务完成过程中遇到的问题及解决方案，并提供纸质或电子文档。

<!-- 自我检测评分点 -->

项目列表	自我检测要点	配分	得分
基本素养	纪律（无迟到、早退、旷课）	10	
	安全规范操作，符合 5S 管理	10	
	团队协作能力、沟通能力	10	
理论知识	网教平台理论知识测试	20	
工程技能	成功解包工作站	5	
	录制工作站视频文件，并按要求命名	10	
	录制工作站视图文件，并按要求命名	10	
	打包工作站并按要求命名	5	
	撰写仿真视频录制操作说明书	10	
	撰写成本核算清单，并且依据充分、合理	10	

总评得分

综合评价
1. 目标完成情况：

2. 存在的问题：

3. 改进方向：

任务3 单工件搬运任务实现

任 务 工 单

任务名称	单工件搬运任务实现		
职业岗位	工业机器人系统操作员、工业机器人系统运维员、智能制造工程技术人员、自动控制工程技术人员等职业（中华人民共和国职业分类大典（2022年版））		
实施方式	实际操作	考核方式	操作演示
工单难度	中等	工单分值	100
前序工单	建立 ABB 机器人虚拟工作站	后序工单	I/O 信号的定义与监控
完成时限	4 学时		
设备和工具	六轴工业机器人本体、控制柜、示教器等，工件台、工件库等辅助设备，安全帽、劳保鞋、工作服等常用安全护具。	实施场地	具备条件的 ABB 机器人实训室（若无实训设备，可在装有 RobotStudio 软件的机房利用虚拟工作站完成）； 配套工作站文件：空工作站包 model_2 - 0. rspag； 操作完成工作站包：model_2 - 1. rspag。
任务目的	1. 会进行搬运任务的运动规划，并绘制程序流程图； 2. 能做好机器人目标点示教前的准备工作（包括工件坐标建立、工具数据建立等）； 3. 熟悉基本的运动指令的指令格式； 4. 熟练描述运动指令中每个参数的含义。		
任务描述	机器人将工件从规定的拾取点搬运到指定的放置点，对单个工件的搬运任务进行运动路径规划。能够在实训室工作站完成手动示教编程，并实现单个工件搬运离线编程和运行。 		

任务名称	单工件搬运任务实现
素质目标	1. 夯实基础，培养学生对知识的总结和深入思考的能力； 2. 培养学生安全意识、工程意识、绿色生产意识； 3. 培养学生自主探究能力和团队协作能力； 4. 通过离线编程，培养学生的节能意识、安全意识和以及精益求精的工匠精神。
知识目标	1. 掌握基本运动指令的编程规则； 2. 完成单个工件搬运运动路径规划； 3. 完成单个工件搬运程序的编写、运行和调试； 4. 掌握用离线编程的方法进行工件拾取和放置程序的编写、优化、仿真调试。
能力目标	1. 会用基本运动指令和 I/O 指令编写物料拾取和放置的例行程序； 2. 会进行程序的运行和调试； 3. 能够在 RobotStudio 中利用离线捕捉的方式示教目标点； 4. 会利用离线编程的方法进行工件拾取和放置程序的编写以及运行调试。
验收要求	能够在实训室工作站中完成单个工件搬运任务程序的编写、运行和调试，并自动运行；能够在 RobotStudio 中完成单个工件搬运任务离线仿真程序运行和调试。

任务实施记录及验收单

任务名称	单个工件搬运任务实现	实施日期	
任务要求	利用示教器完成单个工件搬运任务的路径规划、程序编写、目标点示教以及最终运行调试成功；在 RobotStudio 中完成单个工件搬运任务的离线编程和调试。 　　通过此任务验收着重考查学生信息搜集和解决问题的能力，运用流程图分析任务的能力、程序编写以及调试运行的能力，以及团队成员的协作和沟通能力。		
计划用时		实际用时	
组别		组长	
组员姓名			
成员任务分工			
实施场地			
仿真工作站中实施步骤与信息记录	（任务实施过程中重要的信息记录，是撰写工程说明书和工程交接手册的主要文档资料）可另附纸张。 　　1. 创建 RAPID 程序： 　　2. 创建例行程序： 　　3. 程序编写： 　　4. 目标点修改： 　　5. 程序运行调试： 　　6. 遇到的问题及解决办法：		

任务名称	单个工件搬运任务实现	实施日期	

真机实操实施 步骤与信息记录	（任务实施过程中重要的信息记录，是撰写工程说明书和工程交接手册的主要文档资料）可另附纸张。 1. 创建 RAPID 程序： 2. 创建例行程序： 3. 用离线捕捉的方法示教目标点： 4. 程序编写： 5. 程序运行调试： 6. 遇到的问题及解决办法：

| 任务评价检测
评分点 | | | |

项目列表		自我检测要点	配分	得分
基本素养		纪律（无迟到、早退、旷课）	10	
		安全规范操作，符合 5S 管理	10	
		团队协作能力、沟通能力	10	
理论知识		网教平台理论知识测试	10	
工程技能	虚拟仿真	创建 RAPID 程序正确	5	
		创建例行程序正确	5	
		拾取目标点正确	5	
		程序编写正确	5	
	真机实操	运动路径规划	5	
		创建 RAPID 程序正确	5	
		创建例行程序正确	5	
		程序编写正确	5	
		目标点修改正确	5	
	整个搬运过程调试，全称无设备碰撞		10	
实施过程问题记录及解决方案详实，有留存价值			5	
综合评价				

备注：真机示教编程调试过程如发生设备碰撞，一次扣 10 分，如损坏设备元器件，扣 20 分。

续表

任务名称	单个工件搬运任务实现	实施日期	
综合评价	1. 目标完成情况： 2. 存在的问题： 3. 改进方向：		

任务4　I/O信号的定义与监控

任 务 工 单

任务名称	I/O信号的定义与监控		
职业岗位	工业机器人系统操作员、工业机器人系统运维员、智能制造工程技术人员、自动控制工程技术人员等职业（中华人民共和国职业分类大典（2022年版））		
实施方式	实际操作	考核方式	操作演示
工单难度	中等	工单分值	100
前序工单	单工件搬运任务实现	后序工单	多工件搬运任务实现
完成时限	4学时		
设备和工具	1. IRB120机器人本体； 2. 紧凑型控制柜、示教器等； 3. 工件台、工件库等辅助设备。	实施场地	具备条件的ABB机器人实训室（若无实训设备，可在装有RobotStudio软件的机房利用虚拟工作站完成）； 空工作站：model_3-0； 完成配置任务工作站：model_3-1。
任务目的	1. 认识工业机器人I/O通信的种类； 2. 认识常用的ABB标准I/O板； 3. 熟悉ABB标准I/O板的配置方法； 4. 熟练掌握I/O信号的监控与操作步骤。		
任务描述	完成DSQC652板的配置，完成输入信号（DI信号）di1的配置，di1信号连接外部启动按钮；完成输出信号（DO信号）do1的配置，do1信号连接外部信号指示灯；完成输出组信号（GO信号）go1的配置，并能够在示教器中完成I/O信号的组态，以及对di1、go1信号的仿真和监控。		
素质目标	1. 夯实基础，培养学生对知识的总结和深入思考的能力； 2. 培养学生工程意识、绿色生产意识； 3. 培养学生自主探究能力和团队协作能力； 4. 通过DI/DO信号配置及I/O信号的组态和仿真监控，培养学生的节能意识以及精益求精的工匠精神。		
知识目标	1. 掌握DSQC652板的配置方法； 2. 掌握DI/DO信号配置方法； 3. 掌握I/O信号的组态方法； 4. 掌握I/O信号的仿真监控方法。		
能力目标	1. 会对DSQC652板进行配置； 2. 能够完成DI/DO信号配置； 3. 会进行I/O信号的组态及逻辑语句IF的应用； 4. 会对I/O信号进行仿真监控。		
验收要求	能够在实训室工作站中完成DSQC652板的配置和DI/DO信号配置；能够在虚拟仿真平台完成I/O信号的组态和仿真监控。		

任务实施记录及验收单

任务名称	I/O 信号的定义与监控	实施日期	
任务要求	要求：能够在实训室工作站中完成 DSQC652 板的配置和 DI/DO 信号配置；能够在虚拟仿真平台完成 I/O 信号的组态和仿真监控。 通过此任务验收着重考查学生信息搜集和解决问题的能力以及团队成员的协作和沟通能力。		
计划用时		实际用时	
组别		组长	
组员姓名			
成员任务分工			
实施场地			
仿真工作站中实施步骤与信息记录	（任务实施过程中重要的信息记录，是撰写工程说明书和工程交接手册的主要文档资料）可另附纸张。 1. 完成 DSQC652 信号板配置： 2. 完成 DI 和 DO 信号配置： 3. 编写 IF 判断语句： 4. 配置常用的监控信号： 5. 完成监控与仿真操作： 6. 遇到的问题及解决办法：		
真机实操实施步骤与信息记录	（任务实施过程中重要的信息记录，是撰写工程说明书和工程交接手册的主要文档资料）可另附纸张。 1. 完成 DSQC652 信号板配置： 2. 完成 DI 信号配置： 3. 完成 DO 信号配置： 4. 编写 IF 判断语句： 5. 手动进行输入操作，观察输出状态： 6. 遇到的问题及解决办法：		

续表

任务名称	I/O 信号的定义与监控	实施日期		

任务评价检测评分点		项目列表		自我检测要点	配分	得分
		基本素养		纪律（无迟到、早退、旷课）	10	
				安全规范操作，符合 5S 管理	10	
				团队协作能力、沟通能力	10	
		理论知识		网教平台理论知识测试	10	
		工程技能	虚拟仿真	DSQC652 信号板配置正确	5	
				DI 和 DO 信号配置正确	5	
				正确编写 IF 判断语句	5	
				监控仿真测试正确	5	
			真机实操	DSQC652 信号板配置正确	5	
				DI 信号配置正确	5	
				DO 信号配置正确	5	
				手动进入输入操作，输出状态正确	10	
				程序运行过程中，全程无设备碰撞、损坏	10	
		实施过程问题记录及解决方案详实，有留存价值			5	
		综合评价				

备注：真机示教编程调试过程如发生设备碰撞，一次扣 10 分，如损坏设备元器件，扣 20 分。

综合评价	1. 目标完成情况： 2. 存在的问题： 3. 改进方向：

任务 5　多工件搬运任务实现

任 务 工 单

任务名称	多工件搬运任务实现		
职业岗位	工业机器人系统操作员、工业机器人系统运维员、智能制造工程技术人员、自动控制工程技术人员等职业（中华人民共和国职业分类大典（2022 年版））		
实施方式	实际操作	考核方式	操作演示
工单难度	中等	工单分值	100
前序工单	I/O 信号的定义与监控	后序工单	示教器人机对话实现
完成时限	4 学时		
设备和工具	1. IRB120 机器人本体； 2. 紧凑型控制柜、示教器等； 3. 搬运台及搬运工件； 4. 电路、气源等辅助设备； 5. 导线、螺丝刀、万用表等工具。	实施场地	具备条件的 ABB 机器人实训室（若无实训设备，可在装有 RobotStudio 软件的机房利用虚拟工作站完成）； 　配套工作站文件：model_4_1.rspag。
任务目的	1. 通过带参功能函数的编写，完成不同工件个数搬运任务的实现； 2. 通过 MOD、DIV、Offset 函数的学习，完成放置位置功能函数的实现； 3. 通过有效载荷的学习，完成工业机器人有效载荷的定义及应用； 4. 通过 RelTool 函数的学习，完成装配任务的程序编写。		
任务描述	本任务需完成工件由一个工作台到另一个工作台的多工件搬运及装配任务。任务要求从一个位置搬运固定个数及输入个数的工件到 3×3 的工作台，需应用 MOD、DIV 函数进行工件个数及相应位置及偏移的计算，编写带参例行程序及带参功能函数来提高程序可读性，减少公式的重复性输入，在装配任务中应用绕轴旋转指令 RelTool 进行装配旋转。		
素质目标	1. 培养学生搬运位置计算及相关知识点迁移的自主学习能力； 2. 培养学生分析问题解决问题的知识应用技能，提升创新能力； 3. 培养学生程序编写过程中反复琢磨、精益求精的工匠精神； 4. 培养学生勤学苦练的求知精神。		
知识目标	1. 掌握带参例行程序的编写方法； 2. 掌握 MOD、DIV、Offset 函数的应用方法； 3. 掌握有效载荷的设置方法； 4. 掌握 RelTool 指令的应用方法。		
能力目标	1. 能应用带参例行程序完成多工件搬运任务的程序编写； 2. 能应用放置位置功能函数对搬运任务进行优化； 3. 会进行有效载荷的设置； 4. 能进行装配任务的程序编写。		
验收要求	能进行任意工件个数的搬运任务及装配任务，能对程序进行优化。详见任务实施记录及验收单。		

任务实施记录及验收单 1

任务名称	工件个数带参例行程序实现	实施日期	
任务要求	要求：应用 MOD、DIV、Offset 函数完成工件个数对应位置搬运任务实现。		
计划用时		实际用时	
组别		组长	
组员姓名			
成员任务分工			
实施场地			
所需设备（或环境）清单	请列写所需设备或环境，并记录准备情况。若列表不全，请自行增加需补充部分。 表格： 清单列表 / 主要器件及辅助配件 机器人硬件 搬运台 夹爪、吸盘 工件 补充：		
成本核算	（完成任务涉及的工程成本） 所用工时： 工件消耗： 设备损耗： 机器人系统价格（包含本体、示教器、控制柜等必需设备）：		
实施步骤与信息记录	（任务实施过程中重要的信息记录，是撰写工程说明书和工程交接手册的主要文档资料） 位置计算过程： 取件程序编写过程： 放置程序编程过程： 主程序编程过程：		

任务名称	工件个数带参例行程序实现	实施日期	
遇到的问题及解决方案	列写本任务完成过程中遇到的问题及解决方案，并提供纸质或电子文档。		

项目列表		自我检测要点	配分	得分
		纪律（无迟到、早退、旷课）	10	
基本素养		安全规范操作，符合 5S 管理	10	
		团队协作能力、沟通能力	10	
理论知识		网教平台理论知识测试	10	
		能进行程序建立	10	
		会应用相应函数进行行位置计算	10	
		会应用相应函数进行列位置计算	10	
工程技能		能进行程序编写	10	
		撰写实施步骤及过程记录说明书并列出问题解决方案	10	
		撰写成本核算清单，并且依据充分、合理	10	
总评得分				

（"自我检测评分点"为左侧纵向合并单元格标题）

综合评价

1. 目标完成情况：

2. 存在的问题：

3. 改进方向：

任务实施记录及验收单2

任务名称	自定义带参功能函数实现搬运及装配任务	实施日期	
任务要求	编写自定义带参功能函数并应用完成任意工件个数搬运及转配任务。		
计划用时		实际用时	
组别		组长	
组员姓名			
成员任务分工			
实施场地			
课程提供搬运工作站所需硬件设备（或环境）清单	请列写所需设备或环境，并记录准备情况。若列表不全，请自行增加需补充部分。 表格： 清单列表 / 主要器件及辅助配件 机器人硬件 搬运台 夹爪、吸盘 工件		
成本核算	(搬运工作站的硬件组成工程成本) 机器人硬件： 夹爪、吸盘： 工件： 其他辅助系统及工具：		
实施步骤与信息记录	(任务实施过程中重要的信息记录，是撰写工程说明书和工程交接手册的主要文档资料) 带参功能函数编写： 功能函数应用： 搬运任务实现： 装配任务实现：		

续表

任务名称	自定义带参功能函数实现搬运及装配任务	实施日期	
遇到的问题及解决方案	列写本任务完成过程中遇到的问题及解决方案，并提供纸质或电子文档。		

项目列表	自我检测要点	配分	得分
基本素养	纪律（无迟到、早退、旷课）	10	
	安全规范操作，符合 5S 管理	10	
	团队协作能力、沟通能力	10	
理论知识	网教平台理论知识测试	10	
工程技能	X 方向带参功能函数编写	10	
	Y 方向带参功能函数编写	10	
	搬运程序运行	10	
	装配任务编写	10	
	撰写带参功能函数装配说明书及问题解决方案	10	
	撰写成本核算清单，并且依据充分、合理	10	
总评得分			

自我检测评分点

综合评价

1. 目标完成情况：

2. 存在的问题：

3. 改进方向：

任务 6　示教器人机对话实现

任务工单

任务名称	示教器人机对话实现		
职业岗位	工业机器人系统操作员、工业机器人系统运维员、智能制造工程技术人员、自动控制工程技术人员等职业（中华人民共和国职业分类大典（2022 年版））		
实施方式	实际操作	考核方式	操作演示
工单难度	中等	工单分值	100
前序工单	多工件搬运任务实现	后序工单	异常工况处理任务实现
完成时限	2 学时		
设备清单	1. IRB120 机器人本体； 2. 紧凑型控制柜、示教器等； 3. 搬运台及搬运工件； 4. 电路、气源等辅助设备； 5. 导线、螺丝刀、万用表等工具。	实施场地	具备条件的 ABB 机器人实训室（若无实训设备，可在装有 RobotStudio 软件的机房利用虚拟工作站完成）； 　　配套工作站文件：model_5_1. rspag。
任务目的	1. 应用 TPWrite 指令、TPEarse 指令完成示教器屏幕显示及清除任务； 2. 应用 TPReadFK 指令完成键值输入工件； 3. 应用 TPReadNum 指令完成指定工件个数的输入； 4. 通过 clock 数据及相关指令的应用掌握搬运节拍测算方法； 5. 通过 ClkReset、ClkStart、ClkStop、ClkRead 指令的应用进行节拍测算程序编写。		
任务描述	本任务需完成由示教器人机界面输入的指定个数工件的搬运。任务要求应用提供的选项进行 TPWrite 指令、TPEarse 指令完成屏幕显示及清除，应用 TPReadFK 指令完成键值输入的个数、TPReadNum 指令完成指定工件个数的输入，实现在特定情况下需现场输入工件个数时的示教器人机界面输入。完成工件搬运的节拍测算，为后续优化程序提供依据。		
知识目标	1. 了解工业机器人编程指令查找方法； 2. 掌握 TPWrite、TPEarse、TPReadFK、TPReadNum 指令的应用方法； 3. 掌握人机界面程序的编写； 4. 熟悉节拍测算的方法及意义； 5. 掌握 ClkReset、ClkStart、ClkStop、ClkRead 指令的应用方法。		
技能目标	1. 能应用例行程序完成示教器人机对话的程序建立； 2. 能应用 TP 指令进行人机对话界面程序编写； 3. 会根据不同任务进行程序编写； 4. 会应用节拍测算进行程序优化及改进； 5. 能应用 ClkReset、ClkStart、ClkStop、ClkRead 指令完成搬运节拍测算程序的编写。		
素质目标	1. 培养学生对工业机器人指令理解与应用的知行合一精神； 2. 培养学生发现问题、解决问题的求真务实精神； 3. 培养学生在程序编写过程中反复琢磨、精益求精的工匠精神。		
验收要求	能进行任意工件个数的现场输入及搬运任务，能对程序进行优化。详见任务实施记录及验收单。		

任务实施记录及验收单 1

任务名称	工件个数键值输入任务	实施日期	
任务要求	应用 TPWrite、TPErase、TPReadFK 进行键值输入工件个数的搬运任务。		
计划用时		实际用时	
组别		组长	
组员姓名			
成员任务分工			
实施场地			

所需设备（或环境）清单

请列写所需设备或环境，并记录准备情况。若列表不全，请自行增加需补充部分。

清单列表	主要器件及辅助配件
机器人本体	
机器人控制柜、示教器	
2 个搬运台	
夹爪、吸盘	
工件若干	

补充：

成本核算

（完成任务涉及的工程成本）
所用工时：
工件消耗：
设备损耗：
机器人系统价格（包含本体、示教器、控制柜等必需设备）：

实施步骤与信息记录

（任务实施过程中重要的信息记录，是撰写工程说明书和工程交接手册的主要文档资料）
例行程序编写过程：

键值内容显示编写过程：

主程序编程过程：

调试功能实现：

任务名称	工件个数键值输入任务	实施日期	
遇到的问题及解决方案	列写本任务完成过程中遇到的问题及解决方案，并提供纸质或电子文档。		

	项目列表	自我检测要点	配分	得分
自我检测评分点	基本素养	纪律（无迟到、早退、旷课）	10	
		安全规范操作，符合 5S 管理	10	
		团队协作能力、沟通能力	10	
	理论知识	网教平台理论知识测试	10	
	工程技能	能进行程序建立	10	
		会应用 TP 指令进行程序编写	10	
		会应用 TEST 指令进行键值内容编写	10	
		能进行程序调试	10	
		撰写实施步骤及过程记录说明书并列出问题解决方案	10	
		撰写成本核算清单，并且依据充分、合理	10	
	总评得分			

综合评价

1. 目标完成情况：

2. 存在的问题：

3. 改进方向：

任务实施记录及验收单 2

任务名称	任意工件个数搬运任务	实施日期	
任务要求	应用 TPWrite、TPReadNum 指令实现任意工件个数输入的搬运任务。		
计划用时		实际用时	
组别		组长	
组员姓名			
成员任务分工			
实施场地			
所需设备 （或环境） 清单	请列写所需设备或环境，并记录准备情况。若列表不全，请自行增加需补充部分。 补充：		
成本核算	（搬运工作站的硬件组成工程成本） 机器人硬件： 夹爪、吸盘： 工件： 其他辅助系统及工具： ……		
实施步骤与 信息记录	（任务实施过程中重要的信息记录，是撰写工程说明书和工程交接手册的主要文档资料） 例行程序编写过程： 主程序编程过程： 调试功能实现：		

所需设备清单表：

清单列表	主要器件及辅助配件
机器人本体	
机器人控制柜、示教器	
2 个搬运台	
夹爪、吸盘	
工件若干	

任务名称	任意工件个数搬运任务		实施日期	
遇到的问题及解决方案	列写本任务完成过程中遇到的问题及解决方案，并提供纸质或电子文档。			

<table>
<tr><td rowspan="2">自我检测评分点</td><td colspan="2">项目列表</td><td>自我检测要点</td><td>配分</td><td>得分</td></tr>
</table>

项目列表	自我检测要点	配分	得分
基本素养	纪律（无迟到、早退、旷课）	10	
	安全规范操作，符合 5S 管理	10	
	团队协作能力、沟通能力	10	
理论知识	网教平台理论知识测试	10	
工程技能	能进行程序建立及调用	10	
	rtpnum 例行程序编写	10	
	工件个数输入主程序编写	10	
	程序调试及改进	10	
	撰写带参功能函数装配说明书及问题解决方案	10	
	撰写成本核算清单，并且依据充分、合理	10	
总评得分			

综合评价
1. 目标完成情况：

2. 存在的问题：

3. 改进方向：

任务实施记录及验收单 3

任务名称	应用时钟指令完成工业机器人节拍测算	实施日期	
任务要求	应用 ClkReset、ClkStart、ClkStop、ClkRead 指令完成机器人搬运节拍测算及程序调试。		
计划用时		实际用时	
组别		组长	
组员姓名			
成员任务分工			
实施场地			

所需设备（或环境）清单

请列写所需设备或环境，并记录准备情况。若列表不全，请自行增加需补充部分。

清单列表	主要器件及辅助配件
机器人硬件	
搬运台	
夹爪、吸盘	
工件	

补充：

成本核算

（完成任务涉及的工程成本）
所用工时：
工件消耗：
设备损耗：
机器人系统价格（包含本体、示教器、控制柜等必需设备）：

实施步骤与信息记录

（任务实施过程中重要的信息记录，是撰写工程说明书和工程交接手册的主要文档资料）
clock 程序数据建立过程：

节拍测算程序编写过程：

主程序编程过程：

续表

任务名称	应用时钟指令完成工业机器人节拍测算	实施日期	
遇到的问题及解决方案	列写本任务完成过程中遇到的问题及解决方案，并提供纸质或电子文档。		

	项目列表	自我检测要点	配分	得分
自我检测评分点	基本素养	纪律（无迟到、早退、旷课）	10	
		安全规范操作，符合 5S 管理	10	
		团队协作能力、沟通能力	10	
	理论知识	网教平台理论知识测试	10	
	工程技能	能进行程序建立	10	
		会应用 clock 程序数据	10	
		会应用 clk 指令进行节拍测算程序编写	10	
		能进行程序优化调试	10	
		撰写实施步骤及过程记录说明书并列出问题解决方案	10	
		撰写成本核算清单，并且依据充分、合理	10	
	总评得分			

综合评价
1. 目标完成情况：

2. 存在的问题：

3. 改进方向：

任务 7　异常工况处理任务实现

任 务 工 单

任务名称	异常工况处理任务实现		
职业岗位	工业机器人系统操作员、工业机器人系统运维员、智能制造工程技术人员、自动控制工程技术人员等职业（中华人民共和国职业分类大典（2022 年版））		
实施方式	实际操作	考核方式	操作演示
工单难度	中等	工单分值	100
前序工单	示教器人机对话实现	后序工单	离线轨迹编程任务实现
完成时限	2 学时		
设备清单	1. IRB120 机器人本体； 2. IRC5 控制柜、示教器等； 3. 夹爪或吸盘工具； 4. 电路、气源等辅助设备； 5. 光电传感器、磁性开关等； 6. 导线、螺丝刀、万用表等工具； 7. 其他配套辅助设备。	实施场地	具备条件的 ABB 机器人实训室（若无实训设备，可在装有 RobotStudio 软件的机房利用虚拟工作站完成）； 配套工作站文件：7-1 interrupt_model。
任务目的	1. 理解中断的定义及应用场合； 2. 会创建中断事件，编写中断程序； 3. 会使用 IDelete、CONNECT、ISignalDI 等指令进行中断启用与关联； 4. 会使用 ISignalDI 连接异常信号触发中断； 5. 会排除程序调试过程中出现的报警和故障。		
任务描述	本任务要求在虚拟工作站中，自建一个 DI 信号模拟安全门的安全锁信号，当该信号一旦消失（或出现，取决于该信号接入机器人的是常开触点还是常闭触点），相当于安全锁被打开，机器人要停止运行。待信号恢复正常后，机器人再继续执行原来的工作任务。编写程序，模拟调试完成任务。 在真机工作站中，利用现场安装的传感器信号，完成同样的任务要求。		
知识目标	1. 掌握中断的概念及中断使用方法； 2. 熟练掌握 IEnable、IDisable 指令的使用方法； 3. 熟练掌握 CONNECT、IDelete 的使用方法； 4. 熟练掌握 ISignalDI、ISignalDO 指令格式和使用方法。		
技能目标	1. 会编中断处理程序； 2. 会编写中断触发程序； 3. 会编写安全门信号异常监控处理程序； 4. 能排除程序调试过程中出现的错误。		
素质目标	1. 通过对安全信号进行监控，培养学生安全规范意识、遵章守则意识。 2. 通过安全门打开机器人停止运动，培养学生主动探究新知的意识。 3. 通过对 ISignalDI 指令变元\Single 的使用，培养学生严谨规范、安全规范的工匠精神。 4. 通过 CONNECT、IDelete 等指令的使用，培养学生规则意识。		
验收要求	在真实机器人工作站或课程提供的仿真工作站中，完成异常工况处理任务。具体要求详见任务实施记录及验收单。		

任务实施记录及验收单

任务名称	异常工况处理任务实现	实施日期	
任务要求	在实际工程应用中，生产现场往往存在一些可以预知的需要紧急处理的情况，或者一些可以预知的安全隐患，机器人必须做好这些预案。而一旦这些预知的情况突然出现，机器人就可以按预案执行，排除安全隐患。如在机器人工作期间，其工作区域是严禁人员进出的，所以用安全栅将工作区域隔离，而一旦有人打开安全栅的门，机器人必须停下来，确保人员不受伤害。 　　本任务要求在虚拟工作站中，自建一个 DI 信号模拟安全门的安全锁信号，当该信号一旦消失（或出现，取决于该信号接入机器人的是常开触点还是常闭触点），相当于安全锁被打开，机器人要停止运行。待信号恢复正常后，机器人再继续执行原来的工作任务。编写程序，模拟调试完成任务。 　　在真机工作站中，利用现场安装的传感器信号，完成同样的任务要求。		
计划用时		实际用时	
组别		组长	
组员姓名			
成员任务分工			
实施场地			
仿真工作站中实施步骤与信息记录	（任务实施过程中重要的信息记录，是撰写工程说明书和工程交接手册的主要文档资料）可另附纸张。 1. 创建监控信号： 2. 创建中断事件： 3. 创建中断程序： 4. 建立中断事件与中断程序的关联： 5. 启用中断的触发信号： 6. 调试运行过程中遇到的问题及解决办法：		
真机实操实施步骤与信息记录	（任务实施过程中重要的信息记录，是撰写工程说明书和工程交接手册的主要文档资料）可另附纸张。 1. 创建监控信号： 2. 创建中断事件： 3. 创建中断程序： 4. 建立中断事件与中断程序的关联： 5. 启用中断的触发信号： 6. 调试运行过程中遇到的问题及解决办法：		

任务名称	异常工况处理任务实现	实施日期	
遇到的问题及解决方案	列写本任务完成过程中遇到的问题及解决方案,并提供纸质或电子文档。		

自我检测评分点				

项目列表		自我检测要点	配分	得分
基本素养		纪律(无迟到、早退、旷课)	10	
		安全规范操作,符合5S管理	10	
		团队协作能力、沟通能力	10	
理论知识		网教平台理论知识测试	10	
工程技能	虚拟仿真	安全监控信号组态正确	5	
		中断事件和中断程序创建正确	5	
		中断事件和中断程序关联正确	5	
		中断信号触发设置正确	5	
	真机实操	安全监控信号组态正确	5	
		中断事件创建正确	5	
		中断程序创建正确	5	
		中断事件和中断程序关联正确	5	
		中断信号触发设置正确	5	
		整个示教编程调试过程无设备碰撞	10	
	实施过程问题记录及解决方案详实,有留存价值		5	
总评得分				

备注:真机示教编程调试过程如发生设备碰撞,每次扣10分,如损坏设备元器件,扣20分。

综合评价
1. 目标完成情况:

2. 存在的问题:

3. 改进方向:

任务 8　离线轨迹编程任务实现

任 务 工 单

任务名称	离线轨迹编程任务实现		
职业岗位	工业机器人系统操作员、工业机器人系统运维员、智能制造工程技术人员、自动控制工程技术人员等职业（中华人民共和国职业分类大典（2022 年版））		
实施方式	实际操作	考核方式	操作演示
工单难度	中等	工单分值	100
前序工单	异常工况处理任务实现	后序工单	多任务处理程序
完成时限	2 学时		
设备清单	1. IRB4600 机器人本体； 2. 标准控制柜、示教器等； 3. 激光切割工件、辅助设备等； 4. 电路、气源等辅助设备； 5. 导线、螺丝刀、万用表等工具。	实施场地	具备条件的 ABB 机器人实训室（若无实训设备，可在装有 RobotStudio 软件的机房利用虚拟工作站完成）； 　　配套工作站文件：8 - 1　Path_Source0。
任务目的	1. 理解离线轨迹编程应用场合及特点； 2. 能熟练描述离线轨迹编程的步骤； 3. 会在离线软件中，用三点法创建工件坐标； 4. 会在"建模"选项卡下，从表面创建机器人轨迹曲线； 5. 会根据捕获的曲线特点，设置自动路径相关参数； 6. 会合理进行目标点位姿调整和轴配置参数设置； 7. 会排除程序调试过程中出现的报警和故障。		
任务描述	本任务要求在虚拟工作站中，自动生成指定轨迹离线程序，并同步到 RAPID 中进行仿真调试运行。如有类似配套设备，则导入真机系统，进行轨迹验证。 　　备注：本课程提供的虚拟工作站中，按下绿色的 Circle 开关时，机器人的输入信号 di2_circle 为 1，再次按下时则该信号复位为 0；按下红色的 Ellipse 开关时，机器人的输入信号 di4_ellipse 为 1，再次按下时则该信号复位为 0。 　　TCP 跟踪信号由机器人输出 do1_tcp_on 信号控制，当该信号为 1 时，启动跟踪，当该信号为 0 时，关闭跟踪。		
知识目标	1. 掌握离线软件中，三点法创建工件坐标的步骤； 2. 熟练掌握离线编程的步骤； 3. 熟练掌握目标点位姿调整的方法； 4. 熟练掌握轴配置参数设置的方法； 5. 熟练掌握路径和程序优化的方法。		

任务名称	离线轨迹编程任务实现
技能目标	1. 会灵活运用捕捉工具，捕捉轨迹曲线，生成路径； 2. 会根据捕获的曲线特点，设置自动路径相关参数； 3. 会根据曲线特性合理选择自动路径近似值参数； 4. 会进行目标点位姿调整和轴配置参数设置； 5. 能排除程序调试过程中出现的错误。
素质目标	1. 通过三点法准确创建工作坐标，培养学生严谨认真、遵章守纪意识； 2. 通过目标点位姿的精准调整，培养学生精益求精的工匠素养； 3. 通过对自动路径近似值参数的设置，培养学生精益求精、严谨规范的工匠素养； 4. 通过对路径和程序进行优化，培养学生一丝不苟、精益求精的工匠素养。
验收要求	在机器人工作站或课程提供的仿真工作站中，完成离线轨迹编程任务，具体要求详见任务实施记录及验收单。

任务实施记录及验收单

任务名称	离线轨迹编程任务实现	实施日期	
任务要求	本任务要求以工业机器人雕刻工作站为载体，完成工业机器人离线编程中轨迹曲线、路径的创建，对生成的目标点进行调整和轴配置，生成雕刻轨迹程序，最后下载到实际的控制器中完成程序调试运行。		
计划用时		实际用时	
组别		组长	
组员姓名			
成员任务分工			
实施场地			
仿真工作站中实施步骤与信息记录	（任务实施过程中重要的信息记录，是撰写工程说明书和工程交接手册的主要文档资料）可另附纸张。 1. 创建工件坐标： 2. 创建轨迹曲线： 3. 选择和调整目标点： 4. 设置轴配置参数： 5. 完善程序、优化路径： 6. 遇到的问题及解决办法：		
真机实操实施步骤与信息记录	（任务实施过程中重要的信息记录，是撰写工程说明书和工程交接手册的主要文档资料）可另附纸张。 1. 离线程序导入： 2. 工件坐标创建： 3. 程序调试运行： 4. 遇到的问题及解决办法：		
遇到的问题及解决方案	列写本任务完成过程中遇到的问题及解决方案，并提供纸质或电子文档。		

任务名称	离线轨迹编程任务实现		实施日期	

	项目列表		自我检测要点	配分	得分
自我检测评分点	基本素养		纪律（无迟到、早退、旷课）	10	
			安全规范操作，符合 5S 管理	10	
			团队协作能力、沟通能力	10	
	理论知识		网教平台理论知识测试	10	
	工程技能	虚拟仿真	工件坐标创建正确	5	
			目标点调整和轴配置参数设置正确	5	
			路径优化合理	5	
			仿真运行轨迹精确度高	10	
			离线程序导出操作熟练	5	
		真机实操	程序导入正确	5	
			工件坐标创建正确	5	
			真机运行轨迹精准度高	5	
			整个示教编程调试过程无设备碰撞	10	
		实施过程问题记录及解决方案详实，有留存价值		5	
	总评得分				
	备注：真机示教编程调试过程如发生设备碰撞，每次扣 10 分；如损坏设备元器件，扣 20 分。				

综合评价

1. 目标完成情况：

2. 存在的问题：

3. 改进方向：

任务9 多任务处理程序

任 务 工 单

任务名称	多任务处理程序		
职业岗位	工业机器人系统操作员、工业机器人系统运维员、智能制造工程技术人员、自动控制工程技术人员等职业（中华人民共和国职业分类大典（2022年版））		
实施方式	实际操作	考核方式	操作演示
工单难度	中等	工单分值	100
前序工单	离线轨迹编程任务实现	后序工单	机器人与PLC的Socket通信任务实现
完成时限	2学时		
设备清单	1. IRB120机器人本体； 2. 标准控制柜、示教器等； 3. 搬运工件、辅助设备等； 4. 电路、气源等辅助设备； 5. 导线、螺丝刀、万用表等工具； 6. 机器人系统具有623-1 Multitasking选项。	实施场地	具备条件的ABB机器人实训室（若无实训设备，可在装有RobotStudio软件的机房利用虚拟工作站完成）； 配套工作站文件：9-1 multitasking_0。
任务目的	1. 通过学习机器人多任务处理的运行机制，完成后台任务的建立； 2. 通过学习多任务程序间数据共享规则，完成共享数据的建立； 3. 通过学习事件例行程序，完成POWER_ON事件例行程序的设置； 4. 通过学习后台任务Normal和Semistatic的设置，完成多任务程序的调试。		
任务描述	机器人在后台任务中控制do4_to_PLC（信号名称可以自定义）每隔1s产生一个1s的高电平信号，用于与PLC进行I/O通信，同时将do4_to_PLC信号为高电平的次数进行计数（Counter_do4），并将计数统计值传送到机器人前台运行程序，Counter_do4的初始化程序可在POWER_ON事件例行程序中完成。（信号名称可以自定义）。		
知识目标	1. 理解多任务运行的概念及应用注意事项； 2. 掌握多任务运行数据共享的规则； 3. 理解事件例行程序并熟记使用注意事项； 4. 掌握系统增加623-1 Multitasking选项的方法。		
技能目标	1. 能在虚拟工作站中修改系统选项； 2. 会建立后台任务，编写后台任务程序； 3. 会编写周期为1s的脉冲信号发生器及计数统计程序； 4. 会建立前台任务和后台任务之间的通信数据。		

任务名称	多任务处理程序
素质目标	1. 通过对机器人系统选项的修改，培养学生工程成本意识； 2. 通过多任务间建立数据互传的同名同类型可变量，培养学生的规则意识； 3. 通过对 PulseDO 等指令的学习，培养学生的自主学习能力； 4. 通过对前台任务和后台任务的程序调试，培养学生严谨认真、一丝不苟的职业素养。
验收要求	在机器人工作站或课程提供的仿真工作站中，完成多任务程序处理。具体要求详见任务实施记录及验收单。

任务实施记录及验收单

任务名称	多任务处理程序	实施日期	
任务要求	本任务要求机器人在后台任务中控制 do4_to_PLC（信号名称可以自定义）每隔 1 s 产生一个 1 s 的高电平信号，用于与 PLC 进行 I/O 通信，同时将 do4_to_PLC 信号为高电平的次数进行计数（Counter_do4），并将计数统计值传送到机器人前台运行程序，Counter_do4 的初始化程序可在 POWER_ ON 事件例行程序中完成。（信号名称可以自定义）		
计划用时		实际用时	
组别		组长	
组员姓名			
成员任务分工			
实施场地			
仿真工作站中实施步骤与信息记录	（任务实施过程中重要的信息记录，是撰写工程说明书和工程交接手册的主要文档资料）可另附纸张。 1. 后台任务建立步骤： 2. 编写后台任务程序： 3. 共享数据的建立步骤： 4. 后台任务的调试步骤： 5. 事件例行程序的创建步骤： 6. 遇到的问题及解决办法：		
真机实操实施步骤与信息记录	（任务实施过程中重要的信息记录，是撰写工程说明书和工程交接手册的主要文档资料）可另附纸张。 1. 查看机器人系统是否具有 623–1 Multitasking 选项步骤： 2. 后台任务建立步骤： 3. 编写后台任务程序： 4. 共享数据的建立步骤： 5. 后台任务的调试步骤： 6. 事件例行程序的创建步骤： 7. 遇到的问题及解决办法：		

任务名称	多任务处理程序		实施日期	
遇到的问题及解决方案	列写本任务完成过程中遇到的问题及解决方案，并提供纸质或电子文档。			

自我检测评分点	项目列表		自我检测要点	配分	得分
	基本素养		纪律（无迟到、早退、旷课）	10	
			安全规范操作，符合 5S 管理	10	
			团队协作能力、沟通能力	10	
	理论知识		网教平台理论知识测试	10	
	工程技能	虚拟仿真	后台任务创建正确	5	
			前台、后台任务数据能共享	5	
			后台程序功能实现正确	5	
			事件例行程序创建正确	10	
			事件例行程序功能实现正确	5	
		真机实操	后台任务创建正确	5	
			前台、后台任务数据能共享	5	
			后台程序功能实现正确	5	
			事件例行程序创建正确，功能正确	5	
			整个示教编程调试过程无设备碰撞	5	
			实施过程问题记录及解决方案详实，有留存价值	5	
	总评得分				

备注：真机示教编程调试过程如发生设备碰撞，每次扣 10 分；如损坏设备元器件，扣 20 分。

综合评价
1. 目标完成情况：

2. 存在的问题：

3. 改进方向：

任务 10　机器人与 PLC 的 Socket 通信任务实现

任 务 工 单

任务名称	机器人与 PLC 的 Socket 通信任务实现		
职业岗位	工业机器人系统操作员、工业机器人系统运维员、智能制造工程技术人员、自动控制工程技术人员等职业（中华人民共和国职业分类大典（2022 年版））		
实施方式	实际操作	考核方式	操作演示
工单难度	难	工单分值	100
前序工单	多任务处理程序	后序工单	无
完成时限	4 学时		
设备清单	ABB 六轴工业机器人本体、控制柜、示教器等，机器人系统具有 616 – 1 PC Interface 选项包，S7 – 1200/1500 PLC，安全帽、劳保鞋、工作服等常用安全护具。	实施场地	具有 ABB 六轴工业机器人工作站和 S7 – 1200/1500 PLC 的实训室；或具有安装了 RobotStudio、TIA Portal、S7 – PLCSIM Advanced 软件的计算机。
任务目的	1. 通过对 Socket 通信原理的学习，了解该通信协议相关的指令； 2. 通过对 SocketCreat、SocketConnet、SocketSend、SocketReceive 等指令的学习，会编写工业机器人作为客户端或服务器的通信程序； 3. 通过 RawBytes 数据类型及相关指令的学习，会编写机器人侧通信数据打包和解包的程序； 4. 通过对 TSEND_C、TRCV_C 等指令的学习，会编写 PLC 侧通信及数据解析程序； 5. 能根据通信数据的监控要求，进行 HMI 监控界面的设计和组态。		
任务描述	编写工业机器人、PLC 的通信控制程序，设计和组态其监控界面，实现机器人侧操作者姓名（String）、仓库信息（Array of Byte）、设备运行状态（Bool）工件数量（Int）、产品重量（Float）等类型的数据与 PLC 侧进行交互，并将相关通信数据在 HMI 上进行监控。		
素质目标	1. 培养学生规则意识、安全规范意识； 2. 培养学生主动探究新知的意识； 3. 体会细节决定成败，培养学生严谨规范的工匠素养； 4. 提升学生的团队协作能力。		

任务名称	机器人与 PLC 的 Socket 通信任务实现
知识目标	1. 会讲述 Socket 通信的基本原理； 2. 会复述 Socket 通信相关指令的使用规则和注意事项； 3. 会复述 RawBytes 数据类型及相关指令的使用规则和注意事项； 4. 理解大端模式和小端模式数据存储的特点； 5. 会复述 TSEND_C、TRCV_C 等指令各端子的含义和使用规则。
技能目标	1. 会进行 PLC 与机器人 Socket 通信的网络连接及参数设置； 2. 会进行机器人侧数据打包和解包程序的编写； 3. 会进行机器人 Socket 通信程序的编写与调试； 4. 会进行 PLC 侧通信程序的编写与调试； 5. 能进行 HMI 监控界面的设计与组态； 6. 能进行系统通信程序测试与调试。
验收要求	能遵守安全操作规程，进行 PLC 和机器人 string、byte、num（Usint、Int、Float）等类型的数据通信，并对通信数据显示在触摸屏上进行监控。详见任务实施记录及验收单。

任务实施记录及验收单

任务名称	机器人与 PLC 的 Socket 通信任务实现	实施日期	
任务要求	在实训室真实设备或利用仿真软件完成 ABB 机器人和西门子 PLC 之间任意指定数据类型的 Socket 通信调试。		
计划用时		实际用时	
组别		组长	
组员姓名			
成员任务分工			
实施场地			

<table>
<tr><td rowspan="10">所需设备
（或环境）
清单</td><td colspan="3">请列写所需设备或环境，并记录准备情况。若列表不全，请自行增加需补充部分。</td></tr>
<tr><td colspan="2">清单列表</td><td>主要设备型号及辅助配件/
软件名称及版本号</td></tr>
<tr><td rowspan="4">仿真
软件</td><td>PLC 仿真软件</td><td></td></tr>
<tr><td>PLC 编程软件</td><td></td></tr>
<tr><td>机器人编程软件</td><td></td></tr>
<tr><td>电脑配置</td><td></td></tr>
<tr><td rowspan="3">实训
设备</td><td>机器人</td><td></td></tr>
<tr><td>机器人系统选项</td><td></td></tr>
<tr><td>PLC 硬件</td><td></td></tr>
<tr><td colspan="3">补充：</td></tr>
</table>

成本核算	（完成任务涉及的工程成本） 所用工时： 电能消耗： 设备损耗：
实施步骤与 信息记录	（任务实施过程中重要的信息记录，是撰写工程说明书和工程交接手册的主要文档资料） 机器人 IP 地址： PLC 的 IP 地址： 机器人侧编程步骤及注意事项： PLC 侧编程步骤及注意事项： 操作安全注意事项： 通信调试步骤及注意事项：

任务名称	机器人与 PLC 的 Socket 通信任务实现	实施日期	
遇到的问题及解决方案	列写本任务完成过程中遇到的问题及解决方案，并提供纸质或电子文档。		

自我检测评分点	项目列表		自我检测要点	配分	得分
	基本素养		纪律（无迟到、早退、旷课）	10	
			安全规范操作，符合 5S 管理	7	
			团队协作能力、沟通能力	8	
	理论知识		网教平台理论知识测试	10	
	工程技能	虚拟仿真	Bool 型数据收发正确	5	
			Array of Byte 型数据收发正确	5	
			Int 型数据收发正确	5	
			Float 型数据收发正确	5	
			String 型数据收发正确	5	
		真机实操	Bool 型数据收发正确	5	
			Array of Byte 型数据收发正确	5	
			Int 型数据收发正确	5	
			Float 型数据收发正确	5	
			String 型数据收发正确	5	
			撰写机器人与 PLC 进行 Socket 通信编程步骤及调试注意事项说明书	8	
			撰写成本核算清单，并且依据充分、合理	7	
	总评得分				

综合评价
1. 目标完成情况：

2. 存在的问题：

3. 改进方向：